Química para Leigos®

Folha de Cola

Tabela periódica dos elementos

Período	1 IA	2 IIA	3 IIIB	4 IVB	5 VB	6 VIB	7 VIIB	8 VIIIB	9 VIIIB	10 VIIIB	11 IB	12 IIB	13 IIIA	14 IVA	15 VA	16 VIA	17 VIIA	18 0
1	1 H Hidrogênio 1,00797																	2 He Hélio 4,0026
2	3 Li Lítio 6,939	4 Be Berílio 9,0122											5 B Boro 10,811	6 C Carbono 12,0115	7 N Nitrogênio 14,0067	8 O Oxigênio 15,9994	9 F Flúor 18,9984	10 Ne Neônio 20,183
3	11 Na Sódio 22,9898	12 Mg Magnésio 24,312											13 Al Alumínio 26,9815	14 Si Silício 28,086	15 P Fósforo 30,9738	16 S Enxofre 32,064	17 Cl Cloro 35,453	18 Ar Argônio 39,948
4	19 K Potássio 39,102	20 Ca Cálcio 40,08	21 Sc Escândio 44,956	22 Ti Titânio 47,90	23 V Vanádio 50,942	24 Cr Crômio 51,996	25 Mn Manganês 54,9380	26 Fe Ferro 55,847	27 Co Cobalto 58,9332	28 Ni Níquel 58,71	29 Cu Cobre 63,546	30 Zn Zinco 65,37	31 Ga Gálio 69,72	32 Ge Germânio 72,59	33 As Arsênio 74,9216	34 Se Selênio 78,96	35 Br Bromo 79,904	36 Kr Criptônio 83,80
5	37 Rb Rubídio 85,47	38 Sr Estrôncio 87,62	39 Y Ítrio 88,905	40 Zr Zircônio 91,22	41 Nb Nióbio 92,906	42 Mo Molibdênio 95,94	43 Tc Tecnécio (99)	44 Ru Rutênio 101,07	45 Rh Ródio 102,905	46 Pd Paládio 106,4	47 Ag Prata 107,868	48 Cd Cádmio 112,40	49 In Índio 114,82	50 Sn Estanho 118,69	51 Sb Antimônio 121,75	52 Te Telúrio 127,60	53 I Iodo 126,9044	54 Xe Xenônio 131,30
6	55 Cs Césio 132,905	56 Ba Bário 137,34	57 La Lantânio 138,91	72 Hf Háfnio 179,49	73 Ta Tantálio 180,948	74 W Tungstênio 183,85	75 Re Rênio 186,2	76 Os Ósmio 190,2	77 Ir Irídio 192,2	78 Pt Platina 195,09	79 Au Ouro 196,967	80 Hg Mercúrio 200,59	81 Tl Tálio 204,37	82 Pb Chumbo 207,19	83 Bi Bismuto 208,980	84 Po Polônio (210)	85 At Astato (210)	86 Rn Radônio (222)
7	87 Fr Frâncio (223)	88 Ra Rádio (226)	89 Ac Actínio (227)	104 Rf Rutherfórdio (261)	105 Db Dúbnio (262)	106 Sg Seabórgio (266)	107 Bh Bóhrio (264)	108 Hs Hássio (269)	109 Mt Meitnério (268)	110 Uun Darmstádio (269)	111 Uuu Roentgênio (272)	112 Uub Ununbio (277)	113 Uut Ununtrio (284)	114 Uuq Ununquádio (285)	115 Uup Ununpentio (288)	116 Uuh Ununhexio (289)	117 Uus Ununséptio	118 Uuo Ununoctio (293)

Lanídeos:

58 Ce Cério 140,12	59 Pr Praseodímio 140,907	60 Nd Neodímio 144,24	61 Pm Promécio (145)	62 Sm Samário 150,35	63 Eu Európio 151,96	64 Gd Gadolínio 157,25	65 Tb Térbio 158,924	66 Dy Disprósio 162,50	67 Ho Hólmio 164,930	68 Er Túlio 167,26	69 Tm Túlio 168,934	70 Yb Itérbio 173,04	71 Lu Lutécio 174,97

Actinídeos:

90 Th Tório 232,038	91 Pa Protactínio (231)	92 U Urânio 238,03	93 Np Neptúnio (237)	94 Pu Plutônio (242)	95 Am Amerício (243)	96 Cm Cúrio (247)	97 Bk Berquélio (247)	98 Cf Califórnio (251)	99 Es Einstênio (254)	100 Fm Férmio (257)	101 Md Mendelévio (258)	102 No Nobélio (259)	103 Lr Laurêncio (260)

§ Nota: Os elementos 113, 115 e 117 não são conhecidos neste momento mas, estão incluídos na tabela para mostrar suas respectivas posições.

Para leigos®: série Best-seller para iniciantes

Química para Leigos®

Folha de Cola

Ligações

- Nas ligações os átomos perdem, ganham ou compartilham elétrons para que possam ter o mesmo número de elétrons do gás nobre mais próximo.
- Metal + não-metal = ligação iônica
- Não-metal + não-metal = ligação covalente
- Padrão de preenchimento de elétrons: 1s, 2s, 3s, 3p, 4s, 3d, 4p, 5s, 4d, 5p, 6s, 4f, 5d, 6p, 7s, 5f

Representação Química

$$_Z^A X$$

X = símbolo do elemento, Z = número atômico (número de prótons), A = número de massa (número de prótons + número de nêutrons)

Conversões Úteis e Prefixos Métricos

Conversões de temperatura:
- $°F = 9/5(°C) + 32$
- $°C = 5/9(°F - 32)$
- $K = °C + 273$

Conversões métricas
- 2.54 cm = 1 in
- 454 g = 1 lb
- 0.946 L = 1 qt

Conversão de pressão: 1 atm = 760 mmHg = 760 torr

Prefixos métricos comuns:
- mili- = 0,001
- centi- = 1/100
- kilo- = 1000

Conceito de Mol

1 mol = $6,022 \times 10^{23}$ partículas/mol = peso da fórmula expresso em gramas.

Concentrações das Soluções

peso/peso(p/p) % = (gramas solutos/gramas de solução) × 100

molaridade (M) = moles solutos/litro de solução

partes por milhão (ppm) = gramas solutos /1.000.000 gramas de solução = mg/l

Ácidos e Bases

Um ácido é um doador de H+, e uma base é um receptor de H+.

pH = -log[H+]; [H+] = 10-pH

pH = 7 é neutro; pH menor que 7 é ácido; pH maior que 7 é básico.

Reação

Oxidação é a perda de elétrons; redução é o ganho de elétrons.

Leis dos Gases

Lei dos Gases Perfeitos:

(P1V1)/T1 = (P2V2)/T2 (T deve ser expressa em Kelvins)

Lei dos Gases Ideais:

pV = nRT (onde R = 0,0821 l atm/k mol)

Para leigos®: série Best-seller para iniciantes

Química
PARA LEIGOS

John T. Moore, Ed.D

ALTA BOOKS
EDITORA
Rio de Janeiro, 2008

Química Para Leigos Copyright © 2008 da Starlin Alta Editora e Consultoria Ltda.
ISBN 978-7608-560-6

Produção Editorial:
Editora Alta Books

Gerência Editorial:
Anderson Vieira

Supervisão de Produção:
Angel Cabeza
Augusto Coutinho
Leonardo Portella

Equipe Editorial
Andréa Bellotti
Andreza Farias
Cristiane Santos
Daniel Siqueira
Deborah Marques
Gianna Campolina
Isis Batista
Jaciara Lima
Jéssica Vidal
Juliana de Paulo
Lara Gouvêa
Lícia Oliveira
Lorrane Martins
Heloisa Pereira
Otávio Brum
Rafael Surgek
Sergio Cabral
Sergio Luiz de Souza
Thiago Scharbel
Thiê Alves
Taiana Ferreira
Vinicius Damasceno
Yuri Santos

Tradução:
Wellington Luis de Oliveira Mattos

Revisão Gramatical:
Luciana Rabelo

Revisão Técnica:
Daniela Nanni

Diagramação:
Simone Ranna

Marketing e Promoção:
Vanessa Gomes
marketing@altabooks.com.br

Impresso no Brasil

Translated from original: Chemistry For Dummies ISBN: 978-0-7645-5430-1 Original English language edition Copyright © 2003 by Wiley Publishing, Inc. All rights reserved including the right of reproduction in whole or in part in any form. This translation published by arrangement with Wiley Publishing, Inc. Portuguese language edition Copyright © 2008 da Starlin Alta Editora e Consultoria Ltda. All rights reserved including the right of reproduction in whole or in part in any form. This translation published by arrangement with Wiley Publishing, Inc.

"Willey, the Wiley Publishing Logo, for Dummies, the Dummies Man and related trad dress are trademarks or registered trademarks of John Wiley and Sons, Inc. and/or its affiliates in the United States and/or other countries. Used under license.

Todos os direitos reservados e protegidos pela Lei nº 9.610/98. Nenhuma parte deste livro, sem autorização prévia por escrito da editora, poderá ser reproduzida ou transmitida sejam quais forem os meios empregados: eletrônico, mecânico, fotográfico, gravação ou quaisquer outros.

Todo o esforço foi feito para fornecer a mais completa e adequada informação. Contudo, a editora e o(s) autor(es) não assumem responsabilidade pelos resultados e usos da informação fornecida.

Erratas e atualizações: Sempre nos esforçamos para entregar ao leitor um livro livre de erros técnicos ou de conteúdo. Porém, nem sempre isso é conseguido, seja por motivo de alteração de software, interpretação ou mesmo quando há alguns deslizes que constam na versão original de alguns livros que traduzimos. Sendo assim, criamos em nosso site, www.altabooks.com.br, a seção *Erratas*, onde relataremos, com a devida correção, qualquer erro encontrado em nossos livros.

Avisos e Renúncia de Direitos: Este livro é vendido como está, sem garantia de qualquer tipo, seja expressa ou implícita.

Marcas Registradas: Todos os termos mencionados e reconhecidos como Marca Registrada e/ou comercial são de responsabilidade de seus proprietários. A Editora informa não estar associada a nenhum produto e/ou fornecedor apresentado no livro. No decorrer da obra, imagens, nomes de produtos e fabricantes podem ter sido utilizados, e desde já, a Editora informa que o uso é apenas ilustrativo e/ou educativo, não visando ao lucro, favorecimento ou desmerecimento do produto/fabricante.

O código de propriedade intelectual de 1º de julho de 1992 proíbe expressamente o uso coletivo sem autorização dos detentores do direito autoral da obra, bem como a cópia ilegal do original. Esta prática, generalizada nos estabelecimentos de ensino, provoca uma brutal baixa nas vendas dos livros a ponto de impossibilitar os autores de criarem novas obras.

ALTA BOOKS
EDITORA

Rua Viúva Cláudio, 291 – Bairro Industrial do Jacaré
CEP: 20970-031 – Rio de Janeiro – Tels.: 21 3278-8069/8419 Fax: 21 3277-1253
www.altabooks.com.br – e-mail: altabooks@altabooks.com.br
www.facebook.com/altabooks – www.twitter.com/alta_books

Sobre os Autores

John T. Moore, Ed.D nasceu nas montanhas do oeste da Carolina do Norte. Estudou na Universidade da Carolina do Norte, em Asheville, onde recebeu seu bacharelado em química. Obteve seu Mestrado em química na Universidade Furman, em Greenville, Carolina do Sul. Depois de permanecer na United States Army, decidiu tentar o magistério. Em 1971, ele ingressou na faculdade de química de Stephen F. Austin State University, em Nacogdoches, Texas, onde ainda leciona química. Em 1985, voltou para a escola em tempo parcial e, em 1991, recebeu seu Doutorado da Universidade A&M, Texas.

A especialidade de John é educação em química. Ele desenvolveu diversos cursos de química para estudantes do ensino médio. No início dos anos 90, desviou sua atenção para a formação do ensino básico e para o trabalho elementar dos professores na orientação das atividades químicas. Ele recebeu quatro permissões de Eisenhower para desenvolvimento profissional de professores elementares e, durante seus últimos cinco anos, foi o co editor (junto com um de seus primeiros estudantes) da coluna "Química para crianças" do Journal of Chemical Education.

Embora o magistério sempre tenha estado em primeiro lugar em seu coração, Jonh encontrou tempo para trabalhar, durante meio expediente, por quase cinco anos, no laboratório médico do hospital local e ser um consultor de uma editora de livros didáticos. Ele atua em vários locais, organizações estaduais e nacionais, tais como Nacogdoches Kiwanis Club e a American Chemical Society.

John mora em Piney Woods no Estado do Texas, com sua esposa Robin, seus três cachorros e um gato. Ele gosta de preparar sua própria cerveja e seu vinho feito de mel. E ele ama cozinhar. Na realidade, ele e sua esposa compraram recentemente uma loja para gourmet chamada *The Cottage*. ("Eu estava gastando tanto lá que foi mais barato ir em frente e comprar a loja".). Seus dois filhos, Jason e Matt, estão nas montanhas da Carolina do Norte.

Dedicatória

Este livro é dedicado a todas as crianças, do passado, do presente e do futuro, que crescerão amando química, assim como eu. Talvez você não ganhe a vida como um químico, mas espero que você se lembre da emoção de suas experiências e passe esse gosto para seus filhos. Este livro também é dedicado a minha esposa, Robin, que encontrou tempo em sua ocupada agenda na campanha para encorajar-me e teve fé em mim durante os momentos em que eu mesmo não tive. Nesta época você foi o vento que sustentou minhas asas. Também dedico aos meus amigos íntimos que me ajudaram a permanecer na realidade, especialmente Sue Mary, que sempre lembrava uma canção de Jimmy Buffett para me animar, e Jan, de quem ganhei uma gravata colorida que eu uso com um casaco de laboratório, impedindo que eu fique muito sério. E, finalmente, este livro é dedicado aos meus filhos, Matthew e Jason, e minha maravilhosa nora, Sara. Eu amo todos vocês.

Agradecimentos do Autor

Eu não teria a chance de escrever este livro sem o incentivo de minha agente, Grace Freedson. Ela gastou seu tempo em responder aos meus constantes e-mails, ensinando-me um pouco sobre o negócio editorial. Devo muitos agradecimentos à equipe de Wiley, especialmente ao editor de aquisição, Greg Tubach, ao editor de projeto, Tim Gallan, ao editor de cópia, Greg Pearson, e ao revisor técnico, Bill Cummings, por seus comentários e ajuda neste projeto. Agradecimentos especiais também aos professores elementares do MMSEC, da Nacogdoches ISD, especialmente a Jan, Derinda, e Sondra. Vocês fizeram de mim um melhor professor, dando-me apoio e coragem para escrever este livro. Também agradeço especialmente a Andi e às meninas Dim, Jonell, Stephanie, Amanda e Laura, do The Cottage, por tomarem conta da loja tão bem enquanto eu estava envolvido com este projeto. Agradeço aos meus colegas que ficaram me perguntando como estava (o livro) e, especialmente, a Richard Langley, que sempre esteve por perto apontando minha procrastinação. E deixe-me também agradecer a todos os meus alunos, ao longo dos últimos trinta anos, especialmente àqueles que se tornaram professores. Eu aprendi muito com vocês e espero que vocês também tenham aprendido comigo.

Sumário Resumido

Introdução *1*

Parte I: Conceitos Básicos da Química *7*

Capítulo 1: O que é Química e Por que Eu Preciso Conhecer
um Pouco a Respeito dela? 9
Capítulo 2: Matéria e Energia 15
Capítulo 3: Há Algo Menor que um Átomo? Estrutura Atômica.....................29
Capítulo 4: A Tabela Periódica 51
Capítulo 5: Química Nuclear: Ela vai Explodir a sua Mente 63

Parte II: Benditas Sejam as Ligações que Unem *81*

Capítulo 6: Os Opostos se Atraem: Ligações Iônicas 83
Capítulo 7: Ligações Covalentes: Vamos Repartir Amigavelmente................97
Capítulo 8: Culinária Química: Reações Químicas.....................................119
Capítulo 9: Eletroquímica: De Pilha a Bules de Chá..................................143

Parte III: O Mol: O Melhor Amigo do Químico *159*

Capítulo 10: O Mol: Você Manja?...161
Capítulo 11: Misturando a Matéria: Soluções 173
Capítulo 12: Azedo e Amargo: Ácidos e Bases 189
Capítulo 13: Balões, Pneus e Tanques de Oxigênio:
O Maravilhoso Mundo dos Gases 207

Parte IV: Química no Cotidiano:
Benefícios e Problemas *223*

Capítulo 14: A Química do Carbono: Química Orgânica............................225
Capítulo 15: Petróleo: Substâncias Químicas para Queimar ou Construir.........241
Capítulo 16: Polímeros: Transformando os Pequenos em Grandes 251
Capítulo 17: Química em Casa..263
Capítulo 18: Cof! Cof! A Poluição do Ar..281
Capítulo 19: Água Espessa Marrom? Poluição da Água 293

Parte V: A Parte dos Dez *307*

Capítulo 20: Dez Descobertas Feitas por Acaso na Química......................309
Capítulo 21: Os Dez Maiores Nerds da Química 313
Capítulo 22: Dez Sites Úteis de Química..317

*Apêndice A: Unidades Científicas:
O Sistema Métrico* *321*

*Apêndice B: Como Lidar com Números Realmente
Grandes ou Realmente Pequenos* *325*

Apêndice C: Método de Conversão de Unidade *329*

*Apêndice D: Algarismos Significativos
e Arredondamento* *333*

Índice *337*

Sumário

Introdução *1*

    Sobre Este Livro..2
    Como usar este livro 2
    Hipóteses (e Você Sabe o Que Eles Dizem sobre Hipóteses!) 2
    Como este livro é organizado...3
        Parte I: Conceitos Básicos de Química 3
        Parte II: Benditas Sejam as Ligações que Unem 3
        Parte III: O Mol: O Melhor Amigo do Químico 4
        Parte IV: Química no Cotidiano: Benefícios e Problemas 4
        Parte V: A Parte dos Dez 5
    Ícones Usados neste Livro...5
    Aonde ir a partir daqui..6

Parte I: Conceitos Básicos da Química *7*

Capítulo 1: O que é Química e Por que Eu Preciso Conhecer um Pouco a Respeito dela?..9

    O Que Exatamente é a Química?.......................................9
        Galhos da árvore da Química..10
        Pontos de vista: macroscópicos versus microscópicos 12
        Química Pura versus Química Aplicada 12
    Então, o Que o Químico Faz em seu Trabalho? 13
        E onde os Químicos realmente atuam? 13

Capítulo 2: Matéria e Energia...15

    Estados da Matéria: Visão Macroscópica e Microscópica 15
        Sólidos..16
        Líquidos 16
        Gases 17
    Gelo no Alasca, Água no Texas: A Matéria Muda de Estado 17
        Eu estou derretendo! Oh, que mundo!.......................17
        Ponto de ebulição...17
        Ponto de solidificação: o milagre dos cubos de gelo 18
        Sublime isto! 19
    Substâncias Puras e Misturas...19
        Substâncias puras 20
        Lançando misturas dentro do MIX................................20

Medindo a Matéria 21
    O sistema SI 21
    Conversões SI/Inglês 22
Propriedades Agradáveis que Você Encontra lá 23
    Qual é a sua densidade? 23
    Medindo a densidade 24
Energia (Eu Quero Mais) 25
    Energia cinética — movendo-se durante o tempo todo 26
    Energia potencial — de bem com a vida 26
Medição de Energia 27
    Temperatura e escalas de temperatura 27
    Sentir o calor 28

Capítulo 3: Há Algo Menor que um Átomo? Estrutura Atômica 29

Partículas Subatômicas: Isto É o que Contém em um Átomo 29
Os Núcleos: Palco Principal 31
Onde Estão estes Elementos? 36
    O modelo de Bohr 36
    O modelo de mecânica quântica 38
Configurações Eletrônicas 42
    O pavoroso diagrama de nível de energia 43
    Configurações eletrônicas: fácil e eficiente 45
    Elétrons de valência: vivendo no limite 46
Isótopos e Íons: Esses São Alguns dos Meus Favoritos 46
    Isolando o Isótopo 46
    De olho nos íons 47

Capítulo 4: A Tabela Periódica 51

Repetindo Modelos de Periodicidade 51
Compreendendo como os Elementos Estão Organizados
na Tabela Periódica 54
    Metais, não-metais e metalóides 55
    Famílias e períodos 58

Capítulo 5: Química Nuclear: Ela Vai Explodir a Sua Mente 63

Tudo Começa com o Átomo 64
Radioatividade e o Decaimento Radioativo criado pelo Homem 64
Decaimento Radioativo Natural: como a Natureza faz isto 66
    Emissão alfa 66
    Emissão beta 67
    Emissão gama 68
    Emissão pósitron 68
    Captura de elétrons 68

Meia-vida e Datação radioativa 69
   Manipulação segura 71
   Datação radioativa 71
Fissão (Nuclear) Partida..72
   Reação em cadeia e massa crítica 73
   Bombas atômicas (big bangs que não são teorias)............74
   Usinas nucleares 74
   Reatores geradores: produzindo mais materiais nucleares......76
Fusão Nuclear: a Esperança para a Energia no Futuro........................77
   Questão de controle 78
   O que o futuro nos reserva 79
Eu Estou Ardendo? Os Efeitos da Radiação 79

Parte II: Benditas Sejam as Ligações que Unem....81

Capítulo 6: Os Opostos se Atraem: Ligações Iônicas 83

A Mágica de uma Ligação Iônica: Sódio + Cloreto = Sal de Cozinha 83
   Entendendo os componentes 84
   Entendendo a reação 85
   O papel do sódio 85
Íons Positivos e Negativos: Cátions e Ânions................................87
Íons Poliatômicos..89
Colocando os Íons Juntos: Ligações Iônicas 91
   Colocando magnésio e bromo juntos 91
   Usando a regra de entrecruzar 92
Nomeando os Compostos Iônicos.......................................93
Eletrólitos e Não-Eletrólitos..94

Capítulo 7: Ligações Covalentes: Vamos Repartir Amigavelmente..97

O Básico da Ligação Covalente 97
   O exemplo do hidrogênio..98
   Comparando ligações covalentes com outras ligações 99
   Entendendo ligações múltiplas...................................100
Nomeando as Ligações Covalentes Binárias.............................101
Tantas Fórmulas, Tão Pouco Tempo 102
   Fórmula empírica: apenas os elementos....................103
   Fórmula molecular ou verdadeira: dentro dos números........103
   Formula estrutural: adicionar o padrão de ligação.............104
Alguns Átomos São Mais Atrativos que Outros 108
   Atraindo elétrons: eletronegatividades......................109
   Ligação covalente polar...111
   Água: Uma molécula realmente estranha..................112
Com o Que a Água Realmente se Parece? A Teoria TRPEV.............115

Capítulo 8: Culinária Química: Reações Químicas ... 119

O que Você Tem e O que Você Obterá: Reagentes e Produtos ... 120
Como as Reações Ocorrem? A Teoria da Colisão ... 121
    Um exemplo exotérmico ... 122
    Um exemplo endotérmico ... 123
Que Tipo de Reação Você Pensa Que Eu Sou? ... 124
    Reações de combinação ... 124
    Reações de decomposição ... 124
    Reações de deslocamento simples ... 125
    Reações de deslocamento duplo ... 126
    Reações de combustão ... 128
    Reações Redox ... 128
Balanceando as Reações Químicas ... 128
    Cheiro de amônia ... 129
    Segure esta ... 130
Equilíbrio Químico ... 131
O Princípio de Le Chatelier ... 133
    Mudando a concentração ... 134
    Mudando a temperatura ... 135
    Alterando a pressão ... 136
Reagindo Rápido e Reagindo Devagar: Cinética Química ... 137
    A natureza dos reagentes ... 137
    O Tamanho da partícula dos reagentes ... 137
    Concentração dos reagentes ... 138
    Pressão dos reagentes gasosos ... 138
    Temperatura ... 138
    Catalisadores ... 139

Capítulo 9: Eletroquímica: De Pilha a Bules de Chá ... 143

Lá vão os Elétrons Indesejados: Reações de Oxirredução ... 144
    Agora, onde coloquei aqueles elétrons? Oxidação ... 144
    Veja o que encontrei! Redução ... 145
    A perda de uns é o ganho de outros ... 146
    Jogando os números: números de oxidação, é isso aí? ... 147
    Balanceamento das equações de oxirredução ... 148
Potência em Movimento: Células Eletroquímicas ... 151
    Boa pilha, Daniell ... 152
    Deixe a luz brilhar: uma pilha para lanternas ... 153
    Senhores, liguem os seus motores: As baterias de automóveis ... 154
Cinco Dólares por uma Corrente de Ouro? Galvanoplastia ... 155
Isto me Queima! Combustão de Combustíveis e Alimentos ... 157

Parte III: O Mol: O Melhor Amigo Do Químico 159

Capítulo 10: O Mol: Você Manja? 161

Contando pelo Peso 161
Pares, Dúzias, Resmas e Mols 162
    Número de Avogrado: Não está na lista telefônica 162
    Utilizando o mol no mundo real 163
Reações Químicas e Mols 165
    Quantidade necessária, quantidade produzida:
    Reação estequiométrica 167
    Onde isto vai dar? Rendimento percentual 169
    Ficando sem algo e deixando algo pra trás:
    Reagentes limitantes 170

Capítulo 11: Misturando a Matéria: Soluções 173

Solutos, Solventes e Soluções 173
    Uma discussão sobre dissolvente 174
    Realidade saturada 174
Unidades de Concentração da Solução 175
    Composição percentual 175
    É a número um! Molaridade 178
    Molalidade: Outra aplicação do mol 180
    Partes por milhão: A unidade da poluição 180
Propriedades Coligativas das Soluções 181
    Diminuição da pressão de vapor 182
    Usar anticongelante no verão?
    Elevação do ponto de ebulição 182
    Fazendo sorvete: Diminuição do ponto de congelamento 183
    Mantendo as células sanguíneas vivas e bem:
    Pressão osmótica 184
Fumaça, Nuvens, Chantilly e Marshmallow: Todos São Colóides 186

Capítulo 12: Azedo e Amargo: Ácidos e Bases 189

Propriedades de Ácidos e Bases: Visão Macroscópica 189
Como os Ácidos e as Bases se Parecem? Visão Microscópica 191
    A teoria Arrhenius: Tem que ter água 191
    A teoria Bronsted-Lowery: Dando e recebendo 192
Ácidos para Corroer, Ácidos para Beber: Fortes e
Fracos, Ácidos e Bases 193
    Ácidos fortes 193
    Bases fortes 194
    Ácidos fracos 194
    Bases fracas 196
    Me dê aquele próton: Teoria ácido base de Bronsted-Lowery 197
    Se ligue: Água anfótera 197

Um Antigo Laxante e o Repolho Roxo: Indicadores Ácido-Base 198
Bom e velho papel tornassol 199
Fenolftaleína: Ajuda a ajustar os ponteiros do seu intestino 199
Quão Ácido é aquele Café: A Escala de pH 201
Soluções Tampão: Controlando o pH 204
Antiácidos: Boa Química Básica 204

Capítulo 13: Balões, Pneus e Tanques de Oxigênio: O Maravilhoso Mundo dos Gases 207

Visão Microscópica dos Gases: A Teoria Cinética dos Gases 207
Estou sob Pressão — Pressão Atmosférica, ou Seja 210
Medindo a pressão atmosférica: O barômetro 210
Medindo a pressão de gases confinados: O manômetro 212
Gases Também Obedecem Leis — Leis dos Gases 212
Lei de Boyle: Nada a ver com ferver 213
Lei de Charles: Não me chame de Chuck 214
Lei de Gay-Lussac 216
A Lei Combinada dos Gases 217
Lei de Avogrado 218
A equação perfeita dos gases 219
Estequiometria e as Leis dos Gases 220
Leis de Dalton e Graham 221
Lei de Dalton 221

Parte IV: Química no Cotidiano: Benefícios e Problemas 223

Capítulo 14: A Química do Carbono: Química Orgânica 225

Hidrocarbonetos: Do simples ao Complexo 226
Do gás de cozinha à gasolina: Alcanos 226
Hidrocarbonetos insaturados: Alcenos 232
Os alcinos são necessários para a construção do mundo 234
Compostos aromáticos: Benzeno e
outros compostos fedorentos 234
Grupos Funcionais: Aquela Mancha Especial 235
Álcoois: R-OH 236
Ácidos carboxílicos (coisas fedorentas): R-COOH 237
Ésteres (mais coisas fedorentas, mas a
maioria bons odores): R-COOR 238
Aldeídos e Cetonas: Relacionados com os álcoois 238
Éteres (hora de dormir): R-O-R 239
Aminas e amidas: Bases orgânicas 239

Capítulo 15: Petróleo: Substâncias Químicas para Queimar ou Construir 241

Não seja Cru, Refine-se 241
    Destilação fracionada: Separando as substâncias químicas 242
    Isso me quebra: Quebra catalítica 243
    Movendo partes da molécula: Reforma catalítica 245
A História da Gasolina 245
    O quanto sua gasolina é boa: Octanagem 246
    Aditivos: tirando e colocando chumbo 248

Capítulo 16: Polímeros: Transformando os Pequenos em Grandes 251

Monômeros Naturais e Polímeros 252
Classificando Monômeros e Polímeros Sintéticos 253
    Todos nós precisamos de um pouco de estrutura 253
    Sinta o calor 253
    Usado e abusado 254
    Processo químico 254
Reduzir, Reusar, Reciclar — Plásticos 262

Capítulo 17: Química em Casa 263

Química na Lavanderia 263
    Mantenha limpo: Sabão 264
    Fique livre daquele anel de banheira: Detergentes 265
    Torne macio: Amaciante de água 267
    Embranqueça: Alvejante 268
Química na Cozinha 268
    Limpe tudo: Limpadores multiuso 269
    Lave essas panelas: Produtos para lavar louças 269
Química no Banheiro 269
    Detergente para a boca: Pasta de dentes 269
    Ufa! Desodorantes e antitranspirantes 270
    Química para o trato da pele: Mantendo macia e bonita 271
    Limpe, pinte, enrole: Química capilar 275
Química no Armário de Remédios 279
    A história da aspirina 279
    Minoxidil e Viagra 279

Capítulo 18: Cof! Cof! A Poluição do Ar 281

Efeitos da Civilização na Atmosfera
    (ou Quando esta Bagunça Começou) 281

Respirar ou não Respirar: Nossa Atmosfera 282
    A Troposfera: a que mais os humanos afetam 282
    A Estratosfera: protegendo os humanos
    com a camada de ozônio 283
Deixe meu Ozônio em Paz: Spray de Cabelos,
CFCs e Redução de Ozônio 283
    Como os CFCs agridem a camada de Ozônio? 284
    Mesmo prejudiciais, os CFCs ainda são produzidos? 285
Está Quente Aqui para Você? (O efeito Estufa) 285
Ar Marrom? (Nevoeiro Fotoquímico) 287
    Nevoeiro de Londres 287
    Nevoeiro Fotoquímico 287
"Eu estou Derretennnnndo!" — Chuva Ácida 289
    Carregar e Descarregar: Precipitadores Eletrostáticos 291
    Água Limpa: Purificadores 291

Capítulo 19: Água Espessa Marrom? Poluição da Água 293

De Onde Vem a Nossa Água e para Onde Ela Está Indo? 294
    Evapora, Condense, Repita 294
    Para onde vai a água 295
Água: Uma Substância Muito Incomum 295
Eca! Alguns Poluentes Comuns da Água 297
    Nós ainda nem começamos:
    A contaminação por metais pesados 298
    Chuva Ácida 299
    Agentes Infecciosos 300
    Aterros e Esgotos 300
    A poluição da água pela agricultura 301
    Poluindo com o calor: Poluição termal 302
    Usando o oxigênio 302
O Tratamento de Efluentes e Esgoto 303
    Tratamento primário do esgoto 303
    Tratamento secundário do esgoto 304
    Tratamento terciário do esgoto 305
Bebendo a Água Tratada 306

Parte V: A Parte dos Dez 307

Capítulo 20: Dez descobertas Feitas por Acaso na Química 309

Archimedes: PELADÃO 309
Vulcanização da Borracha 310
Moléculas Canhotas e Destras 310
William Perkin e uma Tintura Malva 310

Kekule: O belo Sonhador..311
Descobrindo Radioatividade 311
Encontrando Material Realmente Liso: Teflon......................311
Lembretes e Adesivos...312
Crescimento de Cabelo...312
Mais Doce do que Açúcar 312

Capítulo 21: Os Dez Maiores Nerds da Química 313

Amedeo Avogrado..313
Niels Bohr...313
Marie (Senhora) Curie 314
John Dalton 314
Michael Faraday...314
Antoine Lavoisier...314
Dmitri Mendeleev..315
Linus Pauling 315
Ernest Rutherford..315
Gleen Seaborg...316
Aquela Garota no Primário Fazendo Experiências com
    Vinagre e Bicarbonato de Sódio 316

Capítulo 22: Dez Sites Úteis de Química 317

Sociedade Americana de Química 317
Listas de Dados sobre Segurança dos Materiais (MSDS) 318
Agência de Proteção Ambiental dos EUA 318
Chemistry.about.com 318
Webelements.com 319
Plastics.com 319
Webbook..319
Chemclub.com...319
Instituto de Educação Química 320
O Exploratório..320

Apêndice A: Unidades Científicas: O Sistema Métrico 321

Prefixos SI 321
Comprimento 322
Massa 322
Volume..323
Temperatura 323
Pressão...323
Energia...324

Apêndice B: Como Lidar com Números Realmente Grandes ou Realmente Pequenos..........325

Notação Exponencial 325
Adição e Subtração...326
Multiplicação e Divisão 326
Elevando um Número a uma Potência 327
Usando a Calculadora...327

Apêndice C: Método de Conversão de Unidade......329

Apêndice D: Algarismos Significativos e Arredondamento 333

Números: Exatos e Contados Versus Medidos 333
Determinando o Número de Algarismos Significativos
  em um Número Contado 334
Apresentando o Número Correto de Algarismos Significativos 335
    Adição e Subtração 335
    Multiplicação e Divisão...335
Arredondando Números...336

Índice...337

Introdução

*V*ocê já venceu a primeira dificuldade para entender um pouco mais sobre química: já pegou este livro. Eu imagino que um grande número de pessoas olhou para a palavra química do seu título, e largou-o como se ele estivesse cheio de germes.

Eu não sei quantas vezes, estando de férias, ao começar uma conversa com alguém, a pergunta tão temida era feita: "O que você faz?"

"Sou professor", eu respondia.

"Mesmo? E o que você leciona?"

Eu ficava duro, rangia meus dentes e dizia com uma voz mais agradável possível: "Química".

Eu vejo a expressão, seguida por um "Ah, eu nunca gostei de química. Eu achava muito difícil." Ou "Você deve ser muito brilhante para ensinar química". Ou "Tchau!"

Eu penso que as pessoas sentem a mesma coisa porque pensam que a química é muito abstrata, muito matemática, muito fora do mundo em que vivem. Mas, de uma forma ou de outra, todos nós fazemos química.

Lembra quando você era criança e usava bicarbonato de sódio e vinagre para fazer um vulcão? Isto é química. Você cozinha, ou limpa, ou usa removedor de esmalte para unhas? Tudo isso é química. Eu nunca tive um jogo de química quando criança, mas eu sempre amei ciências. Meu professor de química, no ensino médio, era um incrível professor de biologia, mas realmente não conhecia muito de química. Mas, na minha primeira aula de química na faculdade, o laboratório me fisgou. Eu me divertia ao ver as cores dos sólidos saindo das soluções. Eu gostava de síntese, de fazer novas misturas. A idéia de fazer algo que ninguém tinha feito antes me fascinava. Eu queria trabalhar em uma indústria química, fazendo pesquisas, mas depois descobri minha segunda vocação: o ensino.

Química é as vezes chamada de ciência central (principalmente pelos químicos) porque, para se ter um bom entendimento de biologia, ou geologia, ou até mesmo física, você tem que ter um bom entendimento de química. Nosso mundo é química, e eu espero que você usufrua da descoberta da sua natureza química — e que, depois disso, você não ache que a palavra química seja tão assustadora.

Sobre Este Livro

Meu objetivo neste livro não é fazer de você um químico. Minha intenção é simplesmente lhe dar uma compreensão básica de alguns tópicos de química que surgem normalmente no ensino médio ou nos cursos teóricos de introdução à química. Se você estiver fazendo um curso, use este livro como referência em conjunto com suas anotações e livro didático.

Não é pelo fato de você assistir às pessoas jogando tênis, não importa com que intensidade, que você vai se tornar uma estrela do tênis. Você precisa praticar. E o mesmo acontece com a química. Ela não é um esporte para espectadores. Se você estiver fazendo um curso de química, então você precisa praticar e trabalhar com problemas. Eu mostro como trabalhar certos tipos de problemas — as leis do gás, por exemplo — mas use seu livro didático para praticar problemas. Isto dá trabalho, sim, mas pode ser realmente divertido.

Como Usar Este Livro

Eu organizei o conteúdo deste livro numa progressão lógica de tópicos (pelo menos para mim). Mas isto não significa que você precise ler o livro do início ao fim. Cada Capítulo foi feito de forma independente, então fique à vontade para saltar os Capítulos como quiser. De qualquer forma, algumas vezes você terá uma melhor compreensão se der uma olhada rápida nas seções ao fundo enquanto estiver lendo. Para ajudá-lo a encontrar as seções apropriadas, eu usei citações como "veja o Capítulo XX para maiores informações" por todo o livro.

Como sou um firme adepto dos exemplos concretos, também incluí diversas ilustrações e figuras com o texto. Elas realmente ajudam na compreensão dos tópicos de química. E, para ajudá-lo com a matemática, quebrei alguns problemas em partes para ficar mais fácil acompanhar com exatidão o que estou fazendo.

Eu mantive o material reduzido ao essencial, mas incluí alguns complementos. Eles são interessantes (pelo menos para mim), mas não são realmente necessários para o entendimento do tópico à mão. Portanto, sinta-se à vontade para saltá-los. Este é o seu livro; use-o da forma que quiser.

Hipóteses (E Você Sabe o Que Eles Dizem Sobre Hipóteses!)

Eu realmente não sei por que você comprou este livro (ou vai comprá-lo — de fato, se ainda estiver na livraria, e ainda não o comprou, compre dois e dê um de presente), mas eu suponho que esteja fazendo (ou retomando) um curso de química, ou preparando-se para um curso de química. Eu também presumo que você se sinta relativamente confortável com aritmética e conhece álgebra o suficiente para calcular uma única incógnita numa equação. E eu presumo que você tenha uma calculadora científica capaz de calcular expoentes e logaritmos.

E se estiver comprando este livro só pelo prazer de descobrir algo diferente — sem planos de fazer um curso de química — eu aplaudo você e espero que aprecie esta aventura.

Como Este Livro É Organizado

Eu organizei os tópicos numa progressão lógica — basicamente da mesma forma como organizei meus cursos não científicos e de educação básica. Eu incluí alguns capítulos sobre química ambiental — poluição do ar e da água — porque estes tópicos aparecem com freqüência nos noticiários. Também incluí algum material nos apêndices que eu penso que vão lhe ajudar — especialmente o Apêndice C relativo à unidade do método de conversão para solução de problemas.

A seguir, há uma visão geral de cada parte do livro.

Parte I: Conceitos Básicos de Química

Nesta parte, vou introduzi-lo nos conceitos básicos de química. Eu defino a química e mostro-lhe onde ela se enquadra em relação às outras ciências (no centro, naturalmente). Mostro-lhe o mundo químico ao seu redor e explico por que a química deve ser importante para você. Eu também mostro os três estados da matéria e converso sobre a mudança de um estado para outro — e a mudança de energia que ocorre.

Além de abranger o mundo macroscópico de coisas como degelo, explico o mundo microscópico dos átomos. Eu explico as partículas que compõem o átomo — prótons, nêutrons, e elétrons — e mostro onde elas estão localizadas no átomo.

Eu discuto sobre como usar a Tabela Periódica, uma ferramenta indispensável para os químicos. Falo sobre o núcleo atômico, incluindo discussões sobre radioatividade, datação do carbono-14, os reatores nucleares de fissão e fusão, e mesmo a fusão fria. Você estará absolutamente inflamado depois de ler todo este material.

Parte II: Benditas Sejam as Ligações que Unem

Nesta parte, você vai entrar numa matéria realmente boa: ligação. Aqui eu lhe mostro como o sal de cozinha é feito. O Capítulo 6 trata da ligação iônica, e o Capítulo 7 da ligação covalente da água. Eu explico como nomear alguns componentes iônicos e como desenhar as fórmulas estruturais de Lewis de algumas estruturas covalentes. Mostro também a aparência de algumas moléculas. (Asseguro que eu defini todos estes chavões técnicos também).

Também falo sobre reações químicas nesta parte. Dei alguns exemplos de diferentes tipos de reações químicas que você pode encontrar e como equilibrá-las. (Você não achou realmente que eu poderia resistir, não é?) Falo sobre os fatores que afetam a velocidade das reações e por que os químicos raramente adquirem produtos fabricados como esperavam. E discuto sobre transferência de elétrons nas reações redox envolvidas na galvanização e nas pilhas de lanternas. Eu espero que você veja luz nesta parte!

Parte III: O Mol: O Melhor Amigo do Químico

Nesta parte, introduzi o conceito do mol. Nome antigo, é claro. Mas o mol é o ponto central para o entendimento dos cálculos químicos. Ele permite calcular a soma de reagentes necessários nas reações químicas e a soma do produto formado. Eu também falo sobre soluções e como calcular suas concentrações. Explico por que deixei o anticongelante em meu radiador, durante o verão, e por que adicionei cloreto de sódio no gelo quando estava fazendo sorvete.

Além disso, eu lhe dou detalhes picantes e azedos sobre ácidos, bases, pHs, e antiácidos. E apresento as propriedades dos gases. Na realidade, no Capítulo do gás, você verá tantas leis do gás (Lei de Boyle, Lei de Charles, Lei de Gay-Lussac, a Lei dos Gases Combinados, a Lei dos Gases Ideais, Lei de Avogadro, e muito mais) que se sentirá como um advogado quando terminar.

Parte IV: Química no Cotidiano: Benefícios e Problemas

Aqui vou lhe mostrar a química do carbono, chamada química orgânica. Levei um tempo falando sobre hidrocarbonetos porque eles são muito importantes em nossa sociedade como uma fonte de energia, e introduzi alguns grupos funcionais orgânicos. No Capítulo 15, mostro uma aplicação prática da química orgânica — a refinação do petróleo na gasolina. No Capítulo 16, você verá como o mesmo petróleo pode ser usado nas sínteses dos polímeros. Falo sobre os tipos diferentes de polímeros, como são feitos, e como são usados.

Nesta parte também mostro um laboratório químico familiar — a sua casa — e falo sobre materiais de limpeza, detergentes, desodorantes, cosméticos, produtos para tratamento de cabelos e remédios. Discuto também alguns problemas que a sociedade enfrenta devido à natureza industrial de nosso mundo: poluição da água e do ar. Espero que você não se perca no nevoeiro!

Parte V: A Parte dos Dez

Aqui eu introduzo as dez grandes descobertas químicas que foram descobertas por acaso, os dez maiores nerds da química (regra dos nerds!) e os dez sites mais proveitosos da internet. Eu comecei com minhas dez canções químicas favoritas, mas eu só podia pensar em nove.

Também incluí alguns apêndices que podem ajudar quando você se deparar com problemas matemáticos. Eu falo sobre unidades científicas, sobre como lidar com números realmente grandes ou pequenos, um método útil de conversão de unidade e como informar as respostas usando as chamadas figuras significantes.

Ícones Usados Neste Livro

Se você já leu outros livros For Dummies (Para Leigos), vai reconhecer os ícones usados neste livro, mas aqui está a informação interna rápida com a qual alguns de vocês não estão familiarizados:

Este ícone é uma dica rápida, uma forma mais fácil de executar uma tarefa ou vencer um conceito. Ele destaca coisas que são importantes saber e coisas que vão economizar seu tempo e/ou frustração.

O ícone Lembre-se é um lembrete da memória para aquelas coisas realmente importantes que você não deve esquecer.

Eu uso este ícone quando a segurança, ao fazer alguma atividade particular, especialmente em misturas químicas, é descrita.

Não uso muito este ícone porque mantive o conteúdo bem básico. Mas nos casos em que aumentei um tópico um pouco além dos conceitos básicos, eu aviso com este ícone. Você pode, seguramente, saltar este material, mas você pode querer dar uma olhada se estiver interessado numa descrição mais aprofundada.

Aonde Ir a Partir Daqui

Isto depende de você e de seu conhecimento prévio. Se estiver tentando clarear alguma coisa específica, vá direto para o Capítulo e seção de seu interesse. Se você é realmente um novato, comece pelo Capítulo 1 e inicie a partir dali. Se você conhece um pouco de química, eu sugiro rever o Capítulo 3 e, depois, ir para a Parte II. O Capítulo 10 sobre mol é essencial, assim como o Capítulo 13 sobre gases.

Se estiver apenas interessado em conhecer sobre química em sua vida diária, leia o Capítulo 1 e, depois, salte para os Capítulos 16 e 17. Se tiver mais interesse em química ambiental, vá para os Capítulos 18 e 19. Não tem como você errar. Espero que goste de sua excursão química.

Parte I
Conceitos Básicos da Química

A 5ª Onda   de Rich Tennant

> Eu sou matematicamente disléxico. Mas isso não é incomum, 100 de cada 15 pessoas são!

Nesta parte...

Se a química é um tema novo para você, ela pode parecer um pouco assustadora. Todos os dias encontro alunos tentando se convencer, afirmando repetidamente que não são capazes de aprendê-la.

Qualquer indivíduo pode compreender química. Qualquer um pode fazer química. Se você cozinha, limpa ou simplesmente existe, você é parte do mundo da química.

Trabalho em escolas com crianças de 5 a 11 anos e elas amam ciências. Mostro-lhes reações químicas (vinagre adicionado a bicarbonato de sódio, por exemplo) e elas ficam muito entusiasmadas. E é exatamente isso o que eu que espero aconteça com você.

Nos capítulos da Parte I, apresento um panorama dos fundamentos da química. Falo a respeito da matéria e de seus estados e, também, um pouco sobre energia, inclusive sobre seus diferentes tipos e como ela é medida. Discuto o mundo microscópico do átomo e suas partes básicas, explico a tabela periódica, o instrumento de maior utilidade para o químico, e, ainda, a radioatividade, os reatores nucleares e as bombas.

Esta primeira parte do livro leva você a um passeio divertido, por isso aqueça os motores!

Capítulo 1

O que é Química e Por Que eu Preciso Conhecer um Pouco a Respeito dela?

Neste capítulo:
- Definindo a química como ciência
- Verificando as áreas gerais da química
- Descobrindo como a química está presente em tudo que nos cerca

Se você está estudando química, talvez queira pular este capítulo e ir diretamente para a parte com a qual você está tendo dificuldades. Mas se você comprou este livro para ajudá-lo a decidir se deve fazer um curso de química ou para se divertir descobrindo algo novo, eu o aconselho a ler este capítulo. Estabeleci aqui as etapas do resto do livro, mostrando inicialmente o que é química, o que os químicos fazem e porque você deve se interessar pelo assunto.

Eu realmente gosto de química, ela é muito mais que uma simples coleção de fatos e um apanhado de conhecimentos. Acho fascinante observar as modificações químicas acontecerem, compreender o desconhecido, usar diferentes instrumentos, ampliar os meus sentidos e fazer previsões com a compreensão do porquê estavam certas ou erradas. Tudo tem início aqui — nos fundamentos — sendo assim, bem-vindo ao interessante mundo da química.

O que Exatamente é a Química?

Colocando de maneira simples, este ramo da ciência estuda a matéria, que é algo que tem massa e ocupa lugar no espaço. A química é o estudo da composição e das propriedades da matéria e das mudanças que ela sofre. Grande parte do assunto relaciona-se a essa última — as modificações que ocorrem com a matéria, que é composta de substâncias puras ou de misturas de substâncias puras. A transformação de uma substância em outra consiste no que os químicos chamam de mudança química ou reação química. Esse é um grande acontecimento, pois, quando ocorre, uma substância nova em folha é criada (ver Capítulo 2 para mais detalhes sobre o assunto).

O que é Ciência?

A ciência é muito mais do que uma coleção de fatos, figuras, gráficos e tabelas. Ela é um método para examinar o universo físico. É um modo de perguntar e responder a perguntas. A ciência é descrita da melhor maneira pelas atitudes dos próprios cientistas: Eles são céticos — eles devem ser capazes de testar fenômenos. Por essa razão, agarram-se aos resultados provisórios de seus experimentos, esperando que outro cientista conteste-os. Se os resultados não puderem ser testados, não são científicos. Os cientistas questionam-se, fazem perguntas, esforçam-se para descobrir os porquês e experimentam — eles têm exatamente as mesmas atitudes que as crianças têm quando ainda bem jovens. Talvez essa seja uma boa definição para cientistas — adultos que não perderam o encanto com a natureza e o desejo de saber.

Galhos da árvore da Química

O campo geral da química é tão grande que foi originalmente subdividido em um número de áreas diferentes de especialização. Entretanto, existe atualmente uma intensa relação entre áreas diferentes da química, exatamente como acontece com outras ciências. Estes são os campos tradicionais da química:

- **Química analítica:** Relaciona-se altamente com a análise de substâncias. Os químicos deste campo da ciência tentam descobrir quais as substâncias ou elementos estão em uma mistura (análise *qualitativa*) ou a quantidade de uma determinada substância ou elemento presentes (análise *quantitativa*) em algo. Muitos são os instrumentos usados na química analítica.

- **Bioquímica:** É especializada em organismos vivos e sistemas. Os bioquímicos estudam as reações químicas que acontecem no nível molecular do organismo — nível onde os constituintes são tão pequenos que não podem ser vistos a olho nu. Os bioquímicos estudam processos como digestão, metabolismo, reprodução, respiração e assim por diante. Às vezes é difícil diferenciar o bioquímico do biólogo molecular porque ambos estudam sistemas vivos em estado microscópico. Contudo, o bioquímico concentra-se mais nas reações que estão ocorrendo.

- **Biotecnologia:** É uma área relativamente nova da ciência, normalmente associada à química. Trata-se da aplicação da bioquímica e da biologia criando ou modificando material genético ou organismos, visando a objetivos específicos. É usada em diversas áreas, tais como a clonagem, a criação de plantações resistentes a doenças e tem potencial para eliminar doenças genéticas futuras.

- **Química inorgânica:** Envolve a análise de compostos inorgânicos tais como os sais, incluindo o estudo da estrutura e das propriedades desses compostos. Normalmente, também está relacionada ao estudo dos elementos individuais dos compostos. Os químicos inorgânicos provavelmente diriam que essa ciência é o estudo de tudo, exceto do carbono, que é realizado pelos químicos orgânicos.

✔ **Assim, o que são compostos e elementos?** Apenas partes da anatomia de matéria. A matéria é composta tanto de substâncias puras quanto de misturas de substâncias puras e as próprias substâncias são compostas de elementos ou de compostos. (O capítulo 2 disseca a anatomia da matéria. E, como ocorre na dissecação, é melhor você estar preparado — com uma proteção no nariz e o estômago vazio).

✔ **Química orgânica:** É o estudo do carbono e de seus compostos. Ela é, provavelmente, a mais organizada das áreas da química — com uma boa razão. Há milhões de compostos orgânicos e ainda milhares descobertos ou criados a cada ano. Indústrias como a de polímero, a petroquímica e a farmacêutica dependem de químicos orgânicos.

✔ **Físico-química:** Busca a compreensão de como e porque um sistema químico se comporta de determinada maneira. Os físico-químicos estudam as propriedades físicas e o comportamento da matéria e tentam desenvolver modelos e teorias que descrevem esse comportamento.

O método científico

O método científico é normalmente descrito como o modo com que os cientistas examinam o mundo físico que os cerca. De fato, não há um método científico que seja utilizado em todas as situações, mas aqui apresento a descrição da maioria das fases cruciais que os cientistas atravessam mais cedo ou mais tarde.

Cientistas observam e analisam fatos referentes a algo no universo físico e essa observação pode levar a uma pergunta ou problema que o pesquisador deseja resolver. Ele levanta uma hipótese, uma tentativa de explicação que seja compatível com a observação. Depois disso, projeta um experimento para testar a hipótese, que pode ser usado para gerar outra hipótese ou modificar a atual. Assim, mais experimentos são projetados e o ciclo continua.

Na ciência de qualidade, esse ciclo nunca termina. Como os cientistas a cada dia se tornam mais sofisticados em suas habilidades científicas e constroem instrumentos cada vez melhores, suas hipóteses são testadas repetidas vezes. Mas algumas coisas surgem desse ciclo, em primeiro lugar a criação de uma lei. Essa lei é uma generalização do que acontece no sistema científico que é estudado. Como as leis que foram criadas para o sistema judicial, as leis científicas às vezes têm de ser modificadas com base em fatos novos. Uma teoria ou modelo, que tente explicar porque algo acontece, também pode ser proposta. Essa teoria ou modelo é semelhante a uma hipótese, exceto pelo fato que pode ser prevista. Se o cientista puder usar o modelo para chegar a uma boa compreensão do sistema, ele pode, então, fazer previsões baseadas no modelo e logo verificá-las com mais experimentação. As observações dessa experimentação podem ser utilizadas para refinar ou modificar a teoria ou o modelo, assim estabelecendo outro ciclo no processo. Quando ele termina? Nunca.

Pontos de Vista: macroscópicos versus microscópicos

A maior parte dos químicos que eu conheço trabalha muito confortavelmente em dois mundos. Um é o mundo *macroscópico* que você e eu vemos, sentimos e tocamos. Esse é o mundo dos jalecos manchados — da pesagem de substâncias como cloreto de sódio para criar gás hidrogênio, por exemplo. Esse é o mundo dos experimentos ou o que alguns não-cientistas chamam de "o verdadeiro mundo".

Mas os químicos, também, atuam com facilidade no mundo *microscópico*, aquele que você e eu não podemos ver diretamente, sentir ou tocar, onde trabalham apenas com teorias e modelos. No mundo macroscópico, os cientistas podem medir o volume e a pressão de um gás, mas precisam traduzir mentalmente o comportamento dessas partículas de gás dentro do mundo microscópico.

Os cientistas muitas vezes estão tão acostumados a se movimentarem entre esses dois mundos que o fazem até sem perceber. Uma ocorrência ou observação no mundo macroscópico gera uma ideia relacionada ao mundo microscópico e vice-versa. No início, você pode achar esse fluxo de ideias desconcertante, mas como você estuda química, logo se ajustará para que ele se torne parte de sua nova realidade.

Química Pura Versus Química Aplicada

Na química pura, os químicos são livres para executar qualquer tipo de pesquisa que seja de seu interesse — ou toda pesquisa que possa ser financiada. Não há nenhuma expectativa real de aplicação prática do trabalho; o profissional simplesmente quer realizá-lo pelo conhecimento em si. Esse tipo de pesquisa (muitas vezes chamada *pesquisa básica*) é a mais frequentemente administrada nas faculdades e nas universidades. O pesquisador utiliza estudantes graduados e não graduados para ajudar a conduzi-la e o trabalho se torna parte do treinamento profissional do aluno. O pesquisador publica os seus resultados em revistas profissionais para que outros químicos possam examiná-los e tentar contestá-lo.s O financiamento é quase sempre um problema, porque a experimentação, os produtos químicos e os equipamentos são bastante caros.

Na *química aplicada*, os profissionais normalmente trabalham para corporações privadas. Sua pesquisa é direcionada a um objetivo, a curto prazo, muito específico estabelecido pela companhia — melhora de um produto ou o desenvolvimento de uma espécie de grão resistente a doenças, por exemplo. Normalmente, mais dinheiro fica disponível para equipamentos e instrumentos usados na química aplicada, mas há também a pressão para que os objetivos da empresa sejam atingidos.

Esses dois tipos da química, pura e aplicada, compartilham as mesmas diferenças fundamentais que a ciência e a tecnologia. Na *ciência*, o foco é simplesmente a aquisição básica do conhecimento, não há necessidade de qualquer aplicação prática evidente. A ciência é simplesmente o conhecimento pelo conhecimento em si mesmo. A *tecnologia*, por sua vez, é a aplicação da ciência em direção a um objetivo muito específico.

É preciso haver lugar na nossa sociedade para a ciência e a tecnologia — do mesmo modo para os dois tipos da química. O profissional que trabalha com a química pura gera dados e informações que serão usados pela química aplicada. E os profissionais das duas áreas têm seus problemas e pressões. De fato, por causa da redução dos recursos federais para a pesquisa, muitas universidades estão mais envolvidas no ganho de patentes e estão sendo pagas para fazer transferências de tecnologia para o setor privado.

Então, o Que o Químico Faz em seu Trabalho?

Você pode agrupar as atividades dos químicos nessas categorias principais:

- **Analisam substâncias.** Determinam o que está contido em uma substância, quanto de um componente ela apresenta ou ambos. Analisam sólidos, líquidos e gases e tentam isolar o composto ativo de substâncias encontradas na natureza. Podem, ainda, analisar a água para ver o quanto de chumbo está presente em sua composição.

- **Criam ou sintetizam novas substâncias.** Químicos podem produzir a versão sintética de substâncias presentes na natureza, ou ainda criar um composto inteiramente novo e único. Podem encontrar modos de sintetizar a insulina, criar um novo plástico, pílula, tinta ou criar um processo novo e mais eficiente para a produção de um produto estabelecido.

- **Criam modelos e testam o poder de previsão das teorias.** Essa área da química é conhecida como química teórica. Os cientistas que trabalham neste ramo da química usam computadores para criar modelos de sistemas químicos. É desses profissionais o mundo da matemática e dos computadores; alguns deles nem mesmo possuem um jaleco para uso em laboratórios.

- **Medem as propriedades físicas das substâncias.** Químicos podem medir pontos de fusão e ebulição de novos compostos ou a força de um novo fio de polímero. Determinam, também, a taxa de hidrocarboneto saturado presente em uma nova gasolina.

E onde os Químicos realmente atuam?

Você pode estar pensando que o químico pode ser encontrado apenas no fundo de um laboratório mofado, trabalhando para alguma grande indústria química. Entretanto, ao contrário disso, os químicos têm uma grande variedade de empregos em diversos locais:

- **Controle de qualidade**: esses químicos analisam matérias-primas, produtos intermediários e a pureza final do que é produzido, assegurando que estão dentro das especificações adequadas. Eles oferecem suporte técnico ao cliente e analisam materiais devolvidos.

Com frequência, muitos desses profissionais resolvem problemas que ocorrem dentro do processo de fabricação.

- ✔ **Químico de pesquisa industrial:** nessa profissão, eles executam um grande número de testes físicos e químicos em materiais. Podem desenvolver novos produtos ou trabalhar na melhoria de produtos já existentes, trabalhar com determinados clientes para formular produtos que encontram necessidades específicas e, também, fornecer a eles o suporte técnico necessário.

- ✔ **Representante comercial:** outro tipo de atuação desses profissionais é a de representantes comerciais de empresas que vendem produtos químicos ou farmacêuticos. Eles podem informar aos clientes sobre novos produtos que são desenvolvidos e, também, ajudá-los a resolver os problemas que encontrarem.

- ✔ **Químico forense:** esses profissionais podem analisar provas materiais encontradas em cenas de crime ou detectar a presença de drogas em amostras. Podem, inclusive, ser chamados para testemunhar em tribunais como peritos.

- ✔ **Químico ambiental:** esses químicos podem trabalhar para empresas de purificação de água, para fundações de proteção ao meio ambiente, para o departamento de energia, ou instituições semelhantes. Este tipo de trabalho atrai pessoas que gostam de química, mas que também apreciam o contato com a natureza. Elas frequentemente saem a campo para reunir suas próprias amostras.

- ✔ **Restaurador de trabalhos hitstóricos e de arte:** profissionais de química podem trabalhar para restaurar pinturas ou estátuas, ou ainda descobrir falsificações. Com a poluição do ar e da água que pode destruir obras de arte diariamente, esses químicos trabalham para conservar a nossa história.

- ✔ **Professor de química:** os químicos que trabalham como educadores podem ensinar a ciência em instituições de ensino públicas ou particulares, podem também atuar em faculdades e universidades. Os professores de química de universidades muitas vezes conduzem a pesquisa e o trabalho com estudantes graduados e podem, inclusive, tornarem-se especialistas em educação para organizações como a Sociedade Americana de Química.

Esses são somente alguns exemplos de profissionais na área da química que podem ser enumerados. Não citei, por exemplo, aqueles que atuam no direito, na medicina, na escrita técnica, nas relações governamentais e na consultoria. Os químicos estão envolvidos em quase todos os domínios da sociedade, alguns deles inclusive escrevem livros.

Se você não está interessado em se tornar um químico, por que você deveria se interessar por química? (Uma resposta rápida a essa questão provavelmente seria "para passar em algum teste ou concurso"). A química é parte integrante do nosso mundo diário e a habilidade de conhecê-la vai ajudá-lo a interagir mais efetivamente com o nosso ambiente químico.

Capítulo 2
Matéria e Energia

Neste capítulo:
- Entendendo os estados da matéria e suas mudanças
- Diferenciando as substâncias puras e misturas
- Descobrindo o sistema métrico
- Examinando as propriedades das substâncias químicas
- Descobrindo os diferentes tipos de energia
- Medindo a energia em ligações químicas

Entre dentro de um quarto e acenda a luz. Olhe ao seu redor — o que você vê? Pode haver uma mesa, algumas cadeiras, uma lâmpada, um computador zumbindo. Mas, realmente, tudo o que você vê é matéria e energia. Há muitos tipos de matéria e muitos tipos de energia, mas quando tudo já está dito e feito, você esquece essas duas coisas. Os cientistas acreditavam que elas fossem separadas e distintas, mas agora eles percebem que matéria e energia estão juntas. Numa bomba nuclear, ou em um reator nuclear, a matéria é convertida em energia. Talvez algum dia, a ficção científica de *Jornada nas Estrelas* se torne realidade e a transformação de um corpo humano em energia, bem como o seu transporte, será muito comum. Mas, enquanto isso não ocorre, falarei sobre os fundamentos da matéria e energia.

Neste capítulo, falo sobre os dois componentes básicos do universo — matéria e energia. Examino os estados diferentes da matéria e o que acontece quando ela passa de um estado para outro. Eu mostro como o sistema métrico é usado para medir matéria e energia e examino os diferentes tipos de energia, mostrando como ela é medida.

Estados da Matéria: Visão Macroscópica e Microscópica

Olhe ao seu redor. Tudo o que você vê — sua cadeira, a água que você bebe, o papel em que este livro está impresso — é matéria. Matéria é a parte material do universo. É algo que tem massa e ocupa espaço. (Mais tarde, neste capítulo, falarei sobre energia, a outra parte do universo). Matéria pode existir em um dos três estados: sólido, líquido, gasoso.

Sólidos

No nível *macroscópico*, o nível que observamos diretamente com nossos sentidos, um sólido tem uma forma definida e ocupa um volume definido. Pense num cubo de gelo em um copo — ele é um sólido. Você pode pesar facilmente um cubo de gelo e medir seu volume. No nível *microscópico* (onde os elementos são tão pequenos que as pessoas não podem observá-los diretamente), as partículas que formam o gelo são muito unidas e não se movem muito (veja Figura 2-1a).

A razão das partículas que formam o gelo (também conhecidas como moléculas de água) estarem tão unidas e terem pouco movimento é porque, em muitos sólidos, as partículas são agrupadas em uma estrutura rígida, chamada de *estrutura cristalina*. As partículas que estão contidas na estrutura do cristal ainda se movem, mas muito pouco — é mais uma vibração leve. Dependendo das partículas, essa estrutura do cristal pode ser de formas diferentes.

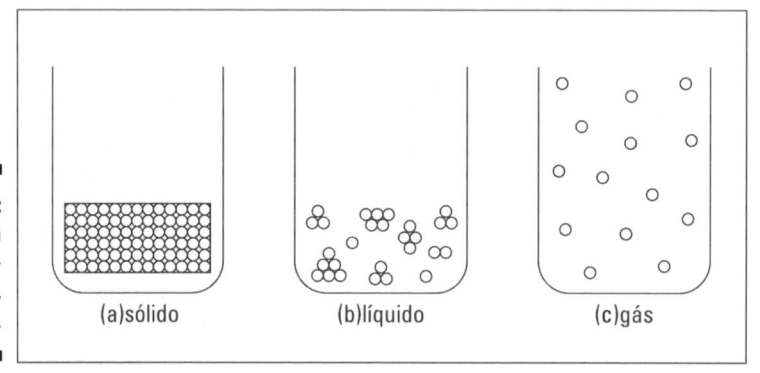

Figura 2-1: Estados da matéria sólido, líquido, gasoso.

(a) sólido   (b) líquido   (c) gás

Líquidos

Quando um gelo derrete, ele se torna líquido. Diferente dos sólidos, os líquidos não têm forma definida, mas têm um volume definido, assim como os sólidos. Por exemplo, um copo de água em um copo alto e fino, tem uma forma diferente de um copo de água em uma forma de bolo, mas em ambos os casos o volume da água é o mesmo — um copo. Por quê? As partículas nos líquidos estão muito mais distantes entre si do que as partículas nos sólidos, e também se movimentam muito mais (veja Figura 2-1b). Mesmo que as partículas estejam mais distantes nos líquidos do que nos sólidos, algumas partículas nos líquidos podem ficar bem próximas umas das outras, aglomerando-se em pequenos grupos. Como as partículas estão mais distantes nos líquidos, a força de atração entre elas não é tão forte como nos sólidos — porque os líquidos não têm uma forma definida. Entretanto, esta força atrativa é forte o suficiente para manter a substância confinada em uma massa maior — um líquido — em vez de espalhá-la por todo lado.

Gases

Se você ferver a água, vai convertê-la em vapor, a forma gasosa da água. Um gás não tem forma definida nem volume definido. Num gás, as partículas estão muito mais distantes do que nos sólidos ou líquidos (veja Figura 2-1c), e elas se movem de uma forma relativamente independente umas das outras. Por causa da distância entre as partículas e do seu movimento independente, o gás se expande para ocupar toda a área em que está contido (deste modo não tem forma definida).

Gelo no Alasca, Água no Texas: A Matéria Muda de Estado

Quando uma substância muda de um estado da matéria para outro, acontece o que chamamos de mudança de estado. Algumas coisas muito interessantes acontecem nesse processo.

Eu estou derretendo! Oh, que mundo!

Imagine você pegando um grande pedaço de gelo de seu congelador e colocando-o numa panela em seu fogão. Se você medir a temperatura desse pedaço de gelo, verá que ela chega a -5°Celsius ou menos. Se você verificar a temperatura enquanto aquece o gelo, perceberá que a mesma começa a aumentar por causa do calor do fogão. As partículas começam a vibrar, cada vez mais rápidas, na estrutura cristalina. Depois de um tempo, algumas das partículas se movem tão rápido que elas se libertam da estrutura, e a estrutura cristalina (que mantém um sólido, sólido) finalmente se parte. O sólido começa a sair do estado sólido para o estado líquido — um processo chamado fusão. A temperatura na qual a fusão ocorre é chamada de *ponto de fusão* (p.f.) da substância. O ponto de fusão para o gelo é de 32° Fahrenheit, ou 0° Celsius.

Se você assistir a temperatura do gelo enquanto ele derrete, verá que ela permanece estável em 0°C até todo o gelo ser derretido. Durante a mudança de estado (mudança de fase), a temperatura permanece constante, mesmo que o líquido contenha mais energia do que o gelo (porque as partículas nos líquidos se movem mais rapidamente do que as partículas nos sólidos, conforme mencionado na seção anterior).

Ponto de ebulição

Se você aquece uma panela com água fresca (ou se continuar aquecendo a panela com os pedaços de gelo já derretidos, conforme o procedimento da seção anterior), a temperatura da água aumenta e as partículas vão se movendo cada vez mais rápido assim que absorvem o calor. A temperatura aumenta até a água alcançar a próxima mudança de estado — fervendo.

Na medida em que as partículas vão se movendo rapidamente até aquecer, elas começam a quebrar as forças atrativas entre elas, deslocando-se livremente como um vapor — um gás. O processo pelo qual a substância transita do estado líquido para o gasoso é conhecido como ebulição. A temperatura em que o líquido começa a ferver é conhecida como *ponto de ebulição* (p.e.). O p.e. depende da pressão atmosférica, mas para a água ao nível do mar, ela é de 212°F ou 100°C. A temperatura da água fervente vai permanecer constante até que toda a água seja convertida em vapor.

Você pode ter tanto água quanto vapor ao atingir 100°C. Eles terão a mesma temperatura, mas o vapor terá muito mais energia (porque as partículas se movem de forma independente e bem mais depressa). Como o vapor tem mais energia, queimaduras causadas pelo vapor são normalmente mais sérias do que as causadas pela água fervente — muito mais energia é transferida para sua pele. Lembrei-me disto numa manhã, enquanto tentava passar uma camisa que ainda estava vestindo. Eu e minha pele podemos comprovar — o vapor contém *muito* mais energia!

Posso resumir o processo de mudança da água do sólido para o gasoso da seguinte forma:

gelo → água → vapor

Como a partícula básica no gelo, na água e no vapor é a molécula de água (escrita como H_2O), o mesmo processo também pode ser mostrado da seguinte forma:

H_2O (s) → H_2O (l) → H_2O (g)

Aqui, o (s) significa sólido, o (l) significa líquido e o (g), gás. Esta segunda representação é muito melhor, porque ao contrário da H_2O, a maioria das substâncias químicas não tem nomes diferentes para as formas: sólido, líquido e gás.

Ponto de solidificação: o milagre dos cubos de gelo

Se você esfria uma substância gasosa, você pode ver as mudanças de fase que ocorrem. As mudanças de fase são:

- condensação — do gás para o líquido
- solidificação — do líquido para o sólido

As partículas de gás têm uma alta quantidade de energia, mas assim que elas esfriam essa energia é reduzida. As forças atrativas agora têm a oportunidade de desenhar partículas mais juntas, formando o líquido. Esse processo é chamado de condensação. As partículas estão agora aglomeradas (como as partículas no estado líquido), mas à medida que mais energia é removida através do esfriamento, as partículas começam a se alinhar e um sólido é formado. Isto é conhecido como solidificação. A temperatura em que isto ocorre é chamada de ponto de solidificação (**p.s**) da substância.

Capítulo 2: Matéria e Energia **19**

LEMBRE-SE

O ponto de solidificação é o mesmo que o ponto de fusão.

Eu posso representar as mudanças de estado do gás para o sólido da seguinte forma:

$$H_2O(g) \rightarrow H_2O(l) \rightarrow H_2O(s)$$

Sublime Isto!

Muitas substâncias passam por um processo lógico do sólido para o líquido e para o gás assim que são aquecidos — ou vice-versa quando são esfriados. Mas algumas substâncias passam diretamente do estado sólido para o gasoso sem passar pelo líquido. Os cientistas chamam esse processo de sublimação. Gelo seco — dióxido de carbono sólido, escrito como $CO_2(s)$ — é o exemplo clássico de sublimação. Você pode ver que as partículas do gelo seco se tornam pequenas assim que o sólido começa a se transformar em um gás, mas nenhum líquido é formado durante essa mudança de fase. (Se você já viu gelo seco, então vai lembrar que uma nuvem branca geralmente o acompanha — mágicos e produtores teatrais usam frequentemente gelo seco para um efeito nebuloso e obscuro. A nuvem branca, que você normalmente vê, não é o gás dióxido de carbono — o próprio gás é incolor. A nuvem branca é a condensação do vapor de água no ar, devido ao frio do gelo seco).

O processo de sublimação é representado como

$$CO_2(s) \rightarrow CO_2(g)$$

Além do gelo seco, bolas de naftalina e certos refrescantes sólidos de ambiente também passam pelo processo de sublimação. O contrário de sublimação é a re-sublimação — passa diretamente do estado gasoso para o estado sólido.

Substâncias Puras e Misturas

Um dos processos básicos na ciência é a classificação. Como discutido na seção anterior, os químicos podem classificar matéria como sólido, líquido ou gás. Mas também há outras formas de classificar matéria. Nesta seção, explico como toda matéria pode ser classificada como substância pura ou como uma mistura (veja Figura 2-2).

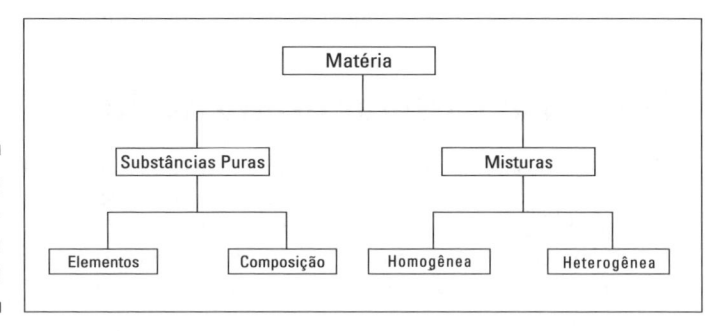

Figura 2-2: Classificação da matéria

```
                        Matéria
                       /        \
            Substâncias Puras    Misturas
              /        \          /      \
         Elementos  Composição  Homogênea  Heterogênea
```

Substâncias Puras

Uma *substância pura* tem uma composição constante e definida ou invariável — como sal ou açúcar.

Uma substância pura tanto pode ser um elemento ou um composto, mas a sua composição não varia.

Elementar, meu caro leitor

Um elemento é composto de um único tipo de *átomo*. Um átomo é a menor partícula de um elemento que ainda tem todas as propriedades do mesmo. Aqui está um exemplo: ouro é um elemento. Se você fatia várias vezes um pedaço de ouro, até chegar a uma partícula mínima que não pode ser cortada, sem perder as propriedades que transformam ouro em *ouro*, então você tem um átomo.

Todos os átomos em um elemento têm o mesmo número de prótons. *Prótons* são partículas subatômicas, que o Capítulo 3 descreve com detalhes sórdidos.

O que é importante lembrar, neste momento, é que os elementos são blocos construídos de matéria. E que eles são representados numa tabela estranha como você já deve ter visto uma vez ou outra — a tabela periódica. (Se você nunca viu tal tabela antes, ela é apenas uma lista de elementos. O Capítulo 3 contém uma se quiser dar uma olhada.)

Compondo o problema

Um composto contém dois ou mais elementos numa proporção específica. Por exemplo, água (H_2O) é um composto feito de dois elementos, hidrogênio (H) e oxigênio (O). Esses elementos estão combinados numa forma muito específica — numa proporção de dois átomos de hidrogênio para um átomo de oxigênio (por isso H_2O). Muitas combinações contêm hidrogênio e oxigênio, mas apenas uma tem a proporção especial de 2 por 1: a água. Mesmo que a água seja feita de hidrogênio e oxigênio, a sua combinação tem propriedades físicas e químicas diferentes do hidrogênio e do oxigênio — as propriedades da água são uma única combinação de dois elementos.

O químico não pode separar facilmente os componentes de uma combinação: eles têm que recorrer a algum tipo de reação química.

Lançando misturas dentro do MIX

Misturas são combinações físicas de substâncias puras que não têm composição definida ou constante — a composição de uma mistura varia de acordo com quem prepara a mistura. Suponha que eu peça a duas pessoas que prepararem uma marguerita para mim (uma mistura deliciosa). A menos que essas duas pessoas usassem exatamente a mesma receita, as misturas iriam variar de alguma forma em relação à quantidade de tequila, triple sec e assim por diante. Elas teriam produzido duas misturas deliciosamente diferentes. Entretanto, cada componente de uma mistura (isto é, cada substância pura que faz a mistura — no exemplo do drink, cada *ingrediente*) retém seu próprio conjunto de características físicas e químicas. Por isso é relativamente fácil separar as várias substâncias numa mistura.

Embora os químicos tenham certa dificuldade ao separar a combinação em seus elementos específicos, as partes diferentes de uma mistura podem ser facilmente separadas por meios físicos, como a filtração. Por exemplo, suponha que você tenha uma mistura de sal e areia e queira purificar a areia removendo o sal. Você pode fazer isto adicionando água, dissolvendo o sal e, depois, filtrando a mistura. Então você termina com areia pura.

Misturas podem ser tanto homogêneas quanto heterogêneas.

Misturas homogêneas, algumas vezes chamadas de *soluções*, são relativamente uniformes na composição; toda porção de mistura é como qualquer outra porção. Se você dissolver açúcar na água, e misturar bem, a mistura é basicamente a mesma, não importa qual parte você provar.

Mas se você põe um pouco de açúcar em uma jarra, adiciona um pouco de areia e, depois, dá uma sacudida, sua mistura não tem a mesma composição em toda a jarra. Como a areia é mais pesada, há provavelmente mais areia no fundo da jarra e mais açúcar no topo. Neste caso, você tem uma *mistura heterogênea*, uma mistura cuja composição varia de posição para posição dentro da amostra.

Medindo a Matéria

Os cientistas são chamados frequentemente para fazer misturas, que podem incluir coisas como massa (peso), volume e temperatura. Se cada nação tivesse seu próprio sistema de medida, a comunicação entre os cientistas seria extremamente embaraçosa, por isso um sistema de medida mundial foi adotado para assegurar que os cientistas pudessem falar a mesma linguagem.

O sistema SI

O *sistema SI* (do *Sistema Internacional Francês*) é um sistema de medida mundial baseado no mais antigo sistema métrico que cada um de nós já aprendeu na escola. Há uma pequena diferença entre o SI e o sistema métrico, mas, para a finalidade deste livro, eles coexistem.

SI é um sistema decimal com unidades básicas para coisas como massa, comprimento, volume e prefixos que modificam as unidades básicas. Por exemplo, o prefixo *kilo-* (K) indica 1.000. Assim, um quilograma (Kg) é igual a 1.000 gramas e um quilômetro (Km) igual a 1.000 metros. Dois outros prefixos SI muito úteis são o *centi-* (c) e o *milli-* (m), que significam 0,01 e 0,001, respectivamente. Assim, um miligrama (mg) é igual a 0,001 gramas — ou você pode dizer que há 1.000 miligramas em uma grama. (Confira o Apêndice A para consultar prefixos SI mais úteis.)

Conversões SI/Inglês

Há muitos anos, houve um movimento nos Estados Unidos para converter o sistema métrico. Mas, ai(!), os americanos continuam comprando suas batatas em libras e sua gasolina em galão. Não se preocupe com isso. Muitos químicos profissionais que eu conheço usam tanto o sistema SI quanto o sistema US sem nenhum problema. É necessário fazer a conversão ao usar dois sistemas, mas eu mostro como fazer isso aqui.

A unidade básica de comprimento no sistema SI é o *metro* (m). O metro é um pouco maior que uma jarda; há 1,094 jardas em um metro, para ser exato. Mas esta não é uma conversão útil. A conversão SI/Inglês mais funcional para o comprimento é

2,54 centímetros = 1 polegada

A unidade básica de massa no sistema SI para química é o *grama* (g). E a conversão mais funcional para massa é

450 gramas = 1 libra

A unidade básica para volume no sistema SI é o *litro* (L). A conversão mais funcional é

0,946 litros = 1 quarto de galão

Ao usar as conversões anteriores e o método de conversão de unidade que descrevi no Apêndice C, você estará apto a lidar com as principais conversões SI/Inglês que precisa fazer.

Por exemplo, vamos supor que você tenha um saco de batatas de 5 libras e queira saber seu peso em quilogramas. Anote 5 libras (lbs) como uma fração colocando-a sobre 1

$$\frac{5,0 \text{ lbs}}{1}$$

Como você deve cancelar a unidade lbs no numerador, você deve encontrar uma relação entre *lbs* e outra coisa — e depois expressar esta outra coisa com *lbs* no denominador. Você conhece a relação entre libras e gramas, então você pode fazer isto.

$$\frac{5,0 \cancel{\text{lbs}}}{1} \times \frac{454 \text{ g}}{1 \cancel{\text{lb}}}$$

Agora simplesmente converta de gramas para quilogramas da mesma forma.

$$\frac{5,0 \cancel{\text{lbs}}}{1} \times \frac{454 \cancel{\text{g}}}{1 \cancel{\text{lb}}} \times \frac{1 \text{ Kg}}{1000 \cancel{\text{g}}} = 2,3 \text{Kg}$$

Propriedades Agradáveis que Você Encontra lá

Quando os químicos estudam substâncias químicas, examinam dois tipos de propriedades:

- **Propriedades químicas:** Estas propriedades permitem que uma substância mude para uma substância inteiramente nova, e descrevem como uma substância reage com outras substâncias. Pode uma substância mudar para algo completamente novo quando água é adicionada — como metais de sódio mudam para hidróxido de sódio? Ela é queimada no ar?

- **Propriedades físicas:** Estas propriedades descrevem a característica física de uma substância. A massa, o volume e a cor de uma substância são propriedades físicas, assim como sua habilidade para conduzir eletricidade.

Algumas propriedades são *extensivas* e dependem da quantidade de matéria presente. Massa e volume são propriedades extensivas. Propriedades intensivas, entretanto, não dependem da quantidade de matéria presente. Cor é uma propriedade intensiva. Um grande pedaço de ouro, por exemplo, tem a mesma cor que um pequeno pedaço de ouro. A massa e o volume desses dois pedaços são diferentes (propriedades extensivas), mas a cor é a mesma. *Propriedades intensivas* são especialmente úteis para os químicos porque eles podem usar propriedades intensivas para identificar uma substância.

Qual é a sua densidade?

Densidade é uma das propriedades intensivas mais úteis de uma substância, que dá aos químicos o poder de identificar as substâncias mais facilmente. Por exemplo, conhecer as diferenças entre a densidade do quartzo e a do diamante permite ao joalheiro examinar o anel de noivado rápida e facilmente. *Densidade* (d) é a razão da massa (m) pelo volume (v) de uma substância. Matematicamente, ela é escrita desta maneira:

$$d = m/v$$

Geralmente, massa é descrita em gramas (g) e volume em mililitros (mL), assim, densidade é g/mL. Como os volumes dos líquidos variam um pouco com a temperatura, geralmente os químicos, também, especificam a temperatura na qual a medida da densidade é feita. A maioria dos livros de referência informa densidades a 20°C, porque está perto da temperatura ambiente e é mais fácil medir sem aquecimento ou resfriamento escessivos. A densidade da água a 20°C, por exemplo, é 1g/mL.

Outro termo que você pode ouvir algumas vezes é gravidade específica (ge), que é a relação entre a densidade de uma substância e a densidade da água na mesma temperatura. Gravidade específica é apenas outra forma de contornar o problema dos volumes dos líquidos que variam com a temperatura. Gravidade específica é usada em exames de urina nos hospitais e para descrever fluido de bateria de automóveis em oficinas de conserto. Veja que gravidade específica não tem unidades de medida associadas, porque as unidades g/mL aparecem tanto no numerador quanto no denominador, cancelando-se entre si (veja a seção "Conversões do SI/Inglês" neste capítulo, para informações sobre cancelamento de unidades de medida). Na maioria dos casos, a densidade e a gravidade específica são quase as mesmas, mas é comum usar simplesmente a densidade.

Você pode, algumas vezes, ver a densidade descrita como g/cm^3 ou g/cc. Estes exemplos são o mesmo que g/mL. A medida de um cubo de 1 centímetro em cada aresta (escrita como $1cm^3$) tem um volume de 1 mililitro (1mL). Como $1mL = 1cm^3$, g/mL e g/cm^3 são similares. E como um centímetro cúbico (cm^3) é geralmente abreviado cc, g/cc também indica a mesma coisa. (Você ouve esta expressão, normalmente na medicina. Quando você recebe uma injeção de 10cc, você está recebendo 10 mililitros de líquido.)

Medindo a densidade

Calcular a densidade é bem fácil. Você mede a massa de um objeto usando a balança ou escala, determina o volume do objeto e, depois, divide a massa pelo volume.

Determinar o volume dos líquidos é fácil, mas quanto aos sólidos pode ser complicado. Se o objeto é um sólido regular, como um cubo, você pode medir suas três dimensões e calcular o volume multiplicando o comprimento pela largura, pelo peso e pela altura ($v = l \times w \times h$). Mas, se o objeto é um sólido irregular, como uma pedra, determinar o volume é mais difícil. Com sólidos irregulares, você pode medir o volume usando o conhecido Princípio de Arquimedes.

O *Princípio de Arquimedes* afirma que o volume de um sólido é igual ao volume da água que ele desloca. O matemático grego Arquimedes descobriu este conceito no século III a.C. e encontrar a densidade do objeto é muito mais simples ao utilizá-lo. Vamos dizer que você queira medir o volume de uma pequena rocha para determinar sua densidade. Primeiro, coloque um pouco de água dentro de um cilindro regular com marcações para cada mL e leia o volume. (O exemplo da Figura 2-3 mostra 25mL) Em seguida, coloque a rocha, certifique-se de que ela está totalmente submersa e leia novamente o volume (29 mL na Figura 2-3). A diferença no volume (4mL) é o volume da rocha.

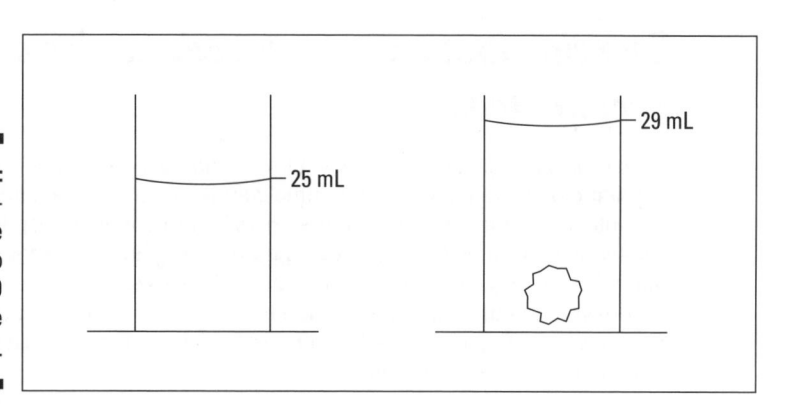

Figura 2-3: Determinando o volume de um sólido irregular: O Princípio de Arquimedes.

> Qualquer objeto com uma densidade menor que a da água vai flutuar quando colocada em água e qualquer objeto com uma densidade maior do que 1 g/mL vai afundar.

Para o seu prazer em refletir, a Tabela 2-1 registra a densidade de alguns materiais comuns.

Tabela 2-1   Densidade de sólidos típicos e líquidos em g/mL

Substância	Densidade
Gasolina	0,68
Gelo	0,92
Água	1,00
Sal	2,16
Ferro	7,86
Chumbo	11,38
Mercúrio	13,55
Ouro	19,3

Energia (Eu Quero Mais)

Matéria é um dos dois componentes do universo. Energia é o outro. Energia é a capacidade de trabalhar. E se você for como eu, mais ou menos às cinco da tarde o rendimento do seu trabalho — e o seu nível de energia — estão bem baixos.

Energia pode assumir diversas formas — tais como energia do calor, energia da luz, energia elétrica e energia mecânica. Mas duas categorias gerais de energia são extremamente importantes para os químicos — energia cinética e energia potencial.

Energia cinética — movendo-se durante o tempo todo

Energia cinética é a energia de movimento. Uma bola de beisebol voando pelo ar, por meio de um rebatedor, tem uma grande quantidade de energia cinética. Pergunte a qualquer um que já tenha sido atingido por uma bola de beisebol e eu tenho certeza de que eles vão concordar. Os químicos, às vezes, estudam partículas em movimento, especialmente as dos gases, porque a energia cinética dessas partículas ajuda a determinar se uma determinada reação pode ocorrer. A razão é que as colisões entre partículas e a transferência de energia podem provocar reações químicas.

A energia cinética, das partículas em movimento, pode ser transferida de uma partícula para outra. Você já jogou bilhar? Você transfere energia cinética do movimento de seu taco de bilhar em direção à bola branca, para (espero) a bola que você está apontando.

Energia cinética pode ser convertida em outros tipos de energia. Em uma represa hidroelétrica, a energia cinética da queda da água é convertida em energia elétrica. Na verdade, uma lei científica — a Lei de Conservação de Energia — estabelece que, em reações químicas comuns (ou processos físicos), a energia não é criada nem destruída, mas pode ser transformada. (Esta lei não é válida para reações nucleares. O Capítulo 5 vai lhe dizer o porquê).

Energia potencial — de bem com a vida

Suponha que você pegue uma bola e atire em direção a uma árvore onde ela fica presa. Você deu energia cinética à bola — energia em movimento — quando você a jogou. Mas onde está essa energia agora? ela foi transformada em outra categoria de energia — energia potencial

Energia potencial é energia armazenada. Objetos podem ter energia potencial armazenada devido a sua altura. Se a bola viesse a cair, a energia potencial poderia ser convertida em energia cinética. (Tome cuidado!)

Energia potencial devido à posição não é o único tipo de energia potencial. Na realidade, os químicos realmente não estão muito interessados na energia potencial devido à posição. Eles estão muito mais interessados na energia armazenada (energia potencial) em ligações químicas, que são as forças que mantêm juntos os átomos em um composto.

É preciso muita energia para funcionar um corpo humano. O que aconteceria se não houvesse uma forma de armazenar a energia que você extrai dos alimentos? você teria que comer o tempo todo para manter seu corpo funcionando. (Minha esposa reclama que eu como o tempo todo, de qualquer maneira!) Mas os humanos podem armazenar energia em termos de energia química. E depois, mais tarde, quando precisarmos de energia, nossos corpos podem quebrar essas amarras e liberá-las.

O mesmo é verdade para o combustível que usamos normalmente para aquecer/resfriar nossas casas e para funcionar nossos automóveis. A energia é armazenada nesses combustíveis — gasolina, por exemplo — e é liberada quando as reações químicas acontecem.

Medição de Energia

Medir a energia potencial pode ser uma tarefa difícil. O potencial energético de uma bola presa numa árvore está relacionado com a massa da bola e seu peso acima do solo. A energia potencial contida nas ligações químicas é relacionada com o tipo de ligação e o número de ligações que podem ser quebradas. É muito mais fácil medir energia cinética. Você pode fazer isto com um instrumento relativamente simples — um termômetro.

Temperatura e escalas de temperatura

Quando você mede, digamos, a temperatura do ar em seu quintal, você está, na verdade, medindo a energia cinética (a energia de movimento) das partículas de gás em seu quintal. Quanto mais rápidas as partículas se movem, mais alta é a temperatura.

No entanto, nem todas as partículas se movem na mesma velocidade. Algumas se movem muito rapidamente e outras relativamente devagar, mas elas se deslocam em uma velocidade entre os dois extremos. A leitura da temperatura de seu termômetro é relacionada com a *proporção* da energia cinética das partículas.

Você pode usar a escala Fahrenheit para medir temperaturas, mas a maioria dos cientistas usa tanto a escala de temperatura Celsius (°C) quanto a Kelvin (K). (Não há símbolo de grau associado com K). A Figura 2-4 compara as três escalas de temperatura usando o ponto de congelamento e o ponto de ebulição da água como pontos de referência.

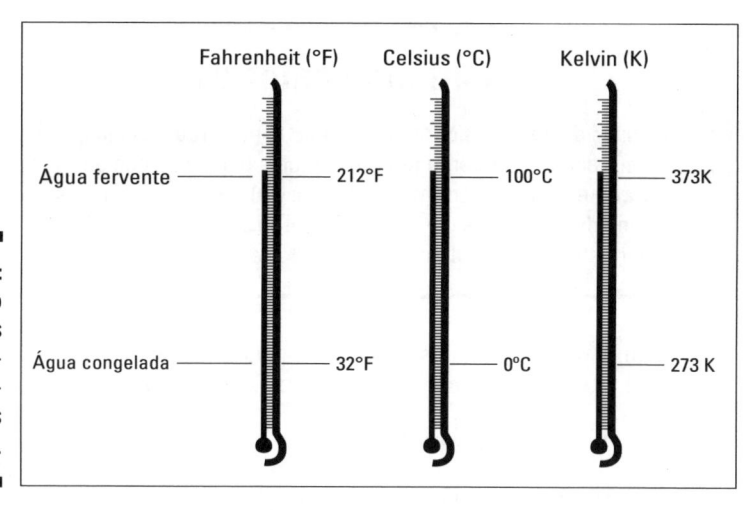

Figura 2-4: comparação das escalas de temperatura Fahrenheit, Celsius e Kelvin.

Água fervente — 212°F — 100°C — 373K

Água congelada — 32°F — 0°C — 273 K

Como você pode ver na Figura 2-4, a água ferve em 100°C (373K) e congela em 0°C (273K). Para medir a temperatura Kelvin, você pega a temperatura Celsius e adiciona 273. Matematicamente, expressamos da seguinte maneira:

$$K = °C + 273$$

Se você quiser saber como converter a escala Fahrenheit para Celsius, aqui está a equação de que você precisa:

$$°C = 5/9 \ (°F-32)$$

Certifique-se de subtrair 32 da temperatura Fahrenheit antes de multiplicar por 5/9.

$$°F = 9/5 \ (°C) + 32$$

Certifique-se de multiplicar a temperatura Celsius por 9/5 e depois adicionar 32.

Vá em frente — tente estas equações e confirme se a temperatura normal do corpo de 98.6 °F é igual a 37°C.

Na maioria das vezes, usei a escala Celsius neste livro. Mas quando descrevo o comportamento dos gases, uso a escala Kelvin.

Sentir o calor

O calor não tem a mesma temperatura. Quando você mede a temperatura de algo, você está calculando a média da energia cinética das partículas individuais. Calor, em outras palavras, é a medida da quantidade total de energia que a substância possui. Por exemplo, um copo de água e uma piscina podem ter a mesma temperatura, mas eles contêm uma grande diferença na quantidade de calor. Gasta-se muito mais energia para aumentar a temperatura de uma piscina a 5°C do que a de um copo de água, porque há muito mais água na piscina.

Contando calorias

Quando você ouve a palavra calorias, você pode pensar em alimento e contagem de calorias. Os alimentos contêm energia (calor). A medida desta energia é a Caloria nutricional (normalmente bem destacada) que é, na verdade, uma quilocaloria (Kcal). Aquela barra de doce que você come contém 300 Calorias nutricionais, que são 300 Kcal ou 300.000 calorias. Pensar desta forma pode ser mais fácil para resistir à tentação.

A unidade de calor no sistema SI é o *joule* (J). A maioria de nós ainda usa a unidade métrica de calor, a *caloria* (cal). Aqui está a relação entre as duas:

$$1 \text{ caloria} = 4,184 \text{ joule}$$

A caloria é uma pequena quantidade de calor — a quantidade que leva para aumentar a temperatura de 1 grama de água em 1°C. Eu uso frequentemente a *quilocaloria* (Kcal), que são 1.000 calorias, como unidade conveniente de calor. Se você queimar um palito de fósforo completamente, ele vai produzir aproximadamente 1 quilocaloria (1.000 cal) de calor.

Capítulo 3

Há Algo Menor que um Átomo? Estrutura Atômica

Neste capítulo:
▶ Dando uma olhada nas partículas que constituem um átomo
▶ Encontrando os isótopos e íons
▶ Entendendo as configurações eletrônicas
▶ Descobrindo a importância dos elétrons de valência

*E*u lembro quando aprendi sobre átomos na escola quando criança. Meus professores os chamavam de blocos de construção e, de fato, nós usávamos blocos e Legos para representar os átomos. Também lembro que diziam que os átomos eram tão pequenos que ninguém poderia vê-los. Imagine minha surpresa, anos mais tarde, quando as primeiras figuras de um átomo apareceram. Elas não eram muito detalhadas, mas fizeram-me parar e pensar como a ciência tinha chegado tão longe. Eu ainda me surpreendo quando vejo figuras de átomos.

Neste capítulo vou lhe contar sobre os átomos, os blocos fundamentais de construção do universo. Falo sobre as três partículas básicas de um átomo — prótons, nêutrons e elétrons — e mostro onde elas estão localizadas. Uso uma enorme quantidade de páginas para falar sobre os elétrons, porque as reações químicas (com as quais grande parte da química está envolvida) dependem de sua perda, ganho ou distribuição.

Partículas Subatômicas: Isto É o que Há em um Átomo

O átomo é a menor parte da matéria que representa um elemento particular. Por algum tempo, o átomo era visto como a menor parte da matéria que poderia existir. Mas, na última metade do século XIX e na primeira metade do século XX, os cientistas descobriram que os átomos eram compostos de certas partículas subatômicas e que, não importa qual o elemento, as mesmas partículas subatômicas compõem o átomo. O número de partículas subatômicas é a única coisa que varia.

Os cientistas agora reconhecem que há muitas partículas subatômicas (isto realmente faz os físicos salivarem). Mas para que você tenha sucesso em química, você realmente precisa se preocupar apenas com três partículas subatômicas:

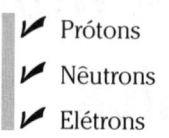

- ✔ Prótons
- ✔ Nêutrons
- ✔ Elétrons

A tabela 3-1 resume as características dessas três partículas subatômicas.

Tabela 3-1   **As três maiores partículas subatômicas**

Nome	Símbolo	Carga	Massa (g)	Massa (u.m.a)	Localização
Próton	P+	+1	$1{,}673 \times 10^{24}$	1	Núcleo
Nêutron	n°	0	$1{,}675 \times 10^{24}$	1	Núcleo
Elétron	e-	-1	$9{,}109 \times 10^{28}$	0,0005	Fora do Núcleo

Na tabela 3-1, as massas das partículas subatômicas são registradas em duas formas: gramas e *u.m.a*, que signífica *unidade de massa* atômica. Expressar massa em u.m.a. é muito mais fácil do que usar a grama equivalente.

Unidades de massa atômica são baseadas em algo chamado escala de Carbono 12, um padrão reconhecido internacionalmente, adotado para pesos atômicos. Através do acordo internacional, um átomo de carbono, que contém 6 prótons e 6 nêutrons tem um peso atômico de 12 u.m.a. exatamente, de forma que 1 u.m.a. é ½ deste átomo de carbono. Eu sei, o que os átomos de carbono e o número 12 têm a ver com qualquer coisa? Apenas confie em mim. Como a massa em gramas de prótons e nêutrons é quase exatamente a mesma, tanto os prótons quanto os nêutrons tem uma massa de 1 u.m.a. Veja que a massa de um elétron é muito menor do que a de um próton ou nêutron. É necessário quase 2.000 elétrons para igualar a massa de um único próton.

A tabela 3-1 também mostra a carga elétrica associada com cada partícula subatômica. A matéria pode ser carregada eletricamente com uma destas duas formas: positiva ou negativa. O próton carrega uma unidade de carga positiva, o elétron carrega uma unidade de carga negativa e o nêutron não tem carga — ele é neutro.

LEMBRE-SE Os cientistas descobriram, através da observação, que os objetos com tais cargas, tanto positiva quanto negativa, repelem uns aos outros e objetos sem tais cargas se atraem.

O próprio átomo não tem carga. Ele é neutro. (Bem, na verdade, no Capítulo 6, explico que certos átomos podem ganhar ou perder elétrons e adquirir uma carga. Átomos que ganham uma carga, tanto positiva quanto negativa, são chamados de íons). Então, como pode um átomo ser neutro se ele contém prótons positivos e elétrons negativos? Ah, boa pergunta. A resposta é que há números iguais de prótons e elétrons — números iguais de cargas positivas e negativas — que se cancelam.

A última coluna na Tabela 3-1 mostra a localização das três partículas subatômicas. Prótons e nêutrons estão localizados no núcleo, um núcleo central denso no meio do átomo, enquanto os elétrons estão localizados fora do núcleo (veja "Onde estão os elétrons?" ainda neste capítulo).

Os Núcleos: Palco Principal

Em 1911, Ernest Rutherford descobriu que os átomos têm um núcleo — um centro — que contém prótons. Mais tarde, os cientistas descobriram que o nêutron também mora no núcleo.

O núcleo é muito, muito menor e muito, muito mais denso quando comparado com o resto do átomo. Geralmente, os átomos têm diâmetros diferentes que medem aproximadamente 10^{-10} metros. (Isto é pequeno!). Núcleos tem aproximadamente 10^{-15} metros de diâmetro. (Isto é *realmente* pequeno!). Por exemplo, se o estádio Superdome, em Nova Orleans, fosse representado por um átomo de hidrogênio, o núcleo seria aproximadamente do tamanho de uma ervilha.

Os prótons de um átomo são comprimidos, todos juntos, dentro do núcleo. Alguns de vocês podem estar pensando: "Ok, cada próton tem uma carga positiva e tais cargas se repelem. Então, se todos os prótons se repelem, por que o núcleo não se afasta simplesmente?" *Isto é A Força, Luke*. As forças no núcleo neutralizam esta repulsão e mantém o núcleo junto. (Os físicos chamam esta força de cola nuclear. Mas, algumas vezes, esta "cola" não é forte o suficiente e o núcleo desintegra-se. Este processo é conhecido como *radioatividade*).

O núcleo não é apenas muito pequeno, mas também contém a maior parte da massa do átomo. De fato, para todos os propósitos, a massa do átomo é a soma das massas dos prótons e dos nêutrons. (Eu ignoro a massa diminuta dos elétrons, a menos que esteja fazendo cálculos muito precisos).

A soma do número de prótons em um átomo é conhecida como *número de massa*. E para o número de prótons em um determinado átomo é dado um nome especial, o *número atômico*. Os químicos geralmente usam este símbolo, mostrado na Figura 3-1, para representar estas coisas num elemento particular.

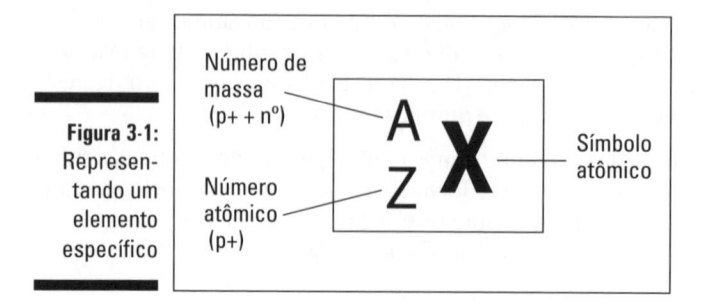

Figura 3-1: Representando um elemento específico

Número de massa (p+ + n°) — A
Número atômico (p+) — Z
$^{A}_{Z}X$
Símbolo atômico

Como mostrado na Figura 3-1, os químicos usam o símbolo X para representar o símbolo químico. Você pode encontrar símbolos químicos dos elementos na tabela periódica ou numa lista de elementos (veja uma lista de elementos na Tabela 3-2). O símbolo Z representa o número atômico — o número de prótons no núcleo. E o A representa o número de massa, a soma do número de prótons e nêutrons. O número de massa (também conhecido como *peso atômico*) é registrado na u.m.a..

Vamos supor que você queira representar o urânio. Você pode consultar a tabela ou uma lista de elementos, como foi mostrado na Tabela 3-2 e verificar que o símbolo para urânio é U, seu número atômico é 92 e seu número de massa é 238.

Tabela 3-2 Os Elementos

Nome	Símbolo	Número atômico	Número de massa	Nome	Símbolo	Número atômico	Número de massa
Actínio	Ac	89	227,028	Cério	Ce	58	140,115
Alumínio	Al	13	26,982	Césio	Cs	55	132,905
Amerício	Am	95	243	Cloro	Cl	17	35,453
Antimônio	Sb	51	121,76	Cromo	Cr	24	51,996
Argônio	Ar	18	39,948	Cobalto	Co	27	58,933
Arsênico	As	33	74,922	Cobre	Cu	29	63,546
Astato	At	85	210	Cúrio	Cm	96	247
Bário	Ba	56	137,327	Dúbnio	Db	105	262
Berquélio	Bk	97	247	Disprósio	Dy	66	162,5
Berílio	Be	4	9,012	Einstênio	Es	99	252
Bismuto	Bi	83	208,980	Érbio	Er	68	167,26
Bóhrio	Bh	107	262	Európio	Eu	63	151,964
Boro	B	5	10,811	Férmio	Fm	100	257
Bromo	Br	35	79,904	Flúor	F	9	18,998
Cádmio	Cd	48	112,411	Frâncio	Fr	87	223
Cálcio	Ca	20	40,078	Gadolínio	Gd	64	157,25
Califórnio	Cf	98	251	Gálio	Ga	31	69,723
Carbono	C	6	12,011	Germânio	Ge	32	72,6

(continua)

Tabela 3-2 Os Elementos

Nome	Símbolo	Número atômico	Número de massa	Nome	Símbolo	Número atômico	Número de massa
Ouro	Au	79	196,967	Mendelévio	Md	101	258
Háfnio	Hf	72	178,49	Mercurio	Hg	80	200,59
Hássio	Hs	108	265	Molibdênio	Mo	42	95,94
Hélio	He	2	4,003	Neodímio	Nd	60	144,24
Hólmio	Ho	67	164,93	Neônio	Ne	10	20,180
Hidrogênio	H	1	1,0079	Neptúnio	Np	93	237,048
Índio	In	49	114,82	Níquel	Ni	28	58,69
Iodo	I	53	126,905	Nióbio	Nb	41	92,906
Irídio	Ir	77	192,22	Nitrogênio	N	7	14,007
Ferro	Fé	26	55.845	Nobélio	No	102	259
Criptônio	Kr	36	83,8	Ósmio	Os	76	190,23
Lantânio	La	57	138,906	Oxigênio	O	8	15,999
Laurêncio	Lr	103	262	Paládio	Pd	46	106,42
Chumbo	Pb	82	207,2	Fósforo	P	15	30,974
Lítio	Li	3	6.941	Platina	Pt	78	195,08
Lutécio	Lu	71	174,967	Plutônio	Pu	94	244
Magnésio	Mg	12	24,305	Polônio	Pó	84	209
Manganês	Mn	25	54,938	Potássio	K	19	39,098
Meitnério	Mt	109	266	Praseodímio	Pr	59	140,908

(continua)

Nome	Símbolo	Número atômico	Número de massa	Nome	Símbolo	Número atômico	Número de massa
Promécio	Pm	61	145	Tantálio	Ta	73	180,948
Protactínio	Pa	91	231,036	Tecnécio	Tc	43	98
Rádio	Ra	88	226,025	Telúrio	Te	52	127,60
Radônio	Rn	86	222	Térbio	Tb	65	158,925
Rênio	Re	75	186,207	Tálio	Tl	81	204,383
Ródio	Rh	45	102,906	Tório	Th	90	232,038
Rubídio	Rb	37	85,468	Túlio	Tm	69	168,934
Rutênio	Ru	44	101,07	Estanho	Sn	50	118,71
Rutherfórdio	Rf	104	261	Titânio	Ti	22	47,88
Samário	Sm	62	150,36	Tungstênio	W	74	183,84
Escândio	Sc	21	44,956	Urânio	U	92	238,029
Seabórgio	Sg	106	263	Vanádio	V	23	50,942
Selênio	Se	34	78,96	Xenônio	Xe	54	131,29
Silício	Si	14	28,086	Itérbio	Yb	70	173,04
Prata	Ag	47	107,868	Ítrio	Y	39	88,906
Sódio	Na	11	22,990	Zinco	Zn	30	65,39
Estrôncio	Sr	38	87,62	Zircônio	Zr	40	91,224
Enxofre	S	16	32,066				

Desta forma, você pode representar o urânio como mostrado na figura 3-2.

Figura 3-2: Representação do urânio.

$$^{238}_{92}U$$

Você sabe que o urânio tem um número atômico de 92 (número de prótons) e número de massa de 238 (prótons mais nêutrons). Então, se quiser saber o número de nêutrons no urânio, tudo o que você precisa fazer é diminuir o número atômico (92 prótons) do número de massa (238 prótons mais nêutrons). O resultado mostra que o urânio tem 146 nêutrons.

Mas, quantos elétrons tem o urânio? Como o átomo é neutro (ele não tem carga elétrica), deve haver números iguais de cargas positivas e negativas dentro dele ou números iguais de prótons e elétrons. Assim, há 92 elétrons em cada átomo de urânio.

Onde Estão esses Elementos?

Os modelos antigos do átomo tinham elétrons girando ao redor do núcleo de forma aleatória. Mas os cientistas aprenderam mais sobre o átomo e perceberam que essa representação provavelmente não era muito precisa. Hoje, dois modelos de estrutura atômica são usados: o modelo de Bohr e o modelo de mecânica quântica. O modelo de Bohr é simples e relativamente fácil de entender; o modelo de mecânica quântica é baseado na matemática e é mais difícil de entender. De qualquer forma, ambos são úteis ao entendimento do átomo, por isso explico cada um deles nas seções seguintes (sem recorrer a um grande número de matemática).

LEMBRE-SE

Um modelo é útil porque ajuda a entender o que é observado na natureza. Não é raro ter mais de um modelo que represente e ajude as pessoas a entender um tópico particular.

O modelo de Bohr

Você já assistiu à explosão de fogos de artifício e desejou saber de onde aquelas cores vinham?

As cores vêm de elementos diferentes. Se você salpica sal de cozinha — ou qualquer outro sal que contenha sódio — no fogo, você terá a cor amarela. Sais que contêm cobre dão uma chama azul-esverdeada. E se você olhar para as chamas através de um espectroscópio, um instrumento que usa um prisma para dividir a luz em seus vários componentes, você vê um número de linhas de várias cores. Essas linhas coloridas distintas formam um *espectro de linha*.

Niels Bohr, um cientista da Dinamarca, explicou esse espectro de linha enquanto desenvolvia um modelo para o átomo.

O modelo de Bohr mostra que os elétrons, no átomo, estão em órbitas de energias diferentes ao redor do núcleo (pense na órbita dos planetas ao redor do Sol). Bohr usou o termo níveis de energia (ou configurações) para descrever essas órbitas de energias diferentes. E ele disse que a energia de um elétron é *quantizada*, indicando que os elétrons podem estar em um nível ou outro de energia, mas nunca entre eles.

O nível de energia que um elétron normalmente ocupa é conhecido como estado fundamental. Mas ele pode ser promovido a um nível mais alto, ou *shells*, pela absorção de energia. Essa energia mais alta, um estado menos estável, é conhecida como estado de *excitação dos elétrons*.

Depois dessa excitação, o elétron pode retornar ao seu estado fundamental original, liberando a energia que ele absorveu (veja a Figura 3-3). E aqui está a explicação de onde vem o espectro de linha. Algumas vezes, a energia liberada pelos elétrons ocupa uma parte do *espectro eletromagnético* (a extensão do comprimento da onda de energia) que os humanos percebem como luz visível. Variações pequenas na quantidade de energia são vistas como luz de cores diferentes.

Figura 3-3: Estados fundamentais e de excitação no modelo de Bohr.

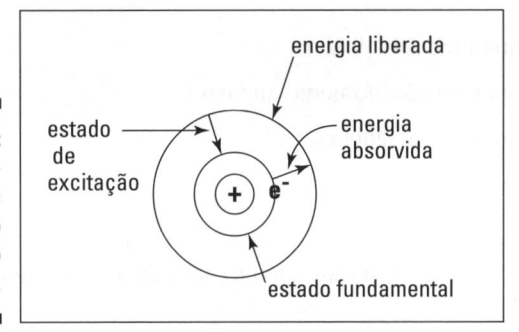

Bohr percebeu que quanto mais perto um elétron está do núcleo, menos energia ele precisa, mas quanto mais distante ele está, mais energia ele precisa. Por isso, ele numerou os níveis de energia do elétron. Quanto mais alto o número de nível de energia, mais distante o elétron está do núcleo — e mais alta a energia.

Bohr também percebeu que os vários níveis de energia podem conter números diferentes de elétrons: nível de energia 1 pode conter até 2 elétrons, nível de energia 2 pode conter até 8 elétrons e assim por diante.

O modelo de Bohr funcionou bem para átomos muito simples, como o hidrogênio (que tem 1 elétron), mas não funcionou para átomos mais complexos. Embora o modelo de Bohr ainda seja usado nos dias de hoje, especialmente em livros didáticos, um modelo mais sofisticado (e complexo) — o modelo de mecânica quântica — é usado com mais frequência.

O modelo de mecânica quântica

Não foi possível explicar observações feitas sobre átomos complexos no modelo simples de Bohr, por isso um modelo mais complexo e altamente matemático da estrutura atômica foi desenvolvido — o modelo de mecânica quântica.

Esse modelo é baseado na *teoria quântica*, que declara que a matéria também tem propriedades associadas a ondas. De acordo com a teoria quântica, é impossível saber a posição exata e o momentum (velocidade e direção) de um elétron ao mesmo tempo. Isto é conhecido como o *Princípio da Incerteza*. Desta forma, cientistas tiveram que substituir as órbitas de Bohr pelos orbitais (algumas vezes chamados de *nuvens de elétrons*), volumes do espaço em que, provavelmente, haja um elétron. Em outras palavras, a certeza foi substituída pela probabilidade.

O modelo de mecânica quântica do átomo usa formas mais complexas de orbitais do que as órbitas circulares simples de Bohr. Sem recorrer à muita matemática (você é bem-vindo), esta seção mostra-lhe alguns aspectos desse mais novo modelo do átomo.

Quatro números, conhecidos como números quânticos, foram introduzidos para descrever as características dos elétrons e seus orbitais. Você perceberá que eles são nomeados pelos *nerds* da tecnologia de ponta:

- Número quântico principal n
- Número quântico de momento angular l
- Número quântico magnético m_l
- Número quântico spin m_s

A Tabela 3-3 resume os quatro números quânticos. Quando colocados juntos, químicos teóricos descrevem muito bem as características de um elétron particular.

Tabela 3-3		Resumo dos números quânticos	
Nome	*Símbolo*	*Descrição*	*Valores permitidos*
Principal	n	energia orbital	números inteiros positivos (1,2,3 e assim por diante)
Momento angular	l	forma orbital	números inteiros de 0 a n-1
Magnético	m_l	orientação	números inteiros de -l a 0 para +l
Spin	m_s	spin do elétron	+½ ou -½

O número quântico principal n

O número quântico principal n descreve a distância média da órbita do núcleo — e a energia do elétron em um átomo. É realmente equivalente aos números de nível de energia de Bohr. Pode ter números inteiros de valor positivo (números inteiros): 1,2,3,4 e assim por diante. Quanto maior o valor do n, mais alta é a energia e maior o orbital. Algumas vezes os químicos denominam os orbitais de configurações eletrônicas.

O número quântico de momento angular l

O número quântico de momento angular l descreve a forma do orbital que é limitada pelo número quântico principal n: o número quântico de momento angular l pode ter valores de números inteiros positivos de 0 a n-1. Por exemplo, se o valor de n é 3, três valores são permitidos para l: 0, 1, e 2.

LEMBRE-SE

O valor de l define a forma do orbital e o valor de n define o tamanho.

Orbitais que têm o mesmo valor de n, mas valores diferentes de l, são chamados de nível eletrônico. A esses níveis eletrônicos são dadas letras diferentes para ajudar os cientistas a diferenciá-los uns dos outros. A Tabela 3-4 mostra as letras correspondentes para valores diferentes de l.

Tabela 3-4	Designação da letra dos níveis eletrônicos
Valor de um l (nível eletrônico)	*Letra*
0	s
1	p
2	d
3	f
4	g

Quando os químicos descrevem um determinado nível eletrônico de um átomo, eles podem usar tanto o valor n quanto a letra do nível eletrônico — 2p, 3d e assim por diante. Normalmente, um valor de nível eletrônico 4 é o máximo necessário para descrever um determinado nível eletrônico. Se os químicos precisarem de algum valor maior, eles podem criar números e letras para representar o nível eletrônico.

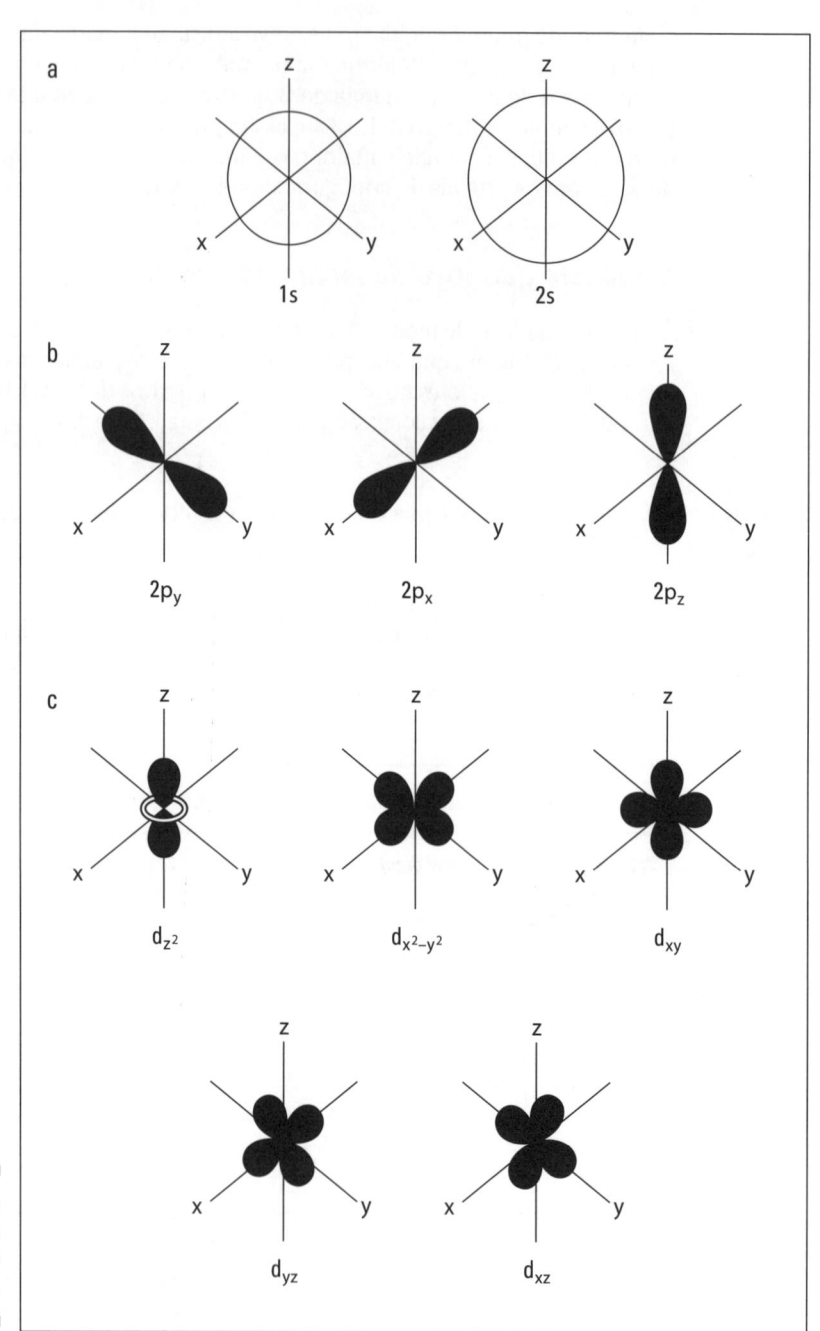

Figura 3-4: Formas do s, p, e dos orbitais d.

Figura 3-4: Formas do s, p, e dos orbitais d.

Na figura 3-4 (a) há dois orbitais s — um para o nível 1 de energia (1s) e outro para o nível 2 de energia (2s). Os orbitais s são esféricos, com o núcleo no centro. Veja que o orbital 2s é maior em diâmetro do que o orbital 1s. Nos átomos maiores, o orbital 1s está inserido no 2s, exatamente como o 2p está inserido no 3p.

A Figura 3-4 (b) mostra as formas dos orbitais p e a Figura 3-4 (c) mostra as formas dos orbitais (d). Veja que as formas ficam progressivamente mais complexas.

O número quântico magnético ml

O número quântico magnético ml descreve como os diversos orbitais são orientados no espaço. O valor de um ml depende do valor de l. Os valores permitidos são números inteiros de —l a 0 para +l. Por exemplo, se o valor de l = 1 (orbital p — veja Tabela 3-4), você pode designar três valores para ml: -1, 0, e +1. Isto significa que há três diferentes tipos de níveis eletrônicos para um orbital particular. Os níveis eletrônicos têm a mesma energia, mas orientações diferentes no espaço.

A Figura 3-4 (b) mostra como os orbitais são orientados no espaço. Veja que os três orbitais p correspondem a valores ml de -1, 0 e +1, orientados junto aos eixos x, y e z.

O número quântico spin m_s

O quarto e último (eu sei que você está feliz — coisa técnica, hein?) número quântico é o spin ms. Ele descreve a direção do elétron em um campo magnético — tanto no sentido horário quanto no sentido anti-horário. Apenas dois valores são permitidos para ms: +½ ou -½. Para cada nível eletrônico, pode haver apenas dois elétrons, um com um spin de +½ e outro com um spin de -½.

Coloque todos os números juntos e o que você consegue? (Uma linda tabela)

Eu sei. Essa coisa de número quântico faz os *nerds* da ciência babarem e as pessoas normais bocejarem. Mas, alô, um dia qualquer, se a TV estiver falhando, e você tiver bastante tempo para matar, dê uma olhadela na Tabela 3-5. Você pode conferir os números quânticos para cada elétron nos dois primeiros níveis de energia (Ai, meu Deus! Ai meu Deus! Ai meu Deus!).

Tabela 3-5		Números quânticos para os dois primeiros níveis de energia		
n	l	Sinal do nível eletrônico	m_l	m_s
1	0	1s	0	+1/2, -1/2
2	0	2s	0	+1/2, -1/2
	1	2p	-1	+1/2, -1/2
			0	+1/2, -1/2
			+1	+1/2, -1/2

A Tabela 3-5 mostra que, no nível 1 de energia (n=1), há apenas um orbital s. Não há orbital p porque um valor l de 1 (orbital p) não é permitido. E veja que pode haver apenas dois elétrons num orbital 1s (ms de +½ e -½). De fato, pode haver apenas dois elétrons em qualquer orbital s, se ele for 1s ou 5s.

Quando você passa de um nível 1 de energia para um nível 2 de energia (n=2), pode haver tantos orbitais s quanto p. Se você escreve o número quântico para o nível 3 de energia, você vê orbitais s, p e d. Cada vez que você passa para um nível maior de energia, você adiciona outro tipo de orbital.

Veja também que há três níveis eletrônicos (ml) para o orbital 2p – veja Figura 3-4 (b) – e que cada um mantém, no máximo, dois elétrons. Os três níveis eletrônicos 2p podem manter, no máximo, seis elétrons.

Há uma diferença de energia nos níveis maiores de energia (nível 2 de energia é maior do que o nível 1 de energia), mas também há diferença nas energias de diferentes orbitais dentro de um nível de energia. No nível 2 de energia, tanto o orbital s quanto o p estão presentes. Mas o 2s é mais baixo na energia do que o 2p. Os três níveis eletrônicos do orbital 2p têm a mesma energia. Do mesmo modo, os cinco níveis eletrônicos dos orbitais d – veja Figura 3-4 (c) – têm a mesma energia.

Certo. É o suficiente.

Configurações Eletrônicas

Os químicos encontraram números quânticos úteis quando estudavam as reações e ligações químicas (aquelas que muitos químicos gostam de estudar). Mas eles também encontraram duas outras representações para os elétrons, mais úteis e mais fáceis de trabalhar:

- Diagramas dos níveis de energia
- Configurações eletrônicas

Os químicos usam essas duas propriedades para representar quais níveis de energia, níveis eletrônicos e orbitais são ocupados por elétrons em determinado átomo. Os químicos usam esta informação para predizer que tipo de ligação ocorrem em determinado elemento e mostram precisamente quais elétrons estão sendo usados. Essas representações também são úteis para mostrar por que certos elementos comportam-se de forma parecida.

Nesta seção, vou mostrar como usar um diagrama de nível de energia e como escrever as configurações eletrônicas.

O pavoroso diagrama de nível de energia

A Figura 3-5 é um diagrama de nível de energia em branco que você pode usar para descrever elétrons para qualquer átomo particular. Nem todos os orbitais e níveis eletrônicos conhecidos são mostrados. Mas, com esse diagrama, você vai ser capaz de fazer qualquer coisa de que precisar. (Se você não tem nem uma ideia do que os orbitais, os níveis eletrônicos ou todos os números e letras na figura tem a ver com o preço do feijão, confira a seção "modelo de mecânica quântica", neste capítulo. Eu lhe digo que a leitura é divertida).

Eu represento os orbitais com traços nos quais você pode colocar, no máximo, dois elétrons. O orbital 1s está mais próximo do núcleo e ele tem a energia mais baixa. Ele também é o único orbital no nível 1 de energia (consulte Tabela 3-5). No nível 2 de energia, existem ambos os orbitais s e p, com o 2s tendo menos energia do que o 2p. Os três níveis eletrônicos 2p são representados pelos três traços da mesma energia. Níveis 3, 4 e 5 de energia também são mostrados. Veja que o 4s tem menos energia do que o 3d: Esta é uma exceção, ao contrário do que você possa ter pensado, mas é o que é observado na natureza. Vai entender. Falando nisso, a Figura 3-6 mostra o *Princípio de Construção*, um método para lembrar a ordem na qual os orbitais preenchem os níveis de energia livre.

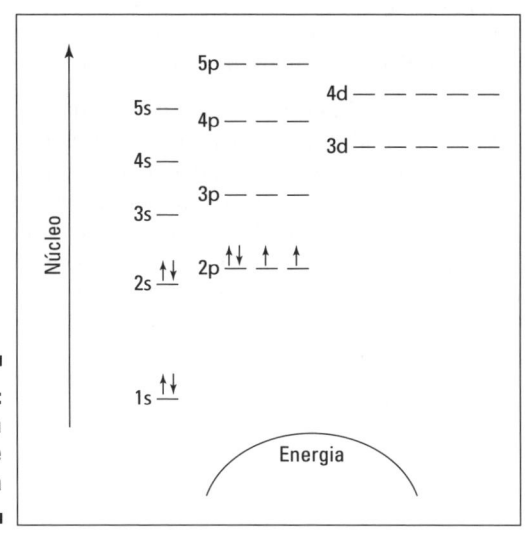

Figura 3-5:
Diagrama de nível de energia

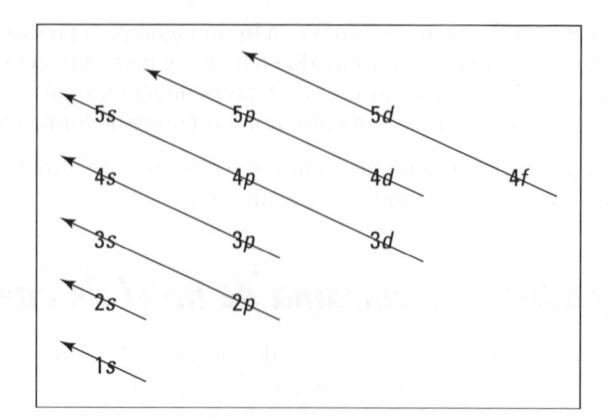

Figura 3-6:
Gráfico de construção preenchido

Ao usar o diagrama de nível de energia, lembre-se do seguinte:

- Os elétrons preenchem primeiro os níveis de energia mais baixos.

- Quando houver mais de um nível eletrônico em um determinado nível de energia, como 3p ou 4d (veja Figura 3-5), apenas um elétron preenche cada nível eletrônico até que cada um tenha, pelo menos, um elétron. Depois os elétrons começam a se emparelhar em cada nível eletrônico. Esta regra é conhecida como Regra de Hund.

Vamos supor que você queira desenhar o diagrama de nível de energia do oxigênio. Você olha a tabela periódica ou uma lista de elementos e verifica que o número atômico do oxigênio é 8. Esse número indica que o oxigênio tem 8 prótons em seu núcleo e 8 elétrons. Assim você coloca 8 elétrons em seu diagrama de nível de energia e pode representá-los com setas (veja Figura 3-7). Veja que, se dois elétrons ocupam o mesmo orbital, uma seta é apontada para cima e outra é apontada para baixo. (Isto é conhecido como emparelhamento do spin. Ele corresponde ao $+\frac{1}{2}$ e $-\frac{1}{2}$ do ms — veja a seção "O número quântico do spin ms" neste capítulo).

O primeiro elétron entra no orbital 1s, preenchendo o primeiro nível de energia mais baixo e o segundo spin emparelha-se ao primeiro. Os elétrons 3 e 4 do spin juntam-se ao orbital vazio seguinte mais próximo — o 2s. O elétron 5 entra em um dos níveis eletrônicos 2s (não, não importa qual deles — todos eles têm a mesma energia) e os elétrons 6 e 7 entram nos outros dois orbitais 2p totalmente vazios. O último spin eletrônico junta com um dos elétrons nos níveis eletrônicos 2p (novamente, não importa com qual você vai emparelhá-lo). A Figura 3-7 mostra o diagrama de nível de energia completo para o oxigênio.

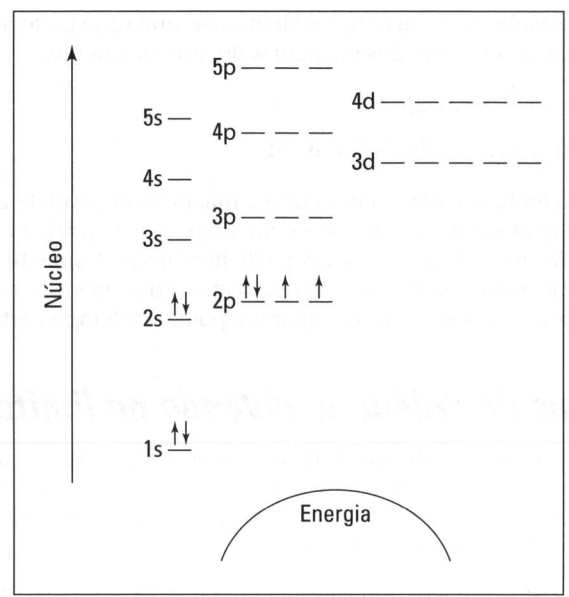

Figura 3-7: Diagrama do nível de energia do oxigênio.

Configurações eletrônicas: fácil e eficiente

Os diagramas de nível de energia são úteis quando é necessário entender as reações e ligações químicas, mas são muito grandes para trabalhar com eles. Não seria bom se houvesse outra representação que oferecesse a mesma informação, mas um pouco mais concisa, uma forma mais abreviada? Bem, existe. É conhecida como configuração eletrônica.

A configuração eletrônica para o oxigênio é $1s^2\, 2s^2\, sp^4$. Compare a expressão com o diagrama de nível de energia para o oxigênio na Figura 3-7. A configuração eletrônica não ocupa muito menos espaço? Você pode derivar a configuração eletrônica do diagrama de nível de energia. Os dois primeiros elétrons no oxigênio preenchem o orbital 1s, assim você demonstra como $1s^2$ na configuração eletrônica. O 1 é o nível de energia, o s representa o tipo de orbital e o 2 sobrescrito representa o orbital 2s, por isso você escreve $2s^2$. E, finalmente, você representa o elétron 4 no orbital 2p como $2p^4$. Coloque-os juntos e você tem $1s^2\, 2s^2\, 2p^4$.

Algumas pessoas usam uma forma mais expandida, mostrando como o p_x, p_y individual e os orbitais pz são orientados junto com os eixos x, y, e z e o número de elétrons em cada orbital. (A seção "O número quântico magnético m_l", neste capítulo, explica como os orbitais são orientados no espaço). A forma expandida é boa se você estiver realmente procurando algo mais detalhado mas, na maioria das vezes, você não vai precisar representar situações de ligação e coisas do gênero. Portanto, não vou explicar a forma expandida aqui.

A soma dos números sobrescritos é igual ao número atômico ou o número de elétrons no átomo.

Aqui estão algumas configurações eletrônicas que você pode usar para conferir suas conversões dos diagramas de nível de energia:

Cloro (Cl): $1s^2\,2s^2\,2p^6\,3p^5$

Ferro (Fe): $1s^2\,2s^2\,2p^6\,3s^2\,3p^6\,4s^2\,3d^6$

Embora eu tenha mostrado como usar o diagrama de nível de energia para escrever a configuração eletrônica, com um pouco de prática você pode deixar de fazer totalmente o diagrama de nível e simplesmente escrever a configuração eletrônica conhecendo o número de elétrons e o modelo orbital específico. Nada como poupar um pouco de tempo, certo?

Elétrons de valência: vivendo no limite

Quando os químicos estudam reações químicas, eles estudam a transferência ou divisão dos elétrons. Os elétrons com menor energia de ligação com o núcleo — em níveis de energia mais externos — são aqueles que ganham, perdem ou compartilham.

Os elétrons são carregados negativamente, enquanto o núcleo tem carga positiva por causa dos prótons. Os prótons atraem e mantêm os elétrons mas, quanto mais distantes estão os elétrons, menor é a força atrativa.

Os elétrons no nível de energia mais afastados são geralmente chamados de elétrons de valência. Os químicos realmente consideram apenas os elétrons nos orbitais s e p, no nível de energia que está sendo preenchido, como elétrons de valência. Na configuração eletrônica do oxigênio, $1s^2 2s^2 2p^4$, o nível 1 de energia é preenchido e há 2 elétrons no orbital 2s e 4 elétrons no orbital 2p, para um total de 6 elétrons de valência. Estes elétrons de valência são aqueles que podem perder, ganhar ou compartilhar.

Ao ser capaz de determinar o número de elétrons de valência em determinado átomo, você já vai ter uma idéia de como o átomo vai reagir. No Capítulo 4, que dá uma visão geral da tabela periódica, eu mostro uma forma rápida de determinar o número de elétrons de valência sem escrever a configuração eletrônica do átomo.

Isótopos e Íons: Esses São Alguns dos Meus Favoritos

Mas enfim, eu sou um nerd! Os átomos, em determinado elemento, têm exatamente o mesmo número de prótons e elétrons, mas podem ter variação no número de nêutrons. Caso isto ocorra então esses átomos são chamados de isótopos.

Isolando o Isótopo

Hidrogênio é um elemento comum aqui na terra. O número atômico do hidrogênio é 1 — seu núcleo contém 1 próton. O átomo de hidrogênio também tem

1 elétron. Como ele tem o mesmo número de prótons e elétrons, o átomo de hidrogênio é neutro (as cargas positivas e negativas se anularam).

A maior parte dos átomos de hidrogênio na Terra não contém nêutrons. Você pode usar o símbolo mostrado da Figura 3-2 para representar átomos de hidrogênio que não contém nêutrons, como mostrado na Figura 3-8 (a).

Figura 3-8: Os isótopos do hidrogênio.

$_1^1H$	$_1^2H$	$_1^3H$
(a) Hidrogênio	(b) Deutério	(c) Trício
H – 1	H – 2	H – 3

Entretanto, apenas um átomo de hidrogênio em 6.000 contém um nêutron em seu núcleo. Esses átomos ainda são hidrogênio, porque têm um próton e um elétron; eles simplesmente têm um nêutron que falta na maioria dos átomos de hidrogênio. Esses átomos são chamados de isótopos. A Figura 3-8 (b) mostra um isótopo de hidrogênio, geralmente chamado de deutério. Ele ainda é um hidrogênio, porque contém apenas um próton, mas é diferente do hidrogênio da Figura 3-8 (a), porque também tem um nêutron. Como ele contém um próton e um nêutron, seu número de massa é dois. Também há um isótopo de hidrogênio que contém dois nêutrons: o trício. Ele está representado na Figura 3-8 (c). O trício não ocorre naturalmente na Terra, mas pode ser criado facilmente.

Agora vamos dar outra olhada na Figura 3-8, que mostra uma forma alternativa de representar isótopos: escreva o símbolo do elemento, um travessão e, depois, o número de massa.

Você deve estar pensando: "Se eu fizer um cálculo envolvendo a massa atômica de hidrogênio, qual isótopo devo usar?" Bem, você deve usar uma média de todos os isótopos de hidrogênio que ocorrem naturalmente. Mas não uma média simples. (Você tem que levar em consideração que há muito mais H-1 do que H-2 e você não considera H-3, porque ele não ocorre naturalmente). Você usa uma média ponderada, que leva em consideração a abundância dos isótopos que ocorrem naturalmente. É por isso que a massa atômica do hidrogênio, na Tabela 3-2, não é um número inteiro: é 1,0079 u.m.a.. O número mostra que há muito mais H-1 do que H-2.

Muitos elementos têm diversas formas de isótopos. Você pode encontrar mais sobre eles no Capítulo 5.

De olho nos íons

Como o próprio átomo é neutro, através deste livro posso afirmar que o número de prótons e elétrons nos átomos é igual. Mas há casos em que um átomo pode adquirir uma carga elétrica. Por exemplo, no composto de cloreto de sódio — sal de cozinha — o átomo de sódio tem uma carga positiva e o átomo de cloro tem uma carga negativa. Os átomos (ou grupo de átomos) nos quais há um número desigual de prótons e elétrons são chamados de íons.

Parte I: Conceitos Básicos da Química

O átomo de sódio neutro tem 11 prótons e 11 elétrons, indicando que tem 11 cargas positivas e 11 cargas negativas. Geralmente, o átomo de sódio é neutro e é representado da seguinte forma: Na. Mas o íon de sódio contém uma carga mais positiva do que negativa e é representado da seguinte forma: Na+ (o + representa sua carga elétrica positiva).

Esse número desigual de cargas positivas e negativas pode ocorrer em uma de duas maneiras: um átomo pode ganhar um próton (uma carga positiva) ou perder um elétron (uma carga negativa). Então, qual o processo mais provável que ocorra? Bem, a regra diz que é mais fácil ganhar ou perder elétrons do que ganhar ou perder prótons.

Desta forma, os átomos tornam-se íons para ganhar ou perder elétrons. E os íons que têm uma carga positiva são chamados de cátions. A progressão caminha desta forma: o íon de Na+ é formado da perda de um elétron. Ou seja, ele tem mais prótons que elétrons ou mais cargas positivas do que cargas negativas, indicando que ele agora é chamado de cátion Na+. Da mesma forma, o cátion Mg^{2+} é formado quando o átomo de magnésio neutro perde dois elétrons.

Agora, considere o cloro no cloreto de sódio. O átomo de cloro neutro adquiriu uma carga negativa ao ganhar um elétron. Como ele tem números de prótons e elétrons diferentes, ele agora é um íon, representado desta forma: Cl^-. E como os íons que têm uma carga negativa são chamados de ânions, ele é agora chamado de íon Cl^-. Você pode ter mais informações sobre íons, cátions e ânions no Capítulo 6, se estiver interessado. Este é apenas um exemplo.)

Só por prazer, aqui estão algumas curiosidades sobre íons para sua leitura:

- Você pode escrever configurações eletrônicas e diagramas de nível de energia para íons. O átomo de sódio neutro (11 prótons) tem uma configuração eletrônica de $1s^2 2s^2 2p^6 3s^1$. O cátion sódio perde um elétron — o elétron de valência, que está mais distante do núcleo (o elétron 3s, neste caso). A configuração do elétron de Na+ é $1s^2 2s^2 2p^6$.

- A configuração do elétron do íon de cloro (Cl^-) é $1s^2 2s^2 2p^6 3s^2 3p^6$. Esta é a mesma configuração eletrônica do átomo de argônio neutro. Se duas espécies químicas têm a mesma configuração eletrônica, podemos dizer que são isoeletrônicos. Aprender química exige o estudo de uma linguagem totalmente nova, não é?

- Esta seção tem discutido íons monoatômicos (um átomo). Mas íons poliatômicos (muitos átomos) existem. O íon de amônio, NH_4^+, é um íon poliatômico ou, especificamente, um cátion poliatômico. O íon de nitrato, NO_3^-, é também um íon poliatômico ou, especificamente, um ânion poliatômico.

- Íons são geralmente encontrados numa classe de combinações conhecidas como sais ou sólidos iônicos. Os sais, quando derretidos ou dissolvidos na água, rendem soluções que conduzem eletricidade. Uma substância que conduz eletricidade quando misturada ou dissolvida na água é conhecida como eletrólito. O sal de cozinha — cloreto de sódio — é um bom exemplo. Por outro lado, quando o açúcar (sacarose) é dissolvido na água, ela se torna uma solução que não conduz eletricidade. Portanto, sacarose é um não-eletrólito. Se uma substância é um eletrólito ou um não-eletrólito, sabemos que tipo de ligação prevalece no composto. Se a substância é um eletrólito, o composto tem, provavelmente, uma ligação iônica (veja Capítulo 6). Se for um não-eletrólito tem, provavelmente, uma ligação covalente (veja Capítulo 7).

Capítulo 4
A Tabela Periódica

Neste capítulo:
▶ Entendendo a periodicidade
▶ Descobrindo como os elementos são organizados na tabela periódica

Neste capítulo, vou lhe mostrar o segundo e mais importante instrumento de um químico — a tabela periódica. (O mais importante? O béquer e o bico de Bunsen para preparar o café).

Os químicos são um pouco preguiçosos, assim como a maioria dos cientistas. Eles gostam de juntar as coisas dentro de grupos que possuem propriedades parecidas. Este processo, conhecido como classificação, torna muito mais fácil estudar um sistema em particular. Os cientistas agruparam os elementos na tabela periódica para que não precisassem decorar as propriedades dos elementos individuais. Com a tabela periódica, eles decoram apenas as propriedades dos grupos. Por isso, neste capítulo, eu mostro como os elementos estão agrupados na tabela, além de alguns grupos mais importantes. Também explico como os químicos e outros cientistas usam a tabela periódica.

Repetindo Modelos de Periodicidade

Na natureza, bem como nas coisas que o homem inventa, você pode notar que há alguns modelos repetidos. As estações repetem seu modelo no outono, inverno, primavera e verão. Terça-feira vem depois de segunda-feira, dezembro vem depois de novembro e assim por diante. Esse modelo de ordem repetida é conhecido como periodicidade.

Por volta de 1800, Dmitri Mendeleev, um químico russo, percebeu esse modelo de repetição nas propriedades químicas dos elementos que eram conhecidos na época. Mendeleev organizou esses elementos na ordem crescente de massa atômica (veja a descrição da massa atômica no Capítulo 3) para formar algo parecido com a nossa tabela periódica moderna. Ele também foi capaz de prever as propriedades de alguns elementos até então desconhecidos. Mais tarde, os elementos foram organizados na ordem crescente do número atômico, o número de prótons do núcleo atômico (novamente, veja o Capítulo 3). A figura 4-1 mostra a tabela periódica moderna.

Parte I: Conceitos Básicos da Química

Tabela periódica dos elementos

1 IA	2 IIA	3 IIIB	4 IVB	5 VB	6 VIB	7 VIIB	8 VIIIB	9 VIIIB
1 H Hidrogênio 1,00797								
3 Li Lítio 6,939	4 Be Berílio 9,0122							
11 Na Sódio 22,9898	12 Mg Magnésio 24,312							
19 K Potássio 39,102	20 Ca Cálcio 40,08	21 Sc Escândio 44,956	22 Ti Titânio 47,90	23 V Vanádio 50,942	24 Cr Crômio 51,996	25 Mn Manganês 54,9380	26 Fe Ferro 55,847	27 Co Cobalto 58,9332
37 Rb Rubídio 85,47	38 Sr Estrôncio 87,62	39 Y Ítrio 88,905	40 Zr Zircônio 91,22	41 Nb Nióbio 92,906	42 Mo Molibdênio 95,94	43 Tc Tecnécio (99)	44 Ru Rutênio 101,07	45 Rh Ródio 102,905
55 Cs Césio 132,905	56 Ba Bário 137,34	57 La Lantânio 138,91	72 Hf Háfnio 179,49	73 Ta Tantálio 180,948	74 W Tungstênio 183,85	75 Re Rênio 186,2	76 Os Ósmio 190,2	77 Ir Irídio 192,2
87 Fr Frâncio (223)	88 Ra Rádio (226)	89 Ac Actínio (227)	104 Rf Rutherfórdio (261)	105 Db Dúbnio (262)	106 Sg Seabórgio (266)	107 Bh Bóhrio (264)	108 Hs Hássio (269)	109 Mt Meitnério (268)

Série dos Lantanídeos

58 Ce Cério 140,12	59 Pr Praseodímio 140,907	60 Nd Neodímio 144,24	61 Pm Promécio (145)	62 Sm Samário 150,35	63 Eu Európio 151,96

Série dos Actinídeos

90 Th Tório 232,038	91 Pa Protactínio (231)	92 U Urânio 238,03	93 Np Neptúnio (237)	94 Pu Plutônio (242)	95 Am Amerício (243)

Figura 4-1: A tabela periódica

			13 IIIA	14 IVA	15 VA	16 VIA	17 VIIA	18 0
								2 He Hélio 4,0026
			5 B Boro 10,811	6 C Carbono 12,01115	7 N Nitrogênio 14,0067	8 O Oxigênio 15,9994	9 F Flúor 18,9984	10 Ne Neônio 20,183
10 VIIIB	11 IB	12 IIB	13 Al Alumínio 26,9815	14 Si Silício 28,086	15 P Fósforo 30,9738	16 S Enxofre 32,064	17 Cl Cloro 35,453	18 Ar Argônio 39,948
28 Ni Níquel 58,71	29 Cu Cobre 63,546	30 Zn Zinco 65,37	31 Ga Gálio 69,72	32 Ge Germânio 72,59	33 As Germânio 74,9216	34 Se Arsênio 78,96	35 Br Bromo 79,904	36 Kr Criptônio 83,80
46 Pd Paládio 106,4	47 Ag Prata 107,868	48 Cd Cádmio 112,40	49 In Índio 114,82	50 Sn Estanho 118,69	51 Sb Antimônio 121,75	52 Te Telúrio 127,60	53 I Iodo 126,9044	54 Xe Xenônio 131,30
78 Pt Platina 195,09	79 Au Ouro 196,967	80 Hg Mercúrio 200,59	81 Tl Tálio 204,37	82 Pb Chumbo 207,19	83 Bi Bismuto 208,980	84 Po Polônio (210)	85 At Astato (210)	86 Rn Radônio (222)
110 Uun Darmstádtio (269)	111 Uuu Roentgênio (272)	112 Uub Unúmbio (277)	113 Uut Ununtrio §	114 Uuq Ununquádio (285)	115 Uup Ununpentio §	116 Uuh Ununhexio (289)	117 Uus Ununséptio §	118 Uuo Ununóctio (293)

64 Gd Gadolínio 157,25	65 Tb Térbio 158,924	66 Dy Disprósio 162,50	67 Ho Hólmio 164,930	68 Er Túlio 167,26	69 Tm Túlio 168,934	70 Yb Itérbio 173,04	71 Lu Lutécio 174,97
96 Cm Cúrio (247)	97 Bk Berquélio (247)	98 Cf Califórnio (251)	99 Es Einstênio (254)	100 Fm Férmio (257)	101 Md Mendelévio (258)	102 No Nobélio (259)	103 Lr Laurêncio (260)

§ Nota: Os elementos 113,115 e 117 não são conhecidos neste momento mas, estão incluídos na tabela para mostrar suas respectivas posições.

Os químicos não podem nem mesmo imaginar ficar sem a ajuda da tabela periódica. Em vez de decorar as propriedades de 109+ elementos (vários são criados quase todos os anos), os químicos — e os estudantes de química — podem decorar unicamente as propriedades das famílias dos elementos, poupando, assim, tempo e esforço. Eles podem encontrar a relação entre os elementos e descobrir a fórmula de diversos compostos consultando a tabela periódica. A tabela oferece de imediato os números atômicos, números de massa e informação sobre o número de elétrons de valência.

Lembro-me de ter lido uma história de ficção científica, há muitos anos, sobre a vida de um alienígena baseada no elemento de silício. Silício era a escolha lógica para essa história porque está na mesma família do carbono, o elemento base da vida na Terra. Por isso a tabela periódica é uma necessidade absoluta para os químicos, os estudantes de química e para os escritores de ficção científica. Não saia de casa sem ela!

Compreendendo Como os Elementos Estão Organizados na Tabela Periódica

Dê uma olhada na tabela periódica na Figura 4-1. Os elementos estão organizados na ordem crescente do número atômico. O número atômico (número de prótons) está localizado à direita, acima do símbolo do elemento. Abaixo do símbolo do elemento, está a massa atômica, ou peso atômico (soma de prótons e nêutrons). Massa atômica é uma média de peso de todos os isótopos que ocorrem naturalmente. (E se isto é Grego para você, basta voltar ao Capítulo 3 onde há várias brincadeiras sobre massa e isótopos). Veja também que as duas fileiras de elementos — Ce-Lu (geralmente chamada de Lantanídeos) e Th-Lr (os Actinídeos) — foram extraídas do corpo principal da tabela periódica. Se elas fossem incluídas, a tabela ficaria muito grande.

A tabela periódica é composta de fileiras horizontais chamadas períodos. Os períodos são numerados de 1 a 7 no lado esquerdo da tabela. As colunas verticais são conhecidas como grupos ou famílias. Membros destas famílias têm propriedades semelhantes (veja a seção "Famílias e períodos", ainda neste capítulo). As famílias podem ser classificadas, no topo das colunas, em uma de duas formas. O método mais antigo usa numerais romanos e letras. Muitos químicos (especialmente os mais velhos, como eu) preferem, e ainda continuam usando, este método. O método mais novo usa apenas os números de 1 a 18. Eu uso o método mais antigo para descrever as características da tabela.

Ao usar a tabela periódica, você pode classificar os elementos de diversas maneiras. As duas formas mais usadas são:

- Metais, *não-metais* e metalóides
- Famílias e períodos

Metais, não-metais e metalóides

Se você olhar cuidadosamente a Figura 4-1, você pode perceber uma linha diagonal, parecida com degraus de uma escada, começando por boro (B), número atômico 5, descendo até chegar ao polônio (Po), número atômico 84. Com exceção do germânio (Ge) e do antimônio (Sb), todos os elementos, à esquerda dessa linha, podem ser classificados como metais. A Figura 4-2 mostra os metais.

Estes metais têm propriedades que você normalmente associa com os que você encontra em seu cotidiano. Eles são sólidos (com exceção do mercúrio, Hg, que é um líquido), brilhantes, bons condutores de eletricidade e calor e flexíveis (podem ser moldados dentro de pequenos fios). E todos esses metais tendem a perder elétrons facilmente (veja o Capítulo 6). Como você pode ver, a grande maioria dos elementos na tabela periódica é classificada como metais.

Com exceção dos elementos que delimitam essa linha diagonal na tabela, os elementos, à direita da linha, são classificados como não-metais (junto com o hidrogênio). Esses elementos são mostrados na Figura 4-3.

Os não-metais têm propriedades diferentes dos metais. Os não-metais são sensíveis, *não-maleáveis* ou não-dúcteis, não são bons condutores de calor e eletricidade e tendem a ganhar elétrons nas reações químicas. Alguns não-metais são líquidos.

Os elementos que delimitam a linha diagonal, parecida com um degrau de uma escada, são classificados como metalóides, mostrados na Figura 4-4.

Os metalóides, ou semi-metais, têm propriedades intermediárias entre os metais e os não-metais. Tendem a ser economicamente importantes devido às propriedades únicas de condutividade (conduzem eletricidade apenas parcialmente), que os tornam valiosos para a indústria de semicondutores e chip de computador. (Você achava que o termo Vale do Silício referia-se a um vale coberto de areia?) Não. Silício, um dos metalóides, é usado na fabricação de chip de computador.

Parte I: Conceitos Básicos da Química

Figura 4-2: Os metais

Capítulo 4: A Tabela Periódica 57

	IA (1)	IVA (14)	VA (15)	VIA (16)	VIIA (17)	VIIIA (18) 2 He Helium 4,0026
	1 H Hidrogênio 1,00797	6 C Carbono 12,01115	7 N Nitrogênio 14,0067	8 O Oxigênio 15,9994	9 F Flúor 18,9984	10 Ne Neônio 20,183
			15 P Fósforo 30,9738	16 S Enxofre 32,064	17 Cl Cloro 35,453	18 Ar Argônio 39,948
				34 Se Selênio 78,96	35 Br Bromo 79,904	36 Kr Criptônio 83,80
					53 I Iodo 126,9044	54 Xe Xenônio 131,30
						86 Rn Radônio (222)

Figura 4-3: Os Não-metais

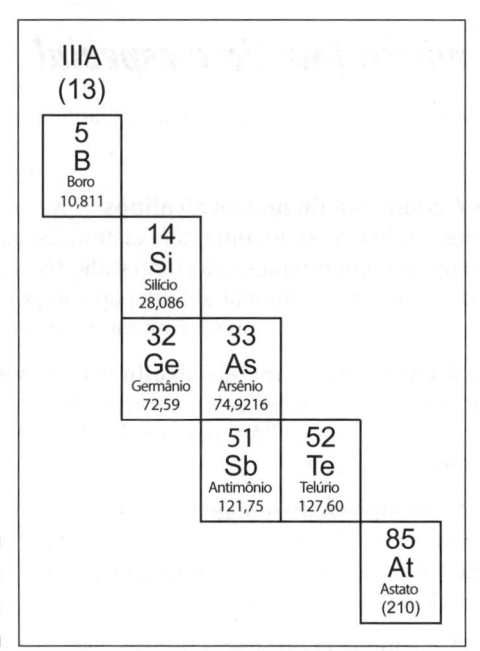

IIIA (13)			
5 B Boro 10,811			
	14 Si Silício 28,086		
	32 Ge Germânio 72,59	33 As Arsênio 74,9216	
		51 Sb Antimônio 121,75	52 Te Telúrio 127,60
			85 At Astato (210)

Figura 4-4: Os metalóides

Famílias e períodos

Se você consultar a tabela periódica, mostrada na Figura 4-1, você verá sete linhas horizontais de elementos chamados períodos. Em cada período, os números atômicos aumentam da esquerda para a direita.

Mesmo que estejam localizados no mesmo período, esses elementos têm propriedades químicas que não são totalmente semelhantes. Considere os dois primeiros membros do período 3: sódio (Na) e magnésio (Mg). Nas reações, ambos tendem a perder elétrons (afinal de contas, eles são metais), mas sódio perde um elétron, enquanto magnésio perde dois. Cloro (Cl), abaixo, perto do fim do período, tende a ganhar um elétron (ele é um não-metal). Então, o que você precisa lembrar é que os membros de um período não têm propriedades muito semelhantes.

Já os membros de uma família têm propriedades semelhantes. Considere a família IA, começando por lítio (Li) — não se preocupe com o hidrogênio, porque ele é único e não se encaixa em qualquer lugar — até chegar ao frâncio (Fr). Todos esses elementos tendem a perder apenas um elétron nas reações. E todos os membros da família VIIA tendem a ganhar um elétron.

Então, por que os elementos da mesma família têm propriedades semelhantes? E por que algumas famílias têm propriedades particulares de perda ou ganho de elétrons? Para descobrir, você pode examinar quatro famílias específicas na tabela periódica e verificar as configurações eletrônicas de alguns elementos em cada família.

O nome da minha família é especial

Dê uma olhada na Figura 4-5, que apresenta algumas famílias importantes com nomes especiais:

- ✔ **A família IA é composta de metais alcalinos.** Nas reações, todos esses elementos tendem a perder um único elétron. Esta família contém alguns elementos importantes, tais como sódio (Na) e potássio (K). Ambos os elementos desempenham um papel importante na química do organismo e são comumente encontrados nos sais.

- ✔ **A família IIA é composta de metais alcalinos terrosos.** Todos esses elementos tendem a perder dois elétrons. Cálcio (Ca) é um membro importante da família IIA (você precisa de cálcio para a saúde dos dentes e dos ossos).

- ✔ **A família VIIA é composta de halogênio.** Todos eles tendem a ganhar um único elétron nas reações. Os mais importantes são o cloro (Cl), usado na produção de sal de cozinha e água sanitária, e o iodo (I). Alguma vez usou tintura de iodo como desinfetante?

- ✔ **A família VIIIA é composta por gases nobres.** Esses elementos não são muito reativos. Por muito tempo, os gases nobres eram chamados de gases inertes porque as pessoas pensavam que esses elementos não poderiam reagir de modo algum. Mais tarde, um cientista, Neil Bartlett, mostrou que pelo menos alguns dos gases inertes poderiam ser reativos, mas eles exigiam uma condição muito especial. Depois da descoberta de Bartlett, os gases passaram a ser referidos como gases nobres.

O que as valências dos elétrons têm a ver com as famílias?

O Capítulo 3 explica que a configuração eletrônica mostra o número de elétrons de cada orbital em determinado átomo As configurações eletrônicas formam a base do conceito de ligação e geometria molecular e outras propriedades importantes que foram tratadas em vários capítulos deste livro.

IA (1)	IIA (2)	VIIA (17)	VIIIA (18)
3 Li Lítio 6,939	4 Be Berílio 9,0122	9 F Flúor 18,9984	2 He Hélio 4,0026
11 Na Sódio 22,9898	12 Mg Magnésio 24,312	17 Cl Cloro 35,453	10 Ne Neônio 20,183
19 K Potássio 39,102	20 Ca Cálcio 40,08	35 Br Bromo 79,904	18 Ar Argônio 39,948
37 Rb Rubídio 85,47	38 Sr Estrôncio 87,62	53 I Iodo 126,9044	36 Kr Criptônio 83,80
55 Cs Césio 132,905	56 Ba Bário 137,34	85 At Astato (210)	54 Xe Xenônio 131,30
87 Fr Frâncio (223)	88 Ra Rádio (226)		86 Rn Radônio (222)
Metais Alcalinos	Metais Alcalinos Terrosos	Halogênio	Gases Nobres

Figura 4-5: Algumas famílias químicas importantes.

Parte I: Conceitos Básicos da Química

As tabelas 4-1 a 4-4 mostram as configurações dos elétrons para os primeiros três membros das famílias IA, IIA, VIIA, e VIIIA.

Tabela 4-1	Configurações eletrônicas para os membros da IA (metais alcalinos)
Elemento	*Configuração eletrônica*
Li	$1s^2\,\mathbf{2s^1}$
Na	$1s^2\,2s^2\,2p^6\,\mathbf{3s^1}$
K	$1s^2\,2s^2\,2p^6\,3s^2\,3p^6\,\mathbf{4s^1}$

Tabela 4-2	Configurações eletrônicas para membros da IIA (metais alcalinos terrosos)
Elemento	*Configuração eletrônica*
Be	$1s^2\,\mathbf{2s^2}$
Mg	$1s^2\,2s^2\,2p^6\,\mathbf{3s^2}$
Ca	$1s^2\,2s^2\,2p^6\,3s^2\,3p^6\,\mathbf{4s^2}$

Tabela 4-3	Configurações eletrônicas para membros da VIIA (halogênios)
Elemento	*Configuração eletrônica*
F	$1s^2\,\mathbf{2s^2\,2p^5}$
Cl	$1s^2\,2s^2\,2p^6\,\mathbf{3s^2\,3p^5}$
Br	$1s^2\,2s^2\,2p^6\,3s^2\,3p^6\,\mathbf{4s^2}\,3d^{10}\,\mathbf{4p^5}$

Tabela 4-4	Configurações eletrônicas para membros da VIIIA (gases nobres)
Elemento	*Configuração eletrônica*
Ne	$1s^2\,\mathbf{2s^2\,2p^6}$
Ar	$1s^2\,2s^2\,2p^6\,\mathbf{3s^2\,3p^6}$
Kr	$1s^2\,2s^2\,2p^6\,3s^2\,3p^6\,\mathbf{4s^2}\,3d^{10}\,\mathbf{4p^6}$

Estas configurações eletrônicas mostram que algumas semelhanças entre cada grupo de elementos são em termos de elétrons de valência. Elétrons de valência são os elétrons s e p no nível de energia mais distante de um átomo (veja Capítulo 3).

Dê uma olhada nas configurações eletrônicas dos metais alcalinos (Tabela 4-1). No lítio, o nível 1 de energia está completo e um único elétron está no orbital 2s. No sódio, os níveis 1 e 2 de energia estão completos e um único elétron está no nível 3 de energia. Todos estes elementos têm um elétron de valência em um orbital s. Cada um dos elementos terrosos alcalinos (Tabela 4-2) tem dois elétrons de valência. Cada um dos halogênios (Tabela 4-3) tem sete elétrons de valência (nos orbitais s e p — orbitais d não contam) e cada um dos gases nobres (Tabela 4-4) tem oito elétrons de valência, que preenchem seus orbitais de valência.

Mas, como lembrar de tudo isto?

Aqui está como guardar o número dos elétrons de valência e o número da coluna de numeral romano: a família IA tem 1 elétron de valência e a família IIA tem 2 elétrons de valência; a família VIIA tem 7 elétrons de valência; e a família VIIIA tem 8 elétrons de valência. Então, para as famílias classificadas com o numeral romano e depois a letra A, o numeral romano dá o número dos elétrons de valência. Muito fácil, não é?

Os numerais romanos tornam muito fácil determinar que o oxigênio (O) tem seis elétrons de valência (ele está na família VIA), que o silício (Si) tem quatro, e assim por diante. Você não precisa escrever as configurações eletrônicas ou o diagrama de energia para determinar o número de elétrons de valência.

Nobre e gasoso

O fato de os gases nobres terem oito elétrons de valência, preenchendo sua valência, ou o nível de energia mais distante, explica por que os gases nobres são extremamente difíceis de reagir. Eles são estáveis, ou "satisfeitos", com um nível de energia de valência preenchido (completo). Eles não perdem, ganham ou compartilham os elétrons.

Grande parte da estabilidade na natureza parece estar associada com esta condição. Os químicos observam que os outros elementos nas famílias A, na tabela periódica, tendem a perder, ganhar ou dividir elétrons de valência para alcançarem um nível eletrônico preenchido com oito elétrons: a regra do octeto. Por exemplo, dê uma olhada na configuração eletrônica do sódio (Na) $1s^2 2s^2 2p^6 3s^1$. Ele tem um elétron de valência —o $3s^1$. Se ele perde tal elétron, seu nível eletrônico de energia seria o 2, que está preenchido. Sem o $3s^1$, ele se tornaria isoeletrônico (com a mesma configuração eletrônica) como o neônio (Ne) e alcançaria estabilidade. Como foi mostrado nos Capítulos 6 e 7, essa é a força propulsora na ligação química: alcançar estabilidade tendo o seu nível eletrônico totalmente preenchido.

E os elementos que são classificados com um numeral romano e um B? Esses elementos, encontrados no meio da tabela periódica, são geralmente chamados de metais de transição; seus elétrons estão preenchendo progressivamente os orbitais d. O escândio (Sc) é o primeiro membro dos metais de transição e tem uma configuração eletrônica de $1s^2 2s^2 2p^6 3s^2 3p^6 4s^2 3d^1$. O titânio (Ti), o próximo metal de transição, tem uma configuração de $1s^2 2s^2 2p^6 3s^2 3p^6 4s^2 3d^2$. Veja que o número de elétrons nos orbitais s e p é o mesmo. Os elétrons adicionados progressivamente preenchem os orbitais d. Lantanídeos e Actinídeos, os dois grupos de elementos que são destacados fora do corpo principal da tabela periódica e são mostrados abaixo dela, são classificados como metais de transição interna. Nesses elementos, os elétrons preenchem progressivamente os orbitais f, em grande parte, da mesma forma que os elétrons dos metais de transição preenchem os orbitais d.

Capítulo 5

Química Nuclear: Ela Vai Explodir a Sua Mente

Neste capítulo:
▶ Compreendendo a radioatividade e o decaimento radioativo
▶ Calculando o tempo de meia-vida
▶ Os fundamentos da fissão nuclear
▶ Dando uma olhada na fusão nuclear
▶ Rastreando os efeitos da radiação

A maior parte deste livro aborda, de uma forma ou de outra, as reações químicas. E quando falo sobre essas reações o que estou querendo realmente dizer é como os elétrons de valência (os elétrons nos níveis de energia mais distantes do átomo) são perdidos, recebidos ou compartilhados. Menciono muito pouco sobre o núcleo do átomo porque, normalmente, ele não está envolvido nas reações químicas.

Mas, neste capítulo, eu comento sobre o núcleo e as mudanças que ele pode sofrer. Falo sobre radioatividade e as diferentes formas que um átomo pode decair. Examino as meias-vidas e mostro por que são importantes no armazenamento dos resíduos nucleares. Também discuto sobre a fissão nuclear em termos de bombas, centros nucleares, e espero que a fusão nuclear seja válida, realmente, para a humanidade.

Como muitos que estão lendo este livro, eu sou uma criança da Era Atômica. Lembro-me claramente dos testes de armas nucleares ao ar livre. Lembro-me de ser advertido para não comer neve porque ela poderia conter partículas radioativas. Lembro-me de amigos que construíram abrigos contra partículas radioativas. Lembro-me dos exercícios sobre a bomba-A na escola. Lembro-me dos aparelhos de raio-x nas lojas de calçados. (Apesar de nunca ter encomendado aqueles óculos de raio-x!). E lembro-me dos pratos de cerâmica radioativa e dos relógios de pulso de Rádium. Quando eu cresci, a energia atômica era nova e assustadora. E ainda é.

Tudo Começa com o Átomo

Para entender a química nuclear, você precisa conhecer o fundamento da estrutura atômica. O Capítulo 3 aborda o assunto com profundidade, se estiver interessado. Esta seção oferece apenas uma rápida ideia, no entanto.

O núcleo, aquele núcleo central denso do átomo, contém tanto prótons quanto nêutrons. Os elétrons estão fora do núcleo, nos níveis de energia. Os prótons têm uma carga positiva, os nêutrons não têm carga e os elétrons têm uma carga negativa. Um átomo neutro contém números iguais de prótons e elétrons. Mas o número de nêutrons dentro de um átomo de um determinado elemento pode variar. Os átomos do mesmo elemento, que têm números diferentes de nêutrons, são chamados isótopos. A Figura 5 mostra o símbolo que os químicos usam para representar um isótopo específico de um elemento.

Figura 5-1: Representação de um isótopo específico.

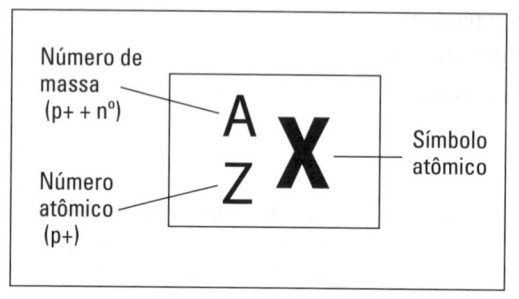

Número de massa (p+ + n°) — $^{A}_{Z}X$ — Símbolo atômico
Número atômico (p+)

Na figura, X representa o símbolo do elemento encontrado na tabela periódica, Z representa o número atômico (o número de prótons no núcleo) e A representa o número de massa (a soma de prótons e nêutrons num isótopo particular). Se você diminui o número atômico do número de massa (A - Z), você consegue o número de nêutrons de um determinado isótopo. Uma forma mais curta para mostrar a mesma informação é usar apenas o símbolo do elemento (X) e o número de massa (A) — por exemplo, U-235.

Radioatividade e o Decaimento Radioativo criado pelo Homem

Neste livro, eu defino radioatividade como um decaimento espontâneo de um núcleo instável. Um núcleo instável pode se partir em duas ou mais partículas com a liberação de energia (veja "Fissão (Nuclear) Produzida" ainda neste capítulo, para mais informações sobre este processo). Esta desintegração pode ocorrer de várias formas, dependendo do átomo que esteja decaindo.

Capítulo 5: Química Nuclear: Ela Vai Explodir a Sua Mente

Você pode, muitas vezes, adivinhar uma das partículas do decaimento conhecendo a outra partícula. Esse é um processo denominado balanceamento nuclear. (Uma reação nuclear é qualquer reação que envolve uma mudança em uma estrutura nuclear.)

A neutralização de uma reação nuclear é realmente um processo simples e claro. Mas, antes de explicá-lo, quero mostrar-lhe como representar uma reação:

$$\text{Reagentes} \longrightarrow \text{Produtos}$$

Reagentes são as substâncias iniciais e produtos são as novas substâncias formadas. A seta, conhecida como seta de reação, indica que a reação aconteceu.

Para que uma reação esteja balanceada, a soma de todos os números atômicos do lado esquerdo da seta de reação deve ser igual à soma de todos os números atômicos do lado direito da seta. O mesmo é verdade para a soma dos números de massa. Aqui está um exemplo: vamos supor que você seja um cientista preparando uma reação nuclear, bombardeando um isótopo de cloro (Cl-35) com um nêutron. (Pense comigo agora). Você observa que um isótopo de hidrogênio, H-1, é formado junto com outro isótopo e você quer descobrir qual é o outro isótopo. A equação para este exemplo é:

$$^{35}_{17}Cl + \underset{\text{nêutron}}{^{1}_{0}n} \rightarrow\ ^{35}_{16}S + ^{1}_{1}H$$

Agora, para calcular o isótopo desconhecido (representado por Pr), você precisa balancear a equação. A soma dos números atômicos do lado esquerdo é 17 (17 + 0), mas você também quer a soma dos números atômicos do lado direito para igualar a 17. Neste momento você tem o número atômico de 1 à direita; 17 - 1 é 16, de forma que este é o número atômico do isótopo desconhecido. Este número atômico identifica o elemento como enxofre (S).

Agora olhe os números de massa na equação. A soma dos números de massa à esquerda é 36 (35 + 1) e você também quer a soma dos números de massa à direita para igualar a 36. Neste momento você conseguiu o número de massa de 1 à direita; 36-1 é igual a 35, então este é o número de massa do isótopo desconhecido. Agora você sabe que o isótopo desconhecido é o isótopo de enxofre (S-35). E aqui está a equação nuclear balanceada:

$$^{35}_{17}Cl + \underset{\text{nêutron}}{^{1}_{0}n} \rightarrow\ ^{35}_{16}S + ^{1}_{1}H$$

Esta equação representa uma transmutação nuclear, a conversão de um elemento em outro. A transmutação nuclear é um processo que pode ser controlado pelo homem. S-35 é um isótopo de enxofre que não existe de fato. É um isótopo artificial. Os alquimistas, os antecessores dos químicos, sonhavam com a conversão de um elemento em outro (geralmente o chumbo em ouro), mas eles nunca foram capazes de dominar esse processo. Atualmente os químicos são capazes, algumas vezes, de converter um elemento em outro.

Decaimento Radioativo Natural: como a Natureza faz isso

Certos isótopos são instáveis: seus núcleos se partem, submetendo-se à desintegração nuclear. Algumas vezes o produto dessa desintegração nuclear é instável e também se submete à desintegração nuclear. Por exemplo, quando U-238 (um dos isótopos radioativos do urânio) decai inicialmente, ele produz Th-234, que desintegra para Pa-234. A desintegração continua até que, finalmente, depois de um total de 14 etapas, Pb-206 é produzido. Pb-206 é estável e a sequência de decaimentos, ou séries, finaliza-se.

Antes de mostrar como os isótopos de radioatividade se desintegram, quero explicar brevemente por que um isótopo particular se desintegra. O núcleo tem todos os prótons carregados positivamente dentro de um volume de espaço extremamente pequeno. Todos esses prótons se repelem. As forças que normalmente mantêm unido o núcleo, a "cola nuclear", algumas vezes não podem fazer esse trabalho e assim o núcleo se parte, submetendo-se à desintegração nuclear.

Todos os elementos com 84 prótons, ou mais, são instáveis; eventualmente eles se desestabilizam. Outros isótopos com poucos prótons em seus núcleos também são radioativos. A radioatividade corresponde à relação nêutron/próton no átomo. Se a taxa de nêutron/próton é muito alta (há muito mais nêutrons ou muito menos prótons), é dito que o isótopo é um nêutron enriquecido e, desta forma, é instável. Da mesma forma, se a taxa de nêutron/próton é muito baixa (há muito menos nêutrons ou muito mais prótons), o isótopo é instável. A taxa de nêutron/próton de determinado elemento deve cair dentro de certa escala, para que os elementos fiquem estáveis. Este é o motivo pelo qual alguns isótopos de um mesmo elemento são estáveis e outros são radioativos.

Há três formas primárias em que ocorre, naturalmente, o decaimento dos isótopos radioativos:

- Emissão de partícula alfa
- Emissão de partícula beta
- Emissão de radiação gama

Além disso, há dois tipos menos comuns de decaimento radioativo:

- Emissão de pósitron
- Captura de elétron

Emissão alfa

Uma partícula alfa é definida como uma partícula carregada positivamente de um núcleo de hélio. Eu ouvi um heim? Tente isto: uma partícula alfa é composta de dois prótons e dois nêutrons e ela pode ser representada como um átomo de hélio-4. Como uma partícula alfa provém da quebra do núcleo de um átomo radioativo, não tem elétrons, portanto ela tem uma carga positiva de +2. Então, é uma partícula carregada positivamente de um núcleo de hélio. (Bem, isto realmente é um cátion, um íon com carga positiva — veja o capítulo 3.)

Mas os elétrons são basicamente livres — fácil de serem doados ou recebidos. Então, normalmente, uma partícula alfa é demonstrada sem carga porque ela captura rapidamente dois elétrons e torna-se um átomo de hélio neutro, ao invés de um íon.

Os metais pesados, tais como urânio e tório, tendem a ter emissão alfa. Este modo de desintegração atenua o núcleo em unidades de carga positiva (dois prótons) e quatro unidades de massa (dois prótons + dois nêutrons). Que processo! Cada vez que uma partícula alfa é emitida, quatro unidades de massa são perdidas. Eu gostaria de encontrar uma dieta que me permitisse perder quatro quilos de uma só vez!

Radônio-222 (Rn-222) é outro emissor da partícula alfa, como mostrado na seguinte equação:

$$^{222}_{86}Rn \rightarrow {}^{218}_{84}Po + \underset{\text{particula alfa}}{{}^{4}_{2}He}$$

Aqui, radônio-222 sofre decaimento nuclear com a liberação de uma partícula alfa. O outro isótopo restante deve ter um número de massa de 218 (222 - 4) e um número atômico de 84 (86 - 2), identificando este elemento como polônio (Po). (Se você ficou confuso com esta substração, verifique como balancear equações na seção "Radioatividade e Decaimento Radiativo Artificial" descrita neste capítulo)

Emissão beta

Uma partícula beta é essencialmente um elétron que foi emitido do núcleo. (Agora eu sei o que você está pensando — os elétrons não estão no núcleo! Continue a leitura para descobrir como eles podem ser formados na reação nuclear) O iodo-131 (I-131), que é usado na detecção e tratamento de câncer da tireóide, é um emissor de partícula beta:

$$^{131}_{53}I \rightarrow {}^{131}_{54}Xe + \underset{\text{particula beta}}{{}^{0}_{-1}e}$$

Aqui, o iodo-131 emite uma partícula beta (um elétron), deixando o isótopo com um número de massa de 131 (131 — 0) e um número atômico de 54 (53 - (-1)). Um número atômico de 54 identifica o elemento como xenônio (Xe).

Veja que o número de massa não muda ao sair de I-131 para Xe-131, mas o número atômico aumenta em um. No núcleo do iodo, um nêutron foi convertido (decaiu) em um próton e um elétron e o elétron foi emitido do núcleo como uma partícula beta. Os isótopos com taxa alta de nêutron/próton sofrem, frequentemente, emissão beta porque este modo de desintegração permite que o número de nêutrons seja diminuído em um e o número de prótons seja aumentado em um, diminuindo, assim, a proporção nêutron/próton.

Emissão gama

Partículas alfa e beta têm as características da matéria: elas têm a massa definida, espaço ocupado, e assim por diante. Isso, porque não há mudança de massa associada com emissão gama. Refiro-me à emissão gama como emissão de radiação gama. Radiação gama é parecida com raio-x — alta energia, radiação de comprimento de onda curta. Radiação gama geralmente acompanha a emissão alfa e a emissão beta, mas geralmente não é mostrada no balanceamento da reação nuclear. Alguns isótopos, como o cobalto-60 (Co-60), emitem grande quantidade de radiação gama. Co-60 é usado no tratamento do câncer. O médico direciona os raios gama no tumor, destruindo-o.

Emissão pósitron

Embora a emissão pósitron não ocorra naturalmente como acontece com os isótopos radioativos, ela ocorre em alguns processos artificiais. Um pósitron é, essencialmente, um elétron que tem uma carga positiva em vez de uma carga negativa. Um pósitron é formado quando um próton no núcleo decai dentro de um nêutron e um elétron é carregado positivamente. O pósitron é, então, emitido do núcleo. Este processo ocorre em alguns isótopos, como o potássio (K-40), conforme mostrado na seguinte equação:

$$^{40}_{19}K \rightarrow \,^{40}_{18}Ar + \underset{pósitron}{^{0}_{+1}e}$$

O K-40 emite o pósitron, deixando um elemento com um número de massa de 40 (40-0) e um número atômico de 18 (19-1). Um isótopo de argônio (Ar), Ar-40, foi formado.

Se você assistiu ao filme Jornada nas Estrelas, pode ter ouvido sobre a anti-matéria. O pósitron é um pedaço minúsculo de antimatéria. Quando ele entra em contato com um elétron, as duas partículas são destruídas com a liberação de energia. Felizmente, muitos pósitrons não são produzidos: se isto acontece, você provavelmente teria que gastar muito tempo fugindo de explosões.

Captura de elétrons

Captura de elétrons é um tipo raro de desintegração nuclear na qual um elétron de um nível de energia mais profundo (o 1s — veja Capítulo 3) é capturado pelo núcleo.

O elétron combina com um próton para formar um nêutron. O número atômico diminui em um, mas o número de massa permanece o mesmo. A equação seguinte mostra a captura do elétron do polônio-204 (Po-204):

$$^{204}_{84}Po + ^{0}_{-1}e \rightarrow ^{204}_{83}Bi + raios$$

O elétron combina com um próton no núcleo do polônio, criando um isótopo de bismuto (Bi-204).

A captura de um elétron 1s deixa uma vaga nos orbitais 1s. Os elétrons desprendem-se para preencher esta vaga, liberando energia não na parte visível do espectro eletromagnético, mas na porção do raio-X.

Meia-vida e Datação Radioativa

Se você pudesse observar um único átomo do isótopo radioativo, U-238, por exemplo, você não seria capaz de prever quando um determinado átomo sofreria decaimento. Ele poderia levar um milésimo de segundo ou um século. Não há, simplesmente, nenhuma forma de dizer.

Mas, se você tiver uma amostra grande o suficiente — que os matemáticos chamam de amostra estatisticamente significante — um padrão começa a surgir. Leva certo tempo para que a metade dos átomos numa amostra se desintegre. E, depois, leva o mesmo tempo para que metade dos átomos radioativos restantes se desintegre e o mesmo tempo para que metade destes átomos radioativos restantes se desintegre, e assim por diante. A soma do tempo para que a metade da amostra se desintegre é conhecida como meia-vida do isótopo e seu símbolo é t½. Este processo é mostrado na Tabela 5-1.

Tabela 5-1	Desintegração da meia-vida de um isótopo radioativo
Meia-vida	porcentagem de isótopo radioativo restante
0	100,0
1	50,00
2	25,00
3	12,50
4	6,25
5	3,12
6	1,56
7	0,78
8	0,39
9	0,19
10	0,09

É importante perceber que o decaimento da meia-vida dos isótopos radioativos não é linear. Por exemplo, você não pode encontrar a quantidade restante de um isótopo com 7,5 meias-vidas através do ponto médio entre 7 e 8. Este é um exemplo de uma desintegração exponencial, mostrada na Figura 5-2

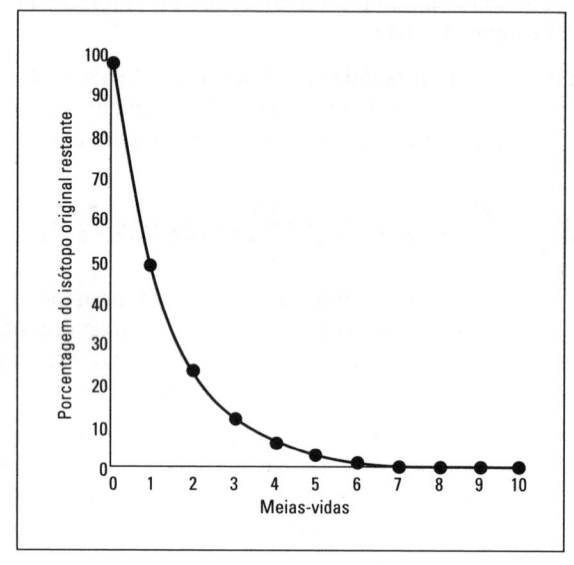

Figura 5-2: Desintegração de um isótopo radioativo.

Se quiser encontrar tempos ou quantidades que não estão associadas com um múltiplo simples de uma meia-vida, você pode usar esta equação:

$$\ln\left(\frac{N_0}{N}\right) = \left(\frac{0.6963}{t_{1/2}}\right)t$$

Na equação, ln indica o logaritmo natural (não é a base 10log; este é aquele botão ln em sua calculadora, não o botão log), $N°$ é a quantidade inicial de isótopo radioativo, N é a quantidade de radioisótopo. Se você conhece a meia-vida e a quantidade inicial de isótopo radioativo, você pode usar esta equação para calcular a radioatividade restante em qualquer tempo. Mas vamos simplificar!

Meias-vidas podem ser muito curtas ou muito longas. A Tabela 5-2 mostra as meias-vidas de alguns isótopos radioativos mais comuns.

Tabela 5-1	Desintegração da meia-vida de um isótopo radioativo	
Radioisótopo	*Radiação emitida*	*Meia-vida*
Kr-94	Beta	1,4 segundos
Rn-222	Alfa	3,8 dias
I-131	Beta	8 dias
Co-60	Gama	5,2 anos
H-3	Beta	12,3 anos
C-14	Beta	5.730 anos
U-235	Alfa	4,5 bilhões de anos
Re-187	Beta	70 bilhões de anos

Manipulação segura

Conhecer as meias-vidas é importante porque pode ajudá-lo a determinar quando uma amostra de material radioativo pode ser manipulada de maneira segura. A regra diz que uma amostra pode ser manipulada quando sua radioatividade está abaixo dos limites de detecção. E que tenha decaimento em 10 meias-vidas. Então, se o iodo-131 radioativo ($t½ = 8$ dias) é injetado dentro do corpo durante o tratamento de câncer da tireóide, ele age em 10 meias-vidas ou 80 dias.

Esta informação é importante para saber quando usar isótopos radioativos para fins medicinais, que são inseridos dentro do corpo, permitindo que os médicos tracem um caminho ou encontrem um bloqueio ou em tratamentos do câncer. Eles precisam estar ativos o tempo suficiente no período do tratamento, mas também devem ter uma meia-vida curta para não prejudicar as células e os órgãos saudáveis.

Datação radioativa

Outro tipo de aplicação de meias-vidas é a datação radiométrica, que se baseia no cálculo da idade das coisas.

O carbono-14 (C-14), um isótopo radioativo do carbono, é produzido na parte superior da atmosfera através da radiação cósmica. O carbono primário, que é o principal composto do dióxido de carbono, contém uma pequena quantidade de C-14. As plantas absorvem C-14 durante a fotossíntese e, assim, é incorporado dentro da estrutura celular das plantas. As plantas são, então, ingeridas pelos animais, tornando o C-14 uma parte da estrutura celular de todos os seres.

Enquanto um organismo está vivo, a quantidade de C-14 em sua estrutura celular permanece constante. Mas quando o organismo morre a quantidade de C-14 começa a diminuir. Os cientistas conhecem a meia-vida do C-14 (5.730 anos, relacionado na Tabela 5-2), então eles podem calcular a data da morte do organismo.

A datação radiométrica usando o C-14 foi usada para determinar a idade de esqueletos encontrados em sítios arqueológicos. Recentemente, foi usada para descobrir a idade do Santo Sudário, um pedaço de linho de uma mortalha contendo a imagem de um homem. Muitas pessoas acreditam que esta era a mortalha de Jesus, mas, em 1988, a datação do carbono radioativo determinou que a idade do tecido era aproximadamente, de 1200-1300 d.C. Embora não soubéssemos como a imagem do homem foi colocada na mortalha, a datação do C-14 prova que não é a mortalha usada por Jesus.

A datação do carbono-14 pode ser usada apenas para determinar a idade de algo que já teve vida. Ela não pode ser usada para determinar a idade de uma rocha da lua ou de um meteorito. Para substâncias sem vida, os cientistas usam outros isótopos, como o potássio-40.

Fissão (Nuclear) Partida

Nos anos 30, os cientistas descobriram que algumas reações nucleares podiam ser disparadas e controladas (veja "Radioatividade e Decaimento Radioativo Artificial" neste Capítulo). Os cientistas, normalmente, realizam esta tarefa bombardeando um isótopo com um nêutron.

A colisão provoca um aumento do isótopo em dois ou mais elementos, que é chamado de fissão nuclear. A fissão nuclear do urânio-235 é mostrada na seguinte equação:

$$^{235}_{92}U + ^{1}_{0}n \rightarrow ^{142}_{56}Ba + ^{91}_{36}Kr + 3^{1}_{0}n$$

Reações deste tipo também liberam muita energia. De onde vem esta energia? Bem, se você fizer uma medição muito precisa das massas de todos os átomos e partículas subatômicas iniciais e todos os átomos e partículas subatômicas finais, você percebe que há "perda" de massa. A matéria desaparece durante a reação nuclear. Esta perda de matéria é chamada de defeito de massa. A perda de matéria é convertida em energia.

Atualmente, você pode calcular a quantidade de energia produzida durante uma reação nuclear com uma equação razoavelmente simples desenvolvida por Einstein: $E = mc^2$. Nesta equação, E é a soma de energia produzida, m é a massa "perdida", ou defeito de massa e c é a velocidade da luz, que é um número particularmente grande. A velocidade da luz é elevada ao quadrado, tornando esta parte da equação um número muito grande que, mesmo quando multiplicado por uma pequena quantidade de massa, rende uma grande quantidade de energia.

Reação em cadeia e massa crítica

Dê uma olhada na equação para a fissão do U-235 na seção anterior. Veja que um nêutron foi usado, mas três foram produzidos. Esses três nêutrons, se encontrassem outros átomos de U-235, poderiam iniciar outras fissões produzindo muito mais nêutrons. Esse é o velho efeito dominó. Em termos de química nuclear, é uma cascata contínua de fissões nucleares conhecidas como reação em cadeia. A reação em cadeia do U-235 é mostrada na Figura 5-3.

A reação em cadeia depende da liberação de mais nêutrons do que os usados durante a reação nuclear. Se você escrevesse a equação para a fissão nuclear do U-238, o mais abundante dos isótopos de urânio, você usaria um nêutron e conseguiria apenas um de volta. Você não pode ter uma reação em cadeia com U-238. Mas os isótopos que produzem um excesso de nêutrons em sua fissão suportam uma reação em cadeia. Esse tipo de isótopo é fissionável e há apenas dois isótopos principais fissionáveis usados durante as reações nucleares — urânio-235 e plutônio-239.

Certa quantidade mínima de matéria fissionável é necessária para promover a propagação de uma de reação em cadeia e está relacionada com aqueles nêutrons. Se a amostra é pequena, os nêutrons podem não atingir o núcleo do U-235. Sendo assim, nenhum elétron extra e nenhuma energia são liberados. A reação apenas falha. A quantidade mínima de material fissionável necessária para assegurar que uma reação em cadeia ocorra é conhecida como massa crítica. Qualquer quantidade menor que esta é conhecida como subcrítica.

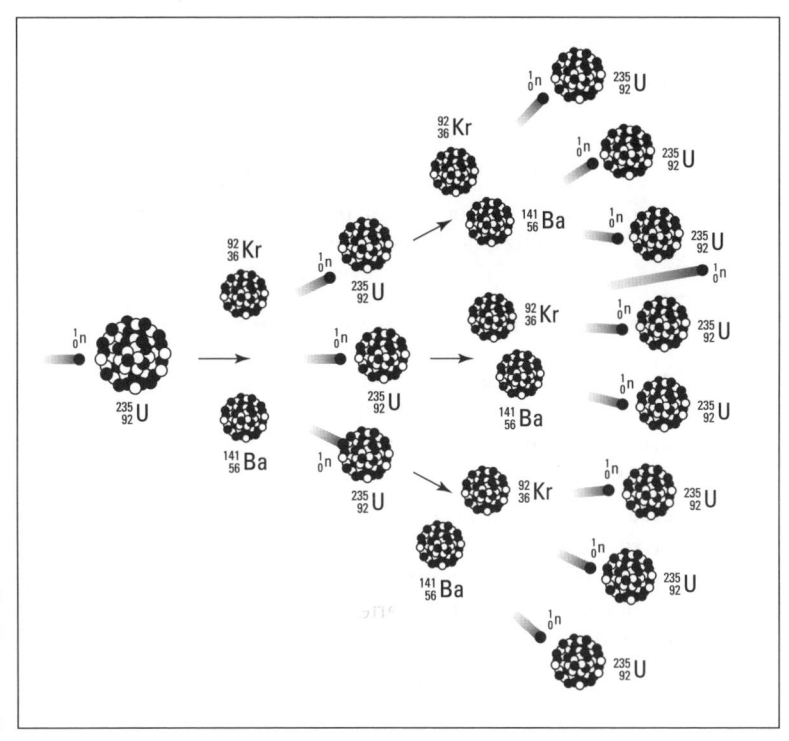

Figura 5-3: Reação em cadeia.

Bombas atômicas (big bangs que não são teorias)

Por causa da tremenda quantidade de energia liberada numa fissão de reação em cadeia, as implicações militares das reações nucleares foram imediatamente percebidas. A primeira bomba atômica foi lançada em Hiroshima, Japão, em 6 de agosto de 1945.

Em uma bomba atômica, dois pedaços de um isótopo fissionável são mantidos separados. Cada pedaço, por si mesmo, é subcrítico. Quando é o momento da bomba explodir, explosões convencionais promovem o contato de dois pedaços para provocar uma massa crítica. A reação em cadeia é descontrolada, liberando uma enorme quantidade de energia quase que instantaneamente.

O verdadeiro truque, entretanto, é controlar a reação em cadeia, liberando sua energia lentamente de modo que ela encerre apenas quando a destruição for alcançada.

Usinas nucleares

O segredo para controlar uma reação em cadeia é controlar os nêutrons. Se os nêutrons podem ser controlados, então a energia pode ser liberada de forma controlada. Isto é o que os cientistas têm feito com as usinas nucleares.

Em muitos aspectos, uma usina nuclear é parecida com uma usina de combustíveis fósseis convencional. Nesse tipo de usina, um combustível fóssil (carvão, petróleo, gás natural) é queimado e o calor é usado para ferver a água que, por sua vez, gera vapor. O vapor, posteriormente, é usado para girar uma turbina ligada a um gerador que produz eletricidade.

A grande diferença entre uma usina convencional e uma usina nuclear é que esta produz calor através das reações em cadeia da fissão nuclear.

Como as usinas nucleares produzem energia?

A maioria das pessoas acredita que os conceitos por trás de uma usina nuclear são tremendamente complexos. Este não é realmente o caso. As usinas nucleares são muito parecidas com as usinas de combustíveis fósseis convencionais.

O isótopo fissionável está contido nas barras de combustível no núcleo do reator. Todas as barras de combustível em conjunto englobam a massa crítica. As barras de controle, comumente feitas de boro ou cádmio, estão no núcleo e agem como esponjas de nêutron para controlar a taxa de decaimento radioativo. Os operadores podem parar completamente uma reação em cadeia impulsionando as barras de controle até o fim dentro do núcleo do reator, onde absorvem todos os nêutrons. Os operadores podem, então, extrair as barras de controle, um pouco de cada vez, para produzir a quantidade de calor desejada.

Um líquido (água ou, algumas vezes, sódio líquido) é circulado no núcleo do reator e o calor gerado pela reação da fissão é absorvido. O líquido, então, escoa dentro de um gerador de vapor e o vapor produzido com o calor é absorvido pela água. Este vapor é, então, enviado para um turbina que está ligada a um gerador de energia. O vapor é condensado e reciclado através do gerador de vapor. Isto forma um sistema fechado. Desta forma, nem a água, nem o vapor escapam — tudo é reciclado.

O líquido que circula no núcleo do reator também é parte de um sistema fechado que garante que nem a água e o ar sejam contaminados. Mas, algumas vezes, os problemas aparecem.

Oh! Muitos problemas

Nos Estados Unidos há, aproximadamente, 100 reatores nucleares produzindo pouco mais de 20 por cento da eletricidade do país. Na França, quase 80 por cento da eletricidade do país é gerada através da fissão nuclear. Usinas nucleares têm certas vantagens. Nenhum combustível fóssil é queimado (exceto para produção de plástico e remédio) e não há produtos de combustão, tais como o dióxido de carbono, dióxido de enxofre, entre outros, que poluem o ar e a água. Mas existem problemas associados às usinas nucleares.

Um deles é o custo. Construir e operar usinas nucleares é muito caro. A eletricidade que é gerada pelas usinas nucleares custa aproximadamente duas vezes mais do que a energia gerada através de combustíveis fósseis ou usinas hidroelétricas. Outro problema é que o estoque de urânio-235 fissionável é limitado. De todo o urânio que existe naturalmente, apenas 0,75 por cento é U-235. A grande maioria é U-238 não-fissional. De acordo com o consumo atual, em menos de 100 anos não haverá mais a ocorrência natural de U-235. Podemos aumentar este período através do uso de reatores regeneradores (veja "Reatores regeneradores: produzindo mais material nuclear", ainda neste capítulo). Mas há um limite para a quantidade de combustível nuclear disponível na Terra, assim como há um limite para os combustíveis fósseis.

Entretanto, os dois maiores problemas associados com o poder da fissão nuclear são os acidentes (segurança) e a remoção dos resíduos nucleares.

Acidentes: Three Mile Island e Chernobyl

Embora os reatores nucleares tenham realmente um bom nível de segurança, a desconfiança e o medo associados com a radiação tornaram as pessoas mais céticas com relação à segurança e instituiu-se a crença em possíveis acidentes nucleares. O acidente mais sério que ocorreu nos Estados Unidos, foi 1979, na central nuclear de Three Mile Island, Pensilvânia. Uma combinação de erro operacional e falha do equipamento causou a perda do resfriamento do núcleo do reator. A perda de resfriamento levou a uma fusão parcial e a liberação de uma pequena quantidade de gás radioativo. Não houve mortes ou ferimento na população em geral.

Mas em Chernobyl, Ucrânia (1986), um erro humano, junto com a engenharia e o projeto deficientes dos reatores, contribuiu para um superaquecimento do núcleo do reator, causando sua ruptura. Duas explosões e um incêndio espalharam material nuclear por toda a atmosfera, atingindo a Europa e a Ásia. A área ao redor da usina ainda é inabitável. O reator foi lacrado com concreto e deve continuar assim por muitos anos. Centenas de pessoas morreram. Muitas outras sentiram o efeito do envenenamento da radiação. Por exemplo, o câncer de tireóide, possivelmente causado pela liberação de I-13, aumentou dramaticamente nas cidades ao redor de Chernobyl. Levará muitos anos até que os efeitos deste desastre sejam totalmente conhecidos.

Como se livrar desses materiais: resíduos nucleares

O processo de fissão produz uma grande quantidade de isótopos radioativos. Se você olhar a Tabela 5-2, verá que algumas meias-vidas de isótopos radioativos são muito longas. Estes isótopos estão seguros depois de dez meias-vidas. A duração de dez meias-vidas torna-se um problema quando misturada com os resíduos dos produtos de um reator de fissão.

Com o tempo, todos os reatores ficam repletos de combustível nuclear. E com o advento do desarmamento nuclear, é preciso lidar com o material radioativo. Muitos desses refugos têm meia-vida longa. Como vamos armazenar com segurança os isótopos até que seu resíduo radioativo decaia para limites de segurança (dez meias-vidas)? Como vamos nos proteger, como vamos proteger o meio-ambiente, os nossos filhos e as próximas gerações contra esses resíduos? Estas questões estão, sem dúvida, relacionadas com o uso pacífico da energia nuclear.

O resíduo nuclear é dividido entre materiais de nível baixo e de nível alto, baseado na quantidade de radioatividade emitida. Nos Estados Unidos, os resíduos de nível baixo são armazenados no local de produção ou em instalações de armazenagem especiais. Os resíduos são, basicamente, enterrados e guardados no terreno. Resíduos de nível alto representam um problema muito maior. Eles estão sendo temporariamente depositados no local de produção, com projetos para, no futuro, lacrar-se o material em vidro e, depois, em tambores. O material será, então, armazenado no subterrâneo, em Nevada. De qualquer maneira, os resíduos devem ser mantidos em segurança e isolados por, no mínimo, 10.000 anos. Outros países enfrentam o mesmo problema. Tem havido um despejo de material nuclear dentro de escavações profundas no oceano, mas esta prática é desencorajada por muitas nações.

Reatores geradores: produzindo mais materiais nucleares

Apenas o isótopo U-235 de urânio é fissionável porque é o único isótopo de urânio que produz o excesso de nêutron necessário para manter a reação em cadeia. O isótopo U-238, muito mais abundante, não produz esses nêutrons extras.

Outro isótopo mais usado frequentemente, o plutônio-239 (Pu-239), é muito raro na natureza. Mas há uma forma de converter Pu-239 do U-238 numa fissão especial conhecida como reação regeneradora. Primeiro o Urânio-238 é bombardeado com um nêutron para produzir U-239, que desintegra para Pu-239. Este processo é mostrado na Figura 5-4.

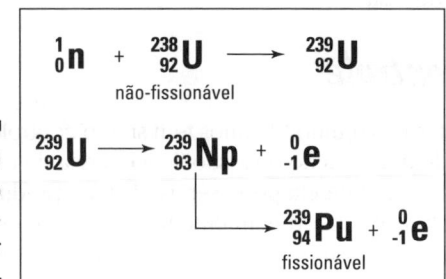

Figura 5-4: O processo do reator regenerador

$$_0^1n + {}_{92}^{238}U \longrightarrow {}_{92}^{239}U$$
não-fissionável

$$_{92}^{239}U \longrightarrow {}_{93}^{239}Np + {}_{-1}^{0}e$$

$$\longrightarrow {}_{94}^{239}Pu + {}_{-1}^{0}e$$
fissionável

Os reatores regeneradores podem fornecer combustível fissionável por muitos anos e estão sendo usados na França, atualmente. Mas os Estados Unidos estão muito lentos na construção de reatores regeneradores por causa de vários problemas associados. Primeiro, porque eles são extremamente caros para construir. Segundo, eles produzem uma grande quantidade de resíduos nucleares. E, finalmente, o plutônio que é produzido é muito mais perigoso para lidar do que o urânio e pode facilmente ser usado em uma bomba atômica.

Fusão Nuclear: a Esperança para a Energia no Futuro

Logo depois do processo de fissão outro processo, conhecido como fusão, foi descoberto. A fusão é, essencialmente, o oposto da fissão. Na fissão, um núcleo pesado é dividido dentro de um pequeno núcleo. Com a fusão, os núcleos mais leves são fundidos dentro do núcleo pesado.

O processo de fusão é a reação que fornece energia ao Sol. No Sol, numa série de reações nucleares, quatro isótopos de hidrogênio-1 são fundidos dentro de um hélio-4 com a liberação de uma tremenda quantidade de energia. Aqui na Terra dois outros isótopos de hidrogênio são usados: H-2, chamado de deutério e H-3, conhecido como trício. O deutério é o menor isótopo de hidrogênio existente, mas ainda é relativamente abundante. O trício não ocorre naturalmente, mas pode ser facilmente produzido, bombardeando-se o deutério com um nêutron. A reação de fusão é mostrada na seguinte equação:

$$_1^3H + {}_1^2H \rightarrow {}_2^4He + {}_0^1n$$

A primeira demonstração da fusão nuclear — a bomba de hidrogênio — foi conduzida por militares. A bomba de hidrogênio é, aproximadamente, 1.000 vezes mais poderosa do que uma bomba atômica comum.

Os isótopos de hidrogênio necessários para a reação de fusão da bomba de hidrogênio foram colocados ao redor de uma bomba de fissão comum. A explosão da bomba de fissão libera a energia necessária para oferecer a energia de ativação (a energia necessária para iniciar, ou começar, a reação) para o processo de fusão.

Questão de controle

O objetivo dos cientistas nos últimos 45 anos tem sido o controle de liberação de energia de uma reação de fusão. Se a energia de uma reação de fusão for liberada lentamente, ela pode ser usada para produzir eletricidade. Além de disponibilizar um fornecimento ilimitado de energia, não é necessário lidar com resíduos ou poluidores que prejudiquem a atmosfera — o hélio não é poluente. Mas, para alcançar este objetivo, é necessário solucionar três problemas:

- Temperatura
- Tempo
- Contenção

Temperatura

O processo de fusão exige uma energia de ativação extremamente alta. O calor é usado para oferecer a energia, mas é consumido muito calor para começar a reação.

Os cientistas estimam que a amostra de isótopos de hidrogênio deva ser aquecida em, aproximadamente, 40.000.000 K. (K representa a escala de temperatura Kelvin. Para conseguir a temperatura Kelvin, adicione 273 à temperatura Celsius. O Capítulo 2 explica tudo sobre Kelvin e seus amigos Celsius e Fahrenheit).

Agora, 40.000.000 K é mais quente do que o Sol! Nessa temperatura, os elétrons deixaram, há muito tempo, a estrutura; o que ficou foi um plasma carregado positivamente com núcleos aquecidos numa temperatura tremendamente alta. Atualmente, os cientistas estão tentando esquentar as amostras nessa alta temperatura através de duas formas — campos magnéticos e lasers. Nenhum dos dois, entretanto, alcançou a temperatura necessária.

Tempo

O tempo é o segundo problema que os cientistas enfrentam para alcançar a liberação controlada de energia das reações de fusão. Os núcleos carregados devem ser comprimidos, em uma distância suficiente para que a reação de fusão inicie. Os cientistas estimam que o plasma precise ser aquecido em 40.000.000 K, aproximadamente, por um segundo.

Contenção

Contenção é outro problema que a pesquisa sobre fusão enfrenta. Em 40.000.000 K tudo é gás. As melhores cerâmicas desenvolvidas para o programa espacial vaporizariam quando expostas a esta temperatura. Como o plasma tem carga, campos magnéticos podem ser usados para contê-la — como uma garrafa magnética. Mas se a garrafa vazar a reação não vai acontecer. E os cientistas ainda têm que criar um campo magnético para não permitir que o plasma escoe. Usar lasers na mistura do isótopo de hidrogênio para fornecer a energia necessária contorna o problema de contenção. Mas os cientistas não descobriram como proteger os próprios lasers da reação de fusão.

O que o futuro nos reserva

As últimas estimativas indicam que a ciência está de 5 a 10 anos longe de mostrar que é possível trabalhar com a fusão: o ponto crítico é gastar mais energia do que produzir. Levarão mais 20 ou 30 anos antes que o funcionamento do reator de fusão seja desenvolvido. Mas os cientistas estão otimistas que o poder de controle sobre a fusão seja alcançado. As recompensas são grandes — uma fonte ilimitada de energia não-poluente.

Um subproduto interessante da pesquisa de fusão é o conceito de tocha de fusão. Com esta ideia, o plasma de fusão, que deve ser esfriado para produzir vapor, é usado para incinerar lixo e resíduos sólidos. Então os átomos individuais e as pequenas moléculas que são produzidas são coletados e usados como matérias-primas para a indústria. Parece uma forma ideal para fechar esse ciclo entre resíduos e matérias-primas. O tempo dirá se esse conceito vai, finalmente, ser concretizado.

Eu estou Ardendo? Os Efeitos da Radiação

A radiação pode ter dois efeitos básicos no corpo:

- ✔ Pode destruir as células com o calor.
- ✔ Pode ionizar e fragmentar as células.

A radiação gera calor que pode destruir o tecido muito mais que a queimadura do sol. Na realidade, o termo queimadura por radiação é geralmente usado para descrever a destruição da pele e tecido provocada pelo calor.

Uma outra forma da radiação afetar o corpo é através da ionização e fragmentação das células. Partículas radioativas e radiação têm alta energia cinética (energia de movimento — veja Capítulo 2) associada. Quando essas partículas atingem as células dentro do corpo, elas podem fragmentar (destruir) as células ou ionizá-las — transformando-as em íons (átomos carregados), removendo um elétron. (veja o Capítulo 3 e encontre muitos íons). A ionização enfraquece as ligações e pode resultar destruição ou mutação das células.

Radônio: escondido em nossas casas

O radônio é um isótopo radioativo que tem recebido muita notoriedade recentemente. O radônio-222 é formado naturalmente como parte do decaimento do urânio. É um gás nobre não-reativo, por isso ele permanece no meio ambiente. Por ser mais pesado do que o ar, pode se acumular nos porões das casas.

O próprio radônio tem uma meia-vida curta de 3,8 dias, mas ele decai para polônio-218, um sólido. Então, se o radônio é inalado, Po-218 sólido pode se acumular nos pulmões. Po-218 é um emissor alfa e, mesmo que este tipo de radiação não seja muito penetrante, ele é associado a um aumento de incidências de câncer do pulmão. Em muitas partes dos Estados Unidos, testes de radônio são realizados antes de se vender uma casa. Equipamentos de testes ambientais são colocados em determinadas áreas, por um período de tempo, e depois as amostras coletadas são enviadas para análise em laboratório. A indagação sobre se o radônio representa um problema sério continua sendo investigada e debatida.

Parte II
Benditas Sejam as Ligações que Unem

A 5ª Onda — de Rich Tennant

"Muito bem, agora que o paramédico está aqui com o desfibrilador e os sais de reanimação, preparem-se para aprender sobre ligações covalentes..."

Nesta parte...

Fale em química e a maioria das pessoas pensará em reações químicas. Os cientistas usam reações químicas para fazer novos medicamentos, plásticos, limpadores, tecidos – a lista é infinita.

Eles também usam as reações químicas para analisar amostras e descobrir o que e quanto de um determinado elemento químico há nestas amostras. As reações químicas dão energia para nosso corpo, para o sol e para o universo. A química envolve todas as reações e as ligações que ocorrem dentro delas. E é sobre isso que esta parte falará.

Estes capítulos irão apresentá-lo aos principais tipos de ligação encontradas na natureza: a ligação iônica e a ligação covalente. Mostrarei como nomeá-las. Explicarei a ligação covalente, como desenhar as fórmulas estruturais de Lewis, e como prever a forma de moléculas simples. Falarei sobre reações químicas e mostrarei os vários tipos gerais. Além disso, falarei sobre equilíbrio químico, cinética e eletroquímica – baterias, células e galvanoplastia.

Acho que você vai ficar ligado com o material desta parte. Na verdade, não vejo como não reagir a ela.

Capítulo 6

Os Opostos se Atraem: Ligações Iônicas

Neste capítulo:
- Encontrando os motivos pelos quais os íons são formados
- Descobrindo como os cátions e íons são formados
- Entendendo os íons poliatômicos
- Descifrando as fórmulas de componentes iônicos
- Nomeando os componentes iônicos
- Percebendo a diferença entre eletrólitos e não-eletrólitos

Se eu pudesse falar sobre o motivo que me levou a querer estudar química, eu falaria sobre as reações dos sais. Eu me lembro perfeitamente do dia: era o segundo semestre de química geral e eu estava fazendo análise qualitativa (descobrindo o que existia dentro daquela amostra) de sais. Eu realmente gostava das cores dos componentes que se formavam nas reações que estava fazendo e os laboratórios eram divertidos e desafiadores. Eu realmente estava encantado.

Neste capítulo apresento a ligação iônica, o tipo de ligação que mantém os sais unidos. Falo sobre os íons simples e os íons poliatômicos: como eles se formam e se combinam. Mostro, também, como descobrir as fórmulas dos componentes iônicos e como os químicos detectam as ligações iônicas.

A Mágica de uma Ligação Iônica: Sódio + Cloreto = Sal de Cozinha

Sódio é um metal bastante típico. É prateado, suave e um bom condutor. Ele também é altamente reativo. O sódio normalmente é armazenado em óleo para que seja impedido de reagir com a umidade do ar. Se você derreter um pedaço de sódio e colocá-lo dentro de um béquer cheio de gás cloro amarelo-esverdeado, algo muito impressionante acontecerá. O sódio dissolvido emitirá uma luz branca cada vez mais brilhante.

O gás cloro é liberado e logo ficará incolor. Em alguns minutos, a reação acaba e o béquer pode ser aberto com segurança. Você encontrará sal de cozinha ou NaCl depositado dentro do béquer.

Entendendo os componentes

Se você realmente parar para pensar sobre isto, verá que o processo de obtenção do sal de cozinha é realmente extraordinário. Você pega duas substâncias que são muito perigosas (cloro era usado pelos alemães contra as tropas aliadas durante a Primeira Guerra Mundial) e, a partir delas, obtém uma substância que é necessária para a vida. Nesta seção, mostrarei a você o que aconteceu durante a reação química que criou o sal e, o mais importante, por que ela ocorre.

O sódio é um metal alcalino, um membro da família IA na tabela periódica. Os numerais romanos mostram o número da valência dos elétrons (elétrons s e p no nível de energia mais externo) do elemento em particular (veja o Capítulo 4 para mais detalhes). Desta forma, o sódio tem 1 elétron de valência e um total de 11 elétrons porque seu número atômico é 11.

É possível usar um diagrama de energia para representar a distribuição dos elétrons em um átomo. O diagrama do nível de energia do sódio é exibido na Figura 6-1. (Se diagramas de níveis de energia são algo novo para você, dê uma olhada no Capítulo 3. Existem muitas variações que são comumente usadas para escrever os diagramas, portanto não se preocupe se forem ligeiramente diferentes daqueles que eu mostrarei aqui.)

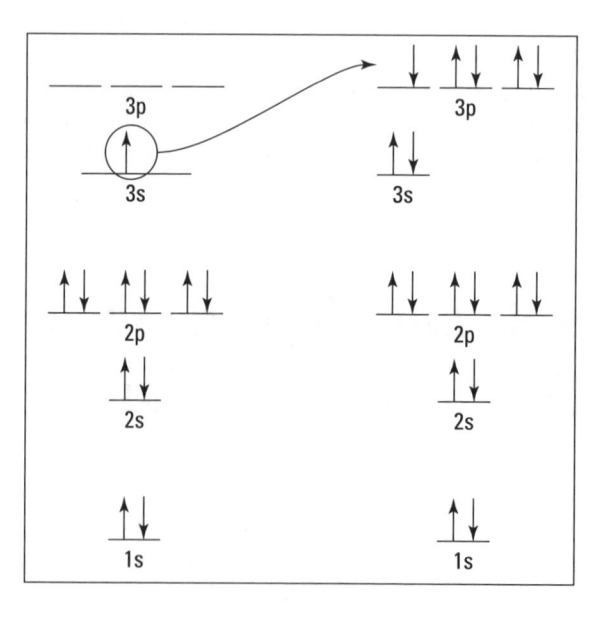

Figura 6-1: Diagrama dos níveis de energia do sódio e do cloro.

O cloro é um membro da família dos halogênios — a família VIIA na tabela periódica. Tem 7 elétrons de valência e um total de 17 elétrons. O diagrama do nível de energia para o cloro é também demonstrado na figura 6-1.

Se você quiser, ao invés de usar um diagrama de nível de energia grande para poder representar a distribuição dos elétrons em um átomo, você pode usar a configuração do elétron. (Para uma discussão mais completa sobre as configurações dos elétrons, veja o Capítulo 3.) Escreva, em ordem, os níveis de energias que estão sendo usados, os tipos orbitais (s, p, d e assim por diante), e — sobrescrito — o número de elétrons em cada orbital. Aqui estão as configurações eletrônicas para o sódio e o cloro.

Sódio (Na) $1s^2\ 2s^2\ 2p^6\ 3s^1$

Cloro (Cl) $1s^2\ 2s^2\ 2p^6\ 3s^2\ 3p^5$

Entendendo a reação

Os gases nobres são os elementos da família VIII A da Tabela Periódica. Eles são extremamente estáveis porque sua camada de valência (o nível mais externo) está cheia. Obter um nível de valência completo exige um esforço da natureza, em termos de reações químicas, quando os elementos se tornam estáveis ou "satisfeitos". Eles não perdem, ganham ou compartilham elétrons.

Os elementos de outras famílias A da Tabela Periódica perdem, ganham ou compartilham elétrons de valência com o objetivo de se tornarem completos. Por causa deste processo a maioria dos casos que envolve o preenchimento dos orbitais mais externos s e p é chamada de regra do octeto — elementos perdem, ganham ou compartilham elétrons para alcançarem o octeto completo (8 elétrons de valência: 2 no orbital s e 6 no orbital p).

O papel do sódio

O sódio tem 1 elétron de valência; pela regra do octeto, ele se torna estável quando tiver 8 elétrons de valência. Duas possibilidades existem para o sódio se tornar estável: pode ganhar mais 7 elétrons e preencher seu nível de energia 3 ou ele pode perder os 3 elétrons de forma que seu nível de energia 2 (o qual possui oito elétrons) se torne o nível de energia de valência. Em geral, a perda ou o ganho de um, dois ou às vezes três elétrons pode ocorrer, mas um elemento não perde ou ganha mais do que três elétrons. Então, para ganhar estabilidade o sódio perde seus três elétrons. Neste ponto, ele tem 11 prótons (11 cargas positivas) e 10 elétrons (10 cargas negativas). O sódio, uma vez neutro, tem agora uma carga positiva [11(+) mais 10 (-) igual 1+]. É como um íon, um átomo que tem carga devido à perda ou ao ganho de elétrons. E os íons que têm uma carga positiva (como por exemplo, o sódio), devido à perda dos elétrons, são chamados de cátions. Você pode escrever a configuração dos elétrons para o cátion de sódio:

Na^+ $1s^2\ 2s^2\ 2p^6$

O íon de sódio (cátion) tem a mesma configuração de elétrons que o neon, ou seja, ele é isoeletrônico como o neon. Então o sódio se tornou neon pela perda de elétrons? Não, o sódio ainda tem 11 prótons e o número de prótons determina a identidade do elemento.

Existe uma diferença entre o átomo de sódio neutro e o cátion de sódio — um elétron. Além disso, as reatividades químicas são diferentes e seus tamanhos também são diferentes. O cátion é menor. O nível de energia preenchido determina o tamanho de um átomo ou íon (ou, neste caso, cátion). Pelo fato do sódio perder um nível de energia inteiro, para mudar de átomo para cátion, o cátion é menor.

O papel do cloro

O cloro tem 7 elétrons de valência. Para obter um octeto completo, ele deve perder os sete elétrons no nível de energia 3 ou ganhar um nesse nível. Devido aos elementos não perderem ou ganharem mais do que três átomos, o cloro precisa ganhar um único elétron no nível 3. Nesse ponto o cloro tem 17 prótons (17 cargas positivas) e 18 elétrons (18 cargas negativas), de modo que se torna um íon com uma única carga negativa (Cl-). O átomo neutro de cloro se torna o íon de cloro. Íons com uma carga negativa, que ganham elétrons, são chamados de ânions. A configuração eletrônica para o ânion cloro é

$$Cl^- \quad 1s^2\ 2s^2\ 2p^6\ 3s^2\ 3p^6$$

O ânion cloro é isoeletrônico com o argônio. O ânion do cloro é também ligeiramente maior que o átomo de cloro neutro. Para completar o octeto, o elétron recebido foi para o nível de energia 3, mas existem 17 prótons atraindo 18 elétrons. A força atrativa foi reduzida ligeiramente e os elétrons estão livres para se moverem, tornando o ânion um pouco maior. Em geral, um cátion é menor que seu átomo correspondente e um ânion é ligeiramente maior.

Finalizando com uma ligação

O sódio pode obter seu octeto completo e estabilidade através da perda de um elétron. O cloro pode ter o seu octeto ganhando um elétron. Se os dois estão no mesmo recipiente, então o elétron que o sódio perde pode ser o mesmo elétron que o cloro ganhará. Eu demonstro este processo na Figura 6-1, indicando que o elétron 3s no sódio é transferido para o orbital 3p do cloro.

A transferência de um elétron cria íons — cátions (carga positiva) e ânions (carga negativa) — e cargas opostas se atraem. O Na^+ é um exemplo de uma ligação iônica, ligação química (uma força de atração forte que mantém os dois elementos químicos unidos) que surge da atração eletrostática (atração de cargas opostas) entre cátions e ânions.

Os componentes iônicos que têm ligações iônicas são comumente chamados de sais. No cloreto de sódio, um cristal é formado quando cada cátion de sódio é cercado por seis ânions de cloro e cada um destes é rodeado por seis cátions de sódio diferentes. A estrutura do cristal é mostrada na Figura 6-2.

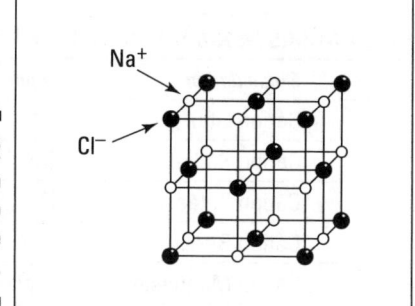

Figura 6-2
A estrutura do cristal do cloreto de sódio.

Observe a estrutura regular e repetitiva. Diferentes tipos de sal têm diferentes tipos de estruturas cristalinas. Cátions e ânions podem ter mais de uma unidade de cargas positivas ou negativas, se eles perdem ou ganham mais de um elétron. Assim, muitos tipos diferentes de sais são possíveis.

A ligação iônica, que mantém juntos os cátions e ânions em um sal, é um dos tipos mais importantes de ligações químicas. O outro tipo, a ligação covalente, será descrita no Capítulo 7. Quando você compreende os conceitos envolvidos na ligação iônica, torna-se mais fácil entender a ligação covalente.

Íons Positivos e Negativos: Cátions e Ânions

O processo básico que ocorre quando o cloreto de sódio é formado também ocorre na formação de outros sais. Um metal perde elétrons e um não-metal ganha esses elétrons. Cátions e ânions são formados e a atração eletrostática entre os positivos e os negativos une as partículas e cria um composto iônico.

Um metal reage com um não-metal para formar uma ligação iônica.

Você pode, frequentemente, determinar a carga que um íon normalmente tem através da posição do elemento na tabela periódica. Por exemplo, todos os metais alcalinos (elementos IA) perdem um único elétron para formar um cátion com carga 1+. Da mesma maneira, os metais alcalinos terrosos (elementos IIA) perdem dois elétrons para formar um cátion 2+. O alumínio, um membro da família IIIA, perde três elétrons para formar um cátion 3+. Pela mesma razão, todos os halogênios (elementos VIIA) têm 7 elétrons de valência. Todos os elétrons simples ganham um único elétron para preencher sua camada de valência. E todos eles formam um ânion com uma única carga negativa. Os elementos VIA ganham dois elétrons para formar ânions com carga 2- e os elementos VA ganham três elétrons para formar ânions com carga 3-.

A tabela 6-1 mostra a família, o elemento, o nome do íon e o símbolo do íon para alguns cátions monoatômicos (um átomo) mais comuns e a Tabela 6-2 para alguns ânions monoatômicos mais comuns.

Tabela 6-1	Alguns Cátions Monoatômicos Mais Comuns		
Família	Elemento	Nome do Íon	Símbolo do Íon
IA	Lítio	Cátion Lítio	Li^+
	Sódio	Cátion Sódio	Na^+
	Potássio	Cátion Potássio	K^+
IIA	Berílio	Cátion Berílio	Be^{2+}
	Magnésio	Cátion Magnésio	Mg^{2+}
	Cálcio	Cátion Cálcio	Ca^{2+}
	Estrôncio	Cátion Estrôncio	Sr^{2+}
	Bário	Cátion Bário	Ba^{2+}
IB	Prata	Cátion Prata	Ag^+
IIB	Zinco	Cátion Zinco	Zn^{2+}
IIIA	Alumínio	Cátion Alumínio	Al^{3+}

Tabela 6-2	Alguns Ânions Monoatômicos Mais Comuns		
Família	Elemento	Nome do íon	Símbolo do Íon
VA	Nitrogênio	Ânion nitrito	N^{3-}
	Fósforo	Ânion fosfato	P^{3-}
VIA	Oxigênio	Ânion óxido	O^{2-}
	Enxofre	Ânion sulfeto	S^{2-}
VIIA	Flúor	Ânion fluoreto	F^-
	Cloro	Ânion cloreto	Cl^-
	Bromo	Ânion brometo	Br^-
	Iodo	Ânion idodeto	I^-

É mais difícil determinar o número de elétrons que os membros dos metais de transição (famílias B) perdem. Na realidade, muitos desses elementos perdem um número variável de elétrons, de forma que eles formam dois ou mais cátions com cargas diferentes.

A carga elétrica que um átomo adquire é, às vezes, chamada de estado de oxidação. Muitos íons de metais de transição têm estados de oxidação variados. A tabela 6-3 mostra alguns metais de transição comuns que têm mais de um estado de oxidação.

Tabela 6-3		Alguns Metais Comuns com Mais de Um Estado de Oxidação	
Família	Elemento	Nome do íon	Símbolo do Íon
VIB	Cromo	Cromo (II) ou cromoso Cromo (III) ou crômico	Cr^{2+} Cr^{3+}
VIIB	Manganês	Manganês (II) ou manganoso Manganês (III) ou mangânico	Mn^{2+} Mn^{3+}
VIIIB	Ferro	Ferro (II) ou ferroso Ferro ou férrico	Fe^{2+} Fe^{3+}
	Cobalto	Cobalto (II) ou cobaltoso Cobalto (III) ou cobáltico	Co^{2+} Co^{3+}
IB	Cobre	Cobre (I) ou cuproso Cobre (II) ou cúprico	Cu^{2+} Cu^{3}
IIB		Mercúrio (I) ou mercuroso Mercúrio (II) ou mercúrico	Hg_2^{2+} Hg^{2+}
IVA	Estanho	Estanho (II) ou estanhoso Estanho (IV) ou estânico	Sn^{2+} Sn^{4+}
	Chumbo	Chumbo (II) ou plumboso Chumbo (IV) ou plúmbico	Pb^{2+} Pb^{4+}

Note que esses cátions podem ter mais de um nome. A maneira mais comum de dar nome a íons é usar o nome do metal como, por exemplo, cromo, seguido em parênteses pela carga iônica escrita como um numeral romano (II). Uma maneira mais antiga de nomear os íons é o uso dos sufixos ico e oso. Quando um elemento possui mais de um íon — o cromo, por exemplo — o íon com o nível de oxidação mais baixo (carga numérica menor, ignorando se é positivo + ou negativo -) recebe o sufixo oso e o íon com o maior nível de oxidação (carga numérica maior) recebe o sufixo ico. Desta forma o Cromo, íon Cr^{2+} é chamado de cromoso e o íon $Cr^{3}+$ é chamado de crômico. (Veja a seção "Nomeando Compostos Iônicos", ainda neste capítulo, para mais informações sobre a descrição de íons).

Íons Poliatômicos

Os íons não são sempre monoatômicos, compostos de apenas um átomo. Os íons podem também ser poliatômicos, compostos por um grupo de átomos. Por exemplo, dê uma olhada na Tabela 6-3. Você notou algo no íon do mercúrio (I)? Esse grupo tem uma carga de 2+, com cada cátion de mercúrio possuindo uma carga de 1+. O íon mercuroso é classificado como um íon poliatômico.

Íons poliatômicos são tratados da mesma forma que íons monoatômicos (ver "Nomeando Compostos Iônicos" mais adiante neste capítulo). A Tabela 6-4 lista alguns dos mais importantes íons poliatômicos.

Tabela 6-4	Alguns Íons Poliatômicos Importantes
Nome	*Símbolo*
Sulfato	SO_4^{2-}
Sulfito	SO_3^{2-}
Nitrato	NO_3^-
Nitrito	NO_2^-
Hipoclorito	ClO^-
Clorito	ClO_2^-
Clorato	ClO_3^-
Perclorato	ClO_4^-
Acetato	$C_2H_3O_2^-$
Cromato	CrO_4^{2-}
Dicromato	$Cr_2O_7^{2-}$
Arsenato	AsO_4^{3-}
Fosfato de Hidrogênio	HPO_4^{2-}
Fosfato Dihidrogenado	$H_2PO_4^-$
Bicarbonato ou Carbonato de Hidrogênio	HCO_3^-
Bisulfato ou Sulfato de Hidrogênio	HSO_4^-
Mercúrio (I)	Hg_2^{2+}
Amônio	NH_4^+
Fosfato	PO_4^{3-}
Carbonato	CO_3^{2-}
Permanganato	MnO_4^-
Cianeto	CN^-

Nome	Símbolo
Cianato	OCN⁻
Tiocianato	SCN⁻
Oxalato	$C_2O_4^{3-}$
Trisulfato	$S_2O_3^{2-}$
Hidróxido	OH⁻
Arseneto	AsO_3^{2-}
Peróxido	O_2^{2-}

O símbolo para o sulfato de íon, SO_4^{2-}, indica que um átomo de enxofre e quatro átomos de oxigênio estão conectados e que o íon poliatômico todo tem dois elétrons extras.

Colocando os Íons Juntos: Ligações Iônicas

Quando um componente iônico é formado, o cátion e o ânion se atraem, resultando em um sal (ver "A Mágica e Uma Ligação Iônica: sódio + cloro = sal de cozinha," no princípio deste capítulo). Uma coisa importante que deve ser lembrada é que o composto deve ser neutro — números iguais de cargas negativas e positivas.

Colocando magnésio e bromo juntos

Suponha que você queira saber a fórmula ou a composição do composto que resulta da reação do magnésio com o bromo. Você começará colocando os dois átomos, lado a lado, com o metal à esquerda e então, adicionar as cargas. A Figura 6-3 mostra este processo (Esqueça as setas neste momento. Bem, se você está realmente curioso, elas serão discutidas na seção "Usando a regra de entrecruzar", mais adiante neste capítulo.

Figura 6-3
Compreendendo a fórmula do brometo de magnésio.

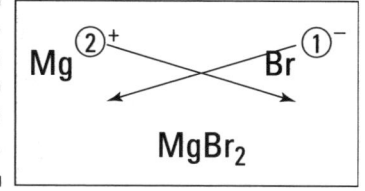

Mg^{2+} Br^{1-}

$MgBr_2$

As configurações de elétrons para o magnésio e o brometo são

Magnésio (Mg) $1s^2\ 2s^2\ 2p^6\ 3s^2$

Bromo (Br) $1s^2\ 2s^2\ 2p^6\ 3s^2\ 3p^6\ 4s^2\ 3d^{10}\ 4p^5$

O magnésio, um metal alcalino terroso, tem 2 elétrons de valência que são perdidos para formar um cátion, com uma carga de 2^+. A configuração do elétron para o cátion de magnésio é

Mg^{2+} $1s^2\ 2s^2\ 2p^6$

O bromo, um halogênio, tem 7 elétrons na camada de valência, de forma que ele ganha um para completar seu octeto (8 elétrons de valência) e formar o ânion brometo com uma carga 1-. A configuração do elétron para o ânion brometo é :

Br^{1-} $1s^2\ 2s^2\ 2p^6\ 3s^2\ 3p^6\ 4s^2\ 3d^{10}\ 4p^6$

Observe que se o ânion tem apenas uma unidade de carga, positiva ou negativa, você normalmente não escreve o número 1; você apenas usa o símbolo mais ou menos, com o 1 sendo implícito. Mas para o exemplo do íon brometo eu uso o 1.

O composto deve estar neutro; ele deve ter o mesmo número de cargas negativas e positivas, de forma que tenha uma carga zero. O íon de magnésio tem 2^+, então ele requer 2 ânions de bromo, cada um com uma única carga negativa para balancear as duas cargas positivas do magnésio. Assim, a fórmula do composto que resulta da reação do magnésio com o bromo é $MgBr_2$.

Usando a regra de entrecruzar

Existe uma maneira rápida de determinar a fórmula de um componente iônico: usar a regra de entrecruzar.

Olhe na Figura 6-3 para um exemplo de como usar a regra. Pegue o valor numérico dos íons do metal, sobrescrito (esqueça o símbolo da carga), e mude-o para o lado inferior direito do símbolo do não-metal — como um subscrito. Então pegue o valor numérico do sobrescrito do não-metal e torne o subscrito do metal. (Note que se o valor numérico é 1, ele é apenas subentendido e não é demonstrado). Desta forma, neste exemplo, você fez o 2 do magnésio um subscrito do bromo e fez o 1 do bromo um subscrito do magnésio (mas por ser 1, você não o escreverá) e, assim, você terá a fórmula $MgBr_2$.

Então, o que acontece se você reagir alumínio e oxigênio? A Figura 6-4 mostra a regra de entrecruzar usada para esta reação.

Figura 6-4 Compreendendo a a fórmula do óxido de alumínio.

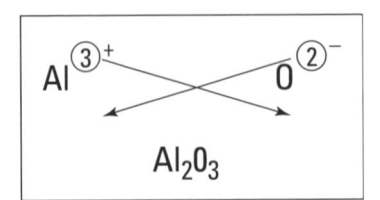

Os compostos que envolvem íons poliatômicos funcionam exatamente da mesma maneira. Por exemplo, aqui está o composto feito do cátion do amônio e o ânion sulfeto:

$(NH_4)_2S$

Note que por causa dos dois íons do amônio (duas cargas positivas) são necessárias duas cargas negativas para neutralizar as do íon sulfeto, o íon amônio é colocado entre parênteses e o subscrito 2 é adicionado.

A regra de entrecruzar funciona muito bem, mas existe uma situação onde você tem que ter cuidado. Suponha que você queira escrever o composto formado quando o magnésio reage com o oxigênio. O magnésio, um metal alcalino terroso, forma um cátion 2+ e o oxigênio forma um ânion 2-. Então, você poderia prever que a fórmula seria:

Mg_2O_2

Mas esta fórmula está incorreta. Depois de usar a regra de entrecruzar, você precisa reduzir todos os subscritos para um fator comum, se possível. Neste caso, você divide cada subscrito por 2 e obterá a fórmula correta:

MgO

Nomeando os Compostos Iônicos

Quando você dá nome a compostos inorgânicos, você escreve o nome do metal primeiro e então o não-metal. Suponha que, por exemplo, você queira nomear Li_2S, o composto que resulta da reação do lítio e do enxofre. Você primeiro escreve o nome do não metal adicionando o sufixo -eto e, então, escreve o nome do metal, de forma que enxofre se torna sulfeto.

Li_2S Sulfeto de Lítio

Os compostos iônicos envolvendo íons poliatômicos seguem a mesma regra básica: escreva o nome do não metal primeiro e, então, simplesmente adicione o do metal (com átomos poliatômicos não é necessário adicionar o -eto ao final)

$(NH_4)_2CO_3$ Carbonato de amônio

K_3PO_4 Fosfato de potássio

Quando o metal envolvido é um metal de transição com mais de um estado de oxidação (ver "Íons Positivos e Negativos: Cátions e Ânions", no princípio do capítulo para mais informações sobre isto), pode existir mais de uma maneira correta de nomear o composto formado entre o cátion Fe^{3-} e o íon cianeto, CN^-. O método preferido é usar o nome do metal seguido pela carga iônica, escrita como um numeral romano: ferro (III). Um método mais antigo, o qual é às vezes usado (então é bom conhecê-lo), é usar sufixos -eto e -ito. O íon com o estado de oxidação mais baixa (carga numérica menor, ignorando-se o + ou -) é dado um sufixo -eto e o íon com o estado de oxidação mais alto (carga numérica maior) recebe um sufixo -ito. Então, por causa do Fe^{3+} ter um estado de oxidação maior que o Fe^{2+}, ele é chamado de íon férrico. Assim, o composto pode ser chamado de

$Fe(CN)_3$ Cianeto de Ferro (III:) ou Cianeto Férrico

Algumas vezes, descobrir a carga de um íon pode ser desafiador (e divertido). Agora eu quero mostrar a você como nomear $FeNH_4(SO_4)_2$.

Você pode observar na Tabela 6-4 que o íon sulfato tem carga 2- e pela fórmula pode ver que existem dois deles. Portanto, você tem um total de quatro cargas negativas. A Tabela 6-4 também indica que o íon amônio tem uma carga 1^+, de forma que pode descobrir a carga do cátion do ferro.

Íon	Carga
Fe	?
NH_4	1^+
$(SO_4)_2$	$(2-)\times 2$

Pelo fato de você ter um 4- para os sulfatos e um 1^+ para o amônio, o ferro deve ser 3^+ para conseguirmos um composto neutro. Então, o ferro é o Ferro (III) ou férrico. Você pode nomear o composto

$FeNH_4(SO_4)_2$ Sulfato de ferro (III) e amônia ou sulfato de amônio férrico

E, finalmente, se você tem o nome, pode derivar a fórmula e a carga dos íons. Por exemplo, suponha que tenha o nome óxido cuproso. Você sabe que o íon de cobre é um Cu^+ e o íon óxido é O^{2-}. Aplicando a regra de entrecruzar, terá a seguinte fórmula:

Óxido cuproso Cu_2O

Eletrólitos e Não-Eletrólitos

Quando um composto iônico, como o cloreto de sódio, é colocado dentro da água, as moléculas da água atraem ambos, cátions e ânions no cristal (o cristal é demonstrado na Figura 6-2), formando uma solução cristalina. (No Capítulo 7, eu falo muito sobre as moléculas de água e mostro a você o porquê delas atraírem os íons NaCl.) Os cátions e ânions são distribuídos ao longo da solução. Você pode detectar a presença desses íons usando um instrumento chamado medidor de condutividade.

Um condutivímeto testa se as soluções aquosas, de várias substâncias, conduzem eletricidade. Ele é composto de uma lâmpada, com dois eletrodos anexados, que só se acende quando algum tipo de condutor (substância capaz de transmitir eletricidade) entre os eletrodos completa o circuito. (Um dedo completará o circuito, de forma que este experimento deve ser feito com cuidado. Se você não for cuidadoso, poderá ter uma experiência chocante!)

Quando os eletrodos são colocados na água pura, nada acontece porque não existe um condutor entre os eletrodos. Água pura não é condutora. Mas se você colocar os eletrodos em uma solução de NaCl, a lâmpada se acenderá porque os íons conduzem a eletricidade (carregam os elétrons) de um eletrodo para o outro.

Na realidade, você nem mesmo precisa de água. Se tivesse NaCl puro fundido (isto requer muito calor!) e depois colocasse os eletrodos, descobriria que o sal de cozinha fundido também conduz eletricidade. Nesse estado, os íons NaCl estão livres para se mover e carregar elétrons, da mesma forma que estão na solução de água e sal. As substâncias que conduzem eletricidade no estado fundido, ou quando dissolvido em água, são chamadas eletrólitos. Substâncias que não conduzem eletricidade quando nesses estados são chamadas de não-eletrólitos.

Os cientistas podem descobrir qual o tipo de ligação em um composto, ao saber se a substância é um eletrólito ou não. Substâncias com ligações iônicas agem como eletrólitos. Mas componentes com ligações covalentes (ver Capítulo 7), na qual íons não estão presentes, são na maioria das vezes não-eletrólitos. Açúcar refinado, ou sacarose, é um bom exemplo de um não-eletrólito. Você pode dissolver açúcar na água ou derretê-lo e, ainda assim, ele não terá condutividade. Nenhum íon está presente para transferir elétrons.

Capítulo 7

Ligações Covalentes: Vamos Repartir Amigavelmente

Neste Capítulo
▶ Vendo como um átomo de hidrogênio se liga a outro átomo de hidrogênio
▶ Definindo ligação covalente
▶ Descobrindo a diferença entre os diferentes tipos de fórmulas químicas
▶ Dando uma olhada nos diferentes tipos de fórmulas químicas
▶ Conhecendo as propriedades não usuais da água

Algumas vezes quando eu estou cozinhando, tenho um dos meus momentos de químico e começo a ler os ingredientes nos rótulos dos alimentos. Normalmente encontro muitos sais, como o cloreto de sódio, muitos outros compostos, como nitrato de potássio, que estão ionicamente ligados (ver Capítulo 6). Mas também encontro muitos compostos como o açúcar, que não são ligados ionicamente.

Se não existe nenhum íon mantendo o composto agrupado, o que então o *mantém* unido? O que mantém unidos, o açúcar, vinagre e até mesmo o DNA? Neste capítulo, discutirei sobre outro importante tipo de ligação: a ligação covalente. Eu explicarei sobre um composto covalente extremamente simples, hidrogênio e direi a você algumas coisas legais sobre um dos compostos covalentes mais interessantes que eu conheço — a água.

O Básico da Ligação Covalente

Uma ligação iônica é uma ligação química que surge da transferência de elétrons de um metal para um não metal, resultando em uma formação de íons de cargas opostas — cátions (cargas positivas) e ânions (cargas negativas) — e a atração entre estes íons de cargas opostas. A força dirigente neste processo todo é obtida com o preenchimento do nível de energia de valência, completando o octeto do átomo. (Para mais informações, veja o Capítulo 6.)

Mas muitos outros compostos existem, nos quais a transferência de elétrons não ocorre. A força diretora é ainda a mesma: alcançar um nível de energia de valência. Mas ao invés de obter isto pelo ganho ou perda de elétrons, os átomos nesses compostos *repartem* elétrons. Essa é a base da ligação covalente.

O exemplo do hidrogênio

O hidrogênio é #1 na tabela periódica — no canto esquerdo acima. O hidrogênio encontrado na natureza não é frequentemente o de um átomo individual. Ele é primariamente encontrado como H_2, um composto diatônico (dois átomos). (Ele dá um passo adiante, pois uma *molécula* é uma combinação de dois ou mais átomos, e o H_2 é chamado de uma *molécula diatômica*.)

O hidrogênio tem um elétron de valência. Ele adoraria ganhar outro elétron para preencher seu nível de energia 1s, o que o tornaria *isoeletrônico* como o hélio (porque os dois teriam a mesma configuração eletrônica), o gás nobre mais próximo. O nível de energia 1 pode manter apenas dois elétrons no seu orbital 1s, então, ganhar outro elétron o deixaria completo. Esta é a força que faz o hidrogênio preencher o nível de energia de valência e alcançar o mesmo arranjo obtido pelo gás nobre mais próximo.

Imagine um átomo de hidrogênio transferindo seu único elétron para outro átomo de hidrogênio. O outro átomo de hidrogênio que recebesse este elétron preencheria sua valência e alcançaria a estabilidade enquanto se tornaria ao mesmo tempo um ânion (H^-). Todavia, o outro átomo de hidrogênio ficaria sem elétrons (H^+) e se distanciaria de sua estabilidade. Esse processo de perda de elétrons e ganho simplesmente não acontece, porque a força de ambos átomos é rumo ao preenchimento de nível de energia de valência. Então, o composto H_2 não pode resultar da perda ou ganho de elétrons. O que *pode* acontecer são os dois átomos compartilharem seus elétrons. No nível atômico, esse compartilhamento é representado pelos orbitais dos elétrons se sobrepondo (às vezes chamados de nuvens de elétrons). Os dois elétrons (um de cada átomo de hidrogênio) "pertencem" a ambos os átomos. Cada átomo de hidrogênio sente o efeito dos dois elétrons. Cada um tem, de certa maneira, preenchido seu nível de camada de valência. Uma *ligação covalente* é formada — uma ligação química que surge desta partilha de um ou mais pares de elétrons entre dois átomos. A sobreposição dos orbitais do elétron e o compartilhamento de um par de elétrons é representada na Figura 7-1(a).

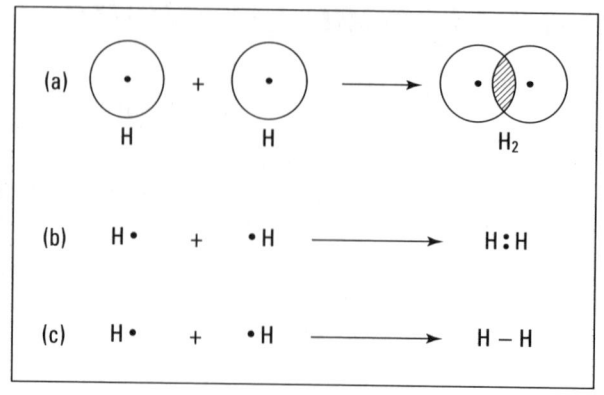

Figura 7-1: A formação da ligação covalente no hidrogênio

Outra maneira de representar este processo é através do uso de uma *fórmula ponto-elétron*. Neste tipo de fórmula, as valências dos elétrons são representadas como pontos ao redor do símbolo atômico e os elétrons compartilhados são mostrados entre os dois átomos envolvidos na ligação covalente. As representações da fórmula ponto-elétron do H_2 são exibidas na Figura 7-1(b).

Na maioria das vezes, eu uso uma ligeira modificação desta fórmula chamada de *fórmula estrutural de Lewis;* ela é basicamente a mesma fórmula ponto-elétron, mas o par compartilhado de elétrons (a ligação covalente) é representado por um traço. A fórmula estrutural de Lewis é mostrada na Figura 7-1 (Dê uma olhada na seção "Fórmula estrutural: Adicionar um padrão de ligação," para mais maneiras de escrever fórmulas estruturais de compostos covalentes.)

Além do hidrogênio, outros seis elementos são encontrados na natureza na forma diatômica: oxigênio (O_2), nitrogênio (N_2), flúor (F_2), cloro (Cl_2), bromo (Br_2) e iodo (I_2). Assim, quando eu falar sobre o gás oxigênio ou bromo líquido, eu estarei falando de compostos diatômicos (molécula diatômica).

Aqui está mais um exemplo de como usar a fórmula ponto-elétron para representar o compartilhamento do par de elétrons de um componente diatômico. Desta vez, olhe no bromo (Br_2), que é um membro da família dos halogênios (ver Figura 7-2). Os dois átomos halogênios, cada um com sete elétrons de valência, compartilham um par de elétrons e preenchem seus octetos.

Figura 7-2: A formação da ligação covalente do Br_2.

Comparando ligações covalentes com outras ligações

Ligações iônicas ocorrem entre um metal e um não-metal. Ligações covalentes por outro lado ocorrem entre dois não-metais. As propriedades destes dois tipos de compostos são diferentes. Compostos iônicos são normalmente sólidos em temperatura ambiente, enquanto compostos covalentes podem ser sólidos, líquidos ou gases. Tem mais. Compostos iônicos (sais) normalmente têm um ponto de liquefação mais alto que componentes covalentes. Além disso, compostos iônicos tendem a ser eletrólitos e compostos covalentes tendem a ser não-eletrólitos. (O Capítulo 6 fala sobre todas as ligações iônicas, eletrólitos e não-eletrólitos.)

Eu sei o que você deve estar pensando: "Se não-metais reagem com não-metais para formar ligações iônicas e não-metais reagem com outros não-metais para formar ligações covalentes, metais reagem com outros metais?" A resposta é sim e não.

Metais na realidade não reagem com outros metais para formar compostos. Ao invés disso, os metais se combinam para formar *ligas*, soluções de um metal em outro. Mas existe uma situação de ligação metálica e ela é representada em ambas as ligas e metais puros. Na *ligação metálica*, os elétrons de valência de cada átomo de metal são doados por um conjunto de elétrons, comumente chamados de *mar de elétrons* e são compartilhados por todos os átomos no metal. Esses elétrons de valência estão livres para se movimentar por toda a amostra ao invés de serem ligados firmemente ao núcleo individual do metal. A habilidade dos elétrons de valência de fluirem através de todo o metal é porque os metais têm a tendência de serem condutores de eletricidade e calor.

Entendendo ligações múltiplas

Eu defino ligação covalente como o repartir de um ou *mais* pares de elétrons. No hidrogênio e em outras moléculas diatômicas, apenas um par de elétrons é repartido. Mas em muitas situações de ligações covalentes, mais de um par de elétrons é repartido. Esta seção mostra a você um exemplo de uma molécula na qual mais de um par de elétrons é repartido.

Nitrogênio (N_2) é uma molécula diatômica na família 5A na tabela periódica, significando que ele tem cinco elétrons de valência (ver Capítulo 4 para uma discussão das famílias na tabela periódica). De forma que o nitrogênio precisa de mais três elétrons de valência para completar seu octeto.

Um átomo de nitrogênio pode preencher seu octeto repartindo três elétrons com outro átomo de nitrogênio, formando três ligações covalentes, uma também chamada de *ligação tripla*. A formação da ligação tripla do nitrogênio é mostrada na figura 7-3.

Uma ligação tripla não é três vezes mais forte que uma ligação simples, mas é uma ligação muito forte. Na realidade, a ligação tripla no nitrogênio é uma das ligações mais fortes que nós conhecemos. Essa ligação forte é que faz o nitrogênio muito estável e resistente à reação com outros químicos. Ela é também o motivo de muitos compostos serem explosivos (como por exemplo, TNT e nitrato de amônio) quando contém nitrogênio. Quando esses compostos se separam em uma reação química, o gás de nitrogênio (N_2) é formado e uma grande quantidade de energia é liberada.

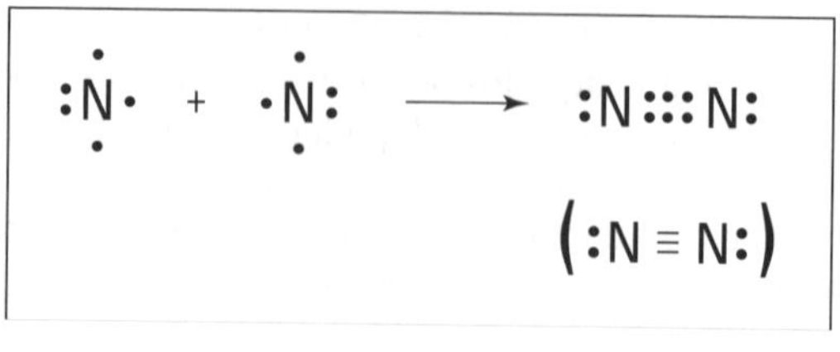

Figura 7-3: Formação da ligação tripla no N_2.

$$:\!\overset{..}{N}\!\cdot \; + \; \cdot\!\overset{..}{N}\!: \; \longrightarrow \; :\!N\!:::\!N\!:$$

$$(:\!N \equiv N\!:)$$

Não existem moléculas de sal!

Uma *molécula* é um componente que é covalentemente ligado. É tecnicamente incorreto se referir a um cloreto de sódio, o qual tem ligações iônicas, como uma molécula, mas muitos químicos fazem isto. É como usar o garfo do tipo errado em um jantar formal. Algumas pessoas podem notar, mas a maioria não ou até mesmo não se importa. Mas apenas para você saber, o termo correto para compostos iônicos é *unidade fórmula*.

Dióxido de carbono (CO_2) é outro exemplo de um composto contendo uma ligação múltipla. O carbono reage com o oxigênio para formar dióxido de carbono. O carbono tem quatro elétrons de valência e o oxigênio tem seis. O carbono pode repartir dois de seus elétrons de valência com cada um dos dois átomos de oxigênio, formando duas ligações duplas. Essas ligações duplas são mostradas na Figura 7-4.

Figura 7-4: Formação do dióxido de carbono.

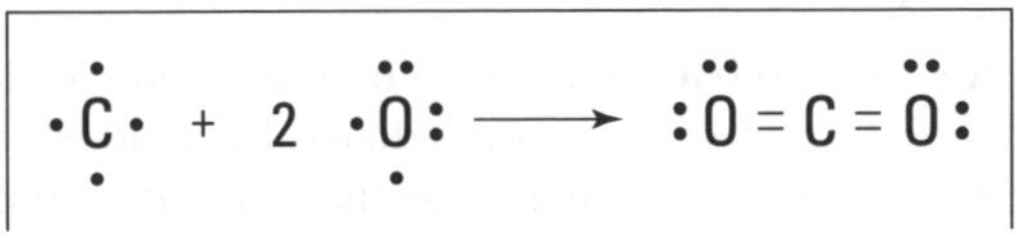

$$\cdot \overset{\cdot}{\underset{\cdot}{C}} \cdot \ + \ 2 \ \cdot \overset{\cdot \cdot}{\underset{\cdot}{O}} : \ \longrightarrow \ : \overset{\cdot \cdot}{O} = C = \overset{\cdot \cdot}{O} :$$

Nomeando as Ligações Covalentes Binárias

Compostos binários são compostos feitos de apenas dois elementos, como, por exemplo, o dióxido de carbono (CO_2). Prefixos são usados nos nomes dos compostos binários para indicar o número de átomos de cada não-metal presente. A Tabela 7-1 lista os prefixos mais comuns para compostos covalentes binários.

Tabela 7-1	Prefixos Comuns para Compostos Covalentes Binários
Número de Átomos	*Prefixo*
1	mono-
2	di-
3	tri-

(continua)

Tabela 7-1 *(continuação)*

Número de Átomos	Prefixo
4	tetra-
5	penta-
6	hexa-
7	hepta-
8	octa-
9	nona-
10	deca-

Em geral, o prefixo *mono* é raramente usado. O monóxido de carbono é um dos poucos compostos que usa este prefixo.

Dê uma olhada nos exemplos a seguir para ver como se usa os prefixos quando nomeamos compostos covalentes binários (Eu coloquei os prefixos em negrito para você):

CO_2 **di**óxido de carbono

P_4O_{10} **dec**óxido **tetra**fosforoso (Químicos tentam evitar colocar um "a" e "o" juntos com o nome do óxido, como em dec**aó**xido, de forma que eles normalmente tiram o "a" do prefixo.)

SO_3 **tri**óxido de enxofre

N_2O_4 **tetr**óxido **di**nitrogênio

Este sistema de nomenclatura é usado apenas com compostos não-metais, binários, com exceção do MnO_2 que é comumente chamado de dióxido de magnésio.

Tantas Fórmulas, Tão Pouco Tempo

No capítulo 6, eu mostrei a você como descobrir a fórmula de um componente iônico, baseado na perda e ganho de elétrons, para alcançar uma configuração de gás nobre. (Por exemplo, se você reagir Ca com Cl, você pode prever a fórmula resultante de sal — $CaCl_2$). Você não pode realmente fazer este tipo de previsão com os compostos covalentes, porque eles podem se combinar de muitas maneiras compostos covalentes diferentes podem surgir.

Na maioria das vezes, você tem que saber a fórmula da molécula que está estudando. Mas você tem diversos tipos de fórmulas e cada uma dá uma quantidade ligeiramente diferente de informação.

Fórmula empírica: apenas os elementos

A *fórmula empírica* indica os diferentes tipos de elementos na molécula e o número da proporção total mais baixa de cada tipo de átomo na molécula. Por exemplo, suponha que você tenha um composto com a fórmula empírica C_2H_6O. Três diferentes tipos de átomos estão neste composto, C, H e O e eles estão na menor proporção de 2C para 6H para 1O. Então, a fórmula verdadeira (chamada de *fórmula molecular* ou *fórmula verdadeira*) pode ser C_2H_6O, $C_4H_{12}O_2$, $C_6H_{18}O_3$, $C_4H_{24}O_4$ ou outro múltiplo de 2:6:1.

Fórmula molecular ou verdadeira: dentro dos números

A *fórmula molecular* ou *fórmula verdadeira*, diz a você os tipos de átomos no composto e o número real de cada átomo. Você pode determinar, por exemplo, que a fórmula empírica C_2H_6O é também na realidade a fórmula molecular, significando que existem na realidade dois átomos de carbono, seis átomos de hidrogênio e um oxigênio no composto.

Para compostos iônicos, essa fórmula é suficiente para identificar completamente o composto, mas não é suficiente para identificar os compostos covalentes. Dê uma olhada nas fórmulas de Lewis apresentadas na Figura 7-5. Os dois compostos têm a fórmula molecular de C_2H_6O.

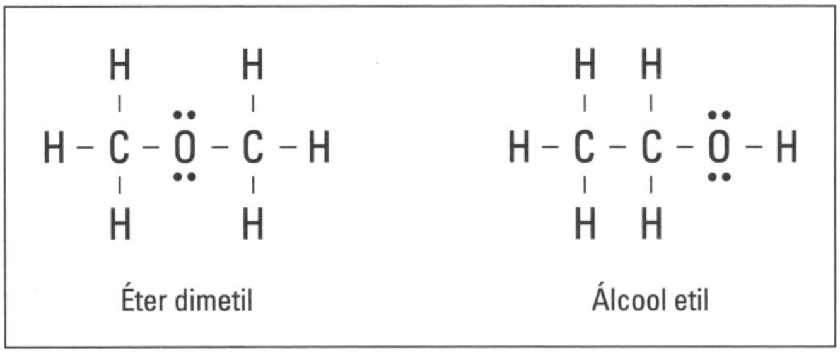

Figura 7-5:
Dois compostos possíveis de C_2H_6O.

```
      H   H                  H   H
      |   ..  |              |   |   ..
  H - C - O - C - H      H - C - C - O - H
      |   ..  |              |   |   ..
      H   H                  H   H

    Éter dimetil              Álcool etil
```

Ambos os compostos na Figura 7-5 tem dois átomos de carbono, seis átomos de hidrogênio e um oxigênio. A diferença está na maneira que os átomos estão ligados ou o que está conectado a quê. Esses são dois compostos completamente diferentes com dois conjuntos inteiramente diferentes de propriedades. O primeiro à esquerda é chamado de éter dimetil. Esse composto é usado em algumas unidades de refrigeração e é altamente inflamável. O outro à direita é o álcool etil, o álcool usado em bebidas. Conhecendo apenas a fórmula molecular não é suficiente para se distinguir entre os dois compostos. Você pode imaginar indo a um restaurante e pedindo uma dose de C_2H_6O e recebendo éter dimetil ao invés de tequila?

É sempre importante SIMPLIFICAR

Muitas moléculas obedecem à regra do octeto: Cada átomo no composto termina com um octeto completo de oito elétrons preenchendo seu nível de energia de valência. Todavia, como na maioria das regras, a regra do octeto tem exceções. Algumas moléculas estáveis têm átomos com apenas 6 elétrons e algumas têm 10 ou 12. Eu demonstrarei alguns exemplos desses compostos na seção "Com o que a Água Realmente Parece?" a teoria TRPEV, mais adiante neste capítulo, mas para a maior parte deste livro, eu me concentrei em situações nas quais a regra do octeto é obedecida.

Eu me prendo muito ao princípio de que é importante simplificar. Fórmulas ponto-elétron são muito usadas por químicos orgânicos para explicar porque certos compostos reagem desta ou daquela maneira e elas são o primeiro passo para se determinar a geometria das moléculas de um composto.

LEMBRE-SE

Compostos que têm a mesma fórmula molecular, mas estruturas diferentes são chamados de *isômeros* um do outro.

Para identificar o composto covalente *exato*, você precisa de sua fórmula estrutural.

Fórmula estrutural: adicionar o padrão de ligação

Para escrever uma fórmula que descreva exatamente o composto que você tem em mente, você deve frequentemente escrever a fórmula estrutural ao invés da fórmula molecular. A fórmula estrutural mostra os elementos, o número exato de cada átomo e o padrão de ligação para o composto. A fórmula ponto-elétron e a fórmula Lewis são exemplos de fórmulas estruturais.

Escrevendo a fórmula ponto-elétron para a água

Os passos a seguir explicam como escrever a fórmula para uma molécula simples — água — e fornece algumas direções gerais e regras para serem seguidas.

1. **Escrever uma estrutura do esqueleto mostrando um padrão razoável de ligação usando apenas os símbolos dos elementos**

   A maioria dos átomos é ligada a um único átomo. Esse átomo é chamado de átomo central. O hidrogênio e os halogênios são muito raramente, quando são, átomos centrais. O carbono, silício, nitrogênio, fósforo, oxigênio e enxofre são sempre bons candidatos, porque eles formam mais de uma ligação covalente para preencher seus níveis de energia de valência. No caso da água, H_2O, o oxigênio é o elemento central e os átomos de hidrogênio são ambos ligados a ele. O padrão de ligação se parece com isto:

$$O^H_H$$

Não importa onde você coloca os átomos de hidrogênio ao redor do oxigênio. Na seção, "Com o que a Água Realmente se Parece? A Teoria TRPEV," mais adiante neste capítulo, você verá porque eu coloquei os átomos de hidrogênio em um ângulo de 90 graus um do outro, mas realmente não importa quando se escreve fórmulas ponto-elétron (ou Lewis).

2. **Pegue todos os elétrons de valência de todos os átomos e coloque-os dentro de um pote de elétrons.**

Cada átomo de hidrogênio tem um elétron e o átomo de oxigênio tem seis elétrons de valência (família 6A), de forma que você tenha oito elétrons em seu pote de elétrons. Esses são os elétrons que você usará quando fizer suas ligações e completar cada octeto do átomo.

O H
H

pote de elétrons

3. **Use a equação $N-A=S$ para descobrir o número de ligações na molécula. Nesta equação,**

N é igual à soma do número de elétrons de valência necessários para cada átomo. N tem apenas dois valores possíveis — 2 ou 8. Se o átomo for o hidrogênio, será 2; se for algum outro, será 8.

A é igual a soma do número de elétrons de valência disponíveis para cada átomo. Se você estiver fazendo a estrutura de um íon, você adicionará um elétron para cada unidade de carga negativa se ele for um ânion ou subtrairá um elétron para cada unidade de carga positiva, se ele for um cátion. A é o número de elétrons de valência em seu pote de elétrons.

S é igual ao número de elétrons repartidos na molécula. E se você dividir S por 2, você terá o número de ligações covalentes na molécula.

Então, no caso da água,

$N = 8 + 2(2) = 12$ (8 elétrons de valência para o átomo de oxigênio, mais 2 para cada um dos dois átomos do hidrogênio)

$A = 6 + 2(1) = 8$ (6 elétrons de valência para o átomo de oxigênio, mais 1 para cada um dos dois átomos de hidrogênio)

$S = 12-8 = 4$ (quatro elétrons repartidos na água), e S/2 = 4/2 = 2 ligações

Você agora sabe que existem duas ligações (dois pares repartidos de elétrons) na água.

4. **Distribua os elétrons de seu pote de elétrons para formar as ligações.**

   Use quatro elétrons dos oito no pote, o que deixará você com quatro para distribuir mais tarde. Você deverá deixar pelo menos uma ligação vinda do seu átomo central para os átomos que estão ao redor dele.

   O̤: H
   H

   pote de elétrons

5. **Distribua o resto dos elétrons (normalmente em pares) de forma que cada átomo obtenha seu octeto completo de elétrons.**

   Lembre-se que o hidrogênio precisa de apenas dois elétrons para preencher seu nível de energia de valência. Neste caso, cada átomo de hidrogênio tem dois elétrons, mas o átomo de oxigênio tem apenas quatro elétrons, então, os quatro elétrons restantes são colocados ao redor do oxigênio. Isto esvazia seu pote de elétrons. A fórmula ponto-elétron completa para a água é mostrada na Figura 7-6.

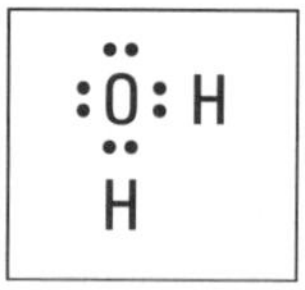

Figura 7-6: Fórmula ponto-elétron do H_2O.

:Ö: H
H

Note que existem na realidade dois tipos de elétrons exibidos na fórmula estrutural: *elétrons de ligação*, os elétrons que são compartilhados entre os dois átomos e *elétrons que não são de ligação*, os elétrons que não estão sendo repartidos. Os quatro elétrons (dois pares de elétrons) que você colocou ao redor do oxigênio não estão sendo compartilhados, então, esses são os elétrons que não estão sendo compartilhados.

Escrevendo a fórmula Lewis para a água

Se você quer a fórmula Lewis para água, tudo que você tem que fazer é substituir por um traço cada par de ligação de elétrons. Esta fórmula estrutural é mostrada na Figura 7-7.

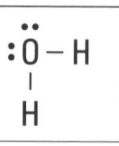

Figura 7-7: A fórmula Lewis para água.

:Ö — H
 |
 H

Escrevendo a fórmula Lewis para C_2H_4O

Aqui está um exemplo um pouco mais complicado da fórmula de Lewis — C_2H_4O

O composto tem a seguinte formação

```
    H
H   C   C   O      [: : : :]
    H   H           [: : : :]
                    pote de elétrons
```

Note que ele não tem um, mas sim dois átomos centrais — os dois átomos de carbono. Você pode colocar 18 elétrons de valência dentro do pote de elétron: quatro para cada átomo de carbono, um para cada átomo de hidrogênio e seis para o átomo de oxigênio.

Agora, aplique a equação N-A=S:

N = 2(8) + 4(2) + 8 = 32 (2 átomos de carbono com elétrons de valência 8)

A = 2(4) + 4(1) + 6 = 18 (4 elétrons para cada um dos dois átomos de carbono, mais 1 elétron para cada um dos 4 átomos de hidrogênio, mais 6 elétrons de valência para o átomo de oxigênio)

S = 32-18 = 14, e S/2 = 14/2 = 7 ligações

Adicione ligações simples entre os átomos de carbono e o átomo de hidrogênio, entre os dois átomos de carbono e entre o átomo de carbono e o átomo de oxigênio. E pronto, aqui estão seis das suas sete ligações.

```
    H
H : C : C : O      [: : :]
    H   H           [: : :]
                    pote de elétrons
```

Existe apenas um lugar que a sétima ligação poderá ir e este lugar é entre o átomo de carbono e o átomo de oxigênio. Ela não poderia estar entre um átomo de carbono e um átomo de hidrogênio porque isto iria ultrapassar o nível de energia de valência do hidrogênio. E não poderia estar entre os dois átomos de carbono porque isto daria ao carbono da esquerda, dez elétrons ao invés de oito. Assim, a ligação deve ser dupla entre o átomo de carbono e o átomo de oxigênio. Os quatro elétrons restantes no pote devem ser distribuídos ao redor do átomo de oxigênio porque todos os outros átomos já alcançaram seus octetos. A fórmula ponto-elétron é demonstrada na Figura 7-8.

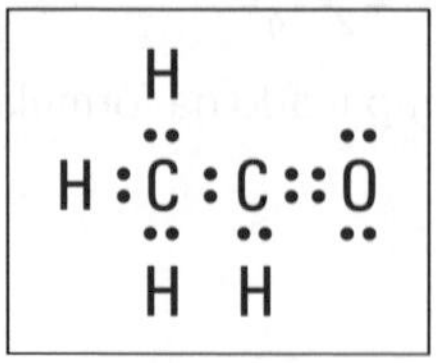

Figura 7-8: A fórmula ponto-elétron do C_2H_4O.

```
      H
      ..         ..
H  :  C  :  C  ::  O
      ..         ..
      H     H
```

Se você converter os pares de ligação em traços, você terá a fórmula de Lewis do C_2H_4O, como demonstrado na Figura 7-9.

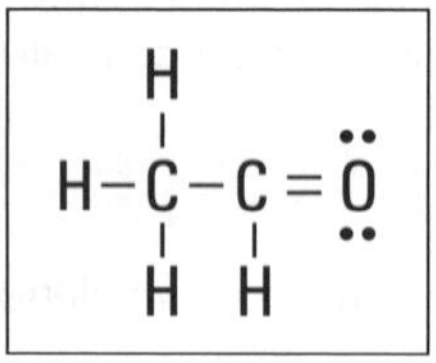

Figura 7-9: A fórmula de Lewis para C_2H_4O.

```
      H
      |          ..
H  -  C   -  C  =  O
      |     |    ..
      H     H
```

Eu gosto da fórmula de Lewis porque ela possibilita a você mostrar muita informação sem ter que escrever todos aqueles pontos. Mas ela também é bastante longa. Às vezes os químicos (que são em geral muito preguiçosos) usam *fórmulas estruturais condensadas* para mostrar padrões de ligações. Eles podem condensar a fórmula de Lewis omitindo os elétrons que não fazem ligações e agrupando os átomos juntos e/ou omitindo certos traços (ligações covalentes). Duas fórmulas condensadas para o C_2H_4O estão demonstradas na Figura 7-10.

Figura 7-10: Fórmulas estruturais condensadas para C_2H_4O.

$CH_3 - CH = O$

CH_3CHO

Alguns Átomos São Mais Atrativos que Outros

Quando um átomo de cloro de forma covalente se liga a outro átomo de cloro, o par de elétrons compartilhado é repartido igualitariamente. A densidade do elétron que compromete a ligação covalente é localizada na metade do caminho entre os dois átomos. Cada átomo atrai os dois elétrons da ligação na mesma proporção. Mas o que acontece quando os dois átomos envolvidos em uma ligação não são do mesmo elemento? Os dois núcleos carregados positivamente têm forças de atração diferentes; eles "empurram" o par de elétrons em diferentes graus. O resultado final é que o par de elétrons ficará mais perto de um dos átomos. Mas a questão é, "Qual átomo faz com que o par de elétrons se mova?" A eletronegatividade nos dá a resposta.

Atraindo elétrons: eletronegatividade

Eletronegatividade é a força que um átomo tem de atrair um par de ligação de elétrons para si. Quanto maior o valor da eletronegatividade, maior a força do átomo para atrair o par de elétrons. A figura 7-11 mostra os valores de eletronegatividade de vários elementos abaixo de cada símbolo do elemento na tabela periódica. Note que, com algumas exceções, a eletronegatividade aumenta, da esquerda para a direita, em um período e diminui do topo para baixo, em uma família.

As eletronegatividades são úteis porque elas nos dão a informação sobre o que acontecerá ao par de ligação dos elétrons quando dois átomos se ligarem. Por exemplo, olhe a molécula Cl_2. O cloro tem um valor de eletronegatividade de 3,0. Pelo fato de existir uma atração de forças iguais, o par de elétrons de ligação é repartido igualmente entre os dois átomos de cloro e está localizado na metade do caminho entre os dois átomos. Uma ligação na qual o par de elétrons é igualmente repartido é chamada de *ligação covalente não-polar*. Você tem uma ligação covalente não-polar toda vez que os dois átomos envolvidos na ligação forem do mesmo elemento ou quando a diferença da eletronegatividade dos átomos envolvidos na ligação for muito pequena.

Agora, considere o cloreto de hidrogênio (HCl). O hidrogênio tem uma eletronegatividade de 2,1 e o cloro 3,0. O par de elétrons que está ligando o HCl, se move em direção ao átomo de cloro por ele ter um valor de eletronegatividade maior. Uma ligação na qual o par de elétrons é movido em direção a um átomo é chamada de *ligação polar covalente*. O átomo que mais fortemente atrai a ligação do par de elétrons é ligeiramente mais negativo, enquanto o outro átomo é ligeiramente mais positivo. Quanto maior a diferença na eletronegatividade mais negativos e positivos os átomos se tornam.

Agora, olhe o caso no qual os dois átomos têm eletronegatividades extremamente diferentes — cloreto de sódio (NaCl). O cloreto de sódio é ionicamente ligado (ver Capítulo 6 para mais informação sobre ligações iônicas). Um elétron é transferido do sódio para o cloro. O sódio tem uma eletronegatividade de 1,0, e o cloro de 3,0. É uma diferença de eletronegatividade de 2,0 (3,0-1,0), tornando a ligação entre os dois átomos muito, muito polar. Na realidade, a diferença de eletronegatividade fornece outra maneira de prever o tipo de ligação que irá se formar entre os dois elementos.

Figura 7-11: Eletronegatividades dos elementos.

Diminuindo →

Aumentando ↑

Eletronegatividade dos elementos

1 H 2,1																	
3 Li 1,0	4 Be 1,5											5 B 2,0	6 C 2,5	7 N 3,0	8 O 3,5	9 F 4,0	
11 Na 0,9	12 Mg 1,2											13 Al 1,5	14 Si 1,8	15 P 2,1	16 S 2,5	17 Cl 3,0	
19 K 0,8	20 Ca 1,0	21 Sc 1,3	22 Ti 1,5	23 V 1,6	24 Cr 1,6	25 Mn 1,5	26 Fe 1,8	27 Co 1,9	28 Ni 1,9	29 Cu 1,9	30 Zn 1,6	31 Ga 1,6	32 Ge 1,8	33 As 2,0	34 Se 2,4	35 Br 2,8	
37 Rb 0,8	38 Sr 1,0	39 Y 1,2	40 Zr 1,4	41 Nb 1,6	42 Mo 1,8	43 Tc 1,9	44 Ru 2,2	45 Rh 2,2	46 Pd 2,2	47 Ag 1,9	48 Cd 1,7	49 In 1,7	50 Sn 1,8	51 Sb 1,9	52 Te 2,1	53 I 2,5	
55 Cs 0,7	56 Ba 0,9	57 La 1,1	72 Hf 1,3	73 Ta 1,5	74 W 1,7	75 Re 1,9	76 Os 2,2	77 Ir 2,2	78 Pt 2,2	79 Au 2,4	80 Hg 1,9	81 Tl 1,8	82 Pb 1,9	83 Bi 1,9	84 Po 2,0	85 At 2,2	
87 Fr 0,7	88 Ra 0,9	89 Ac 1,1															

Diferença de Eletronegatividade	Tipo de Ligação Formada
0,0 a 0,2	covalente não-pola
0,3 a 1,4	polar covalente
1,5	iônica

A presença de uma ligação covalente polar em uma molécula pode ter alguns efeitos bastante dramáticos sobre as propriedades de uma molécula.

Ligação covalente polar

Se os dois átomos envolvidos em uma ligação covalente não são o mesmo, os elétrons do par de ligação são empurrados em direção a um átomo, aquele átomo que tem uma carga negativa fraca (parcial) e o outro átomo pega a carga parcial positiva. Na maioria dos casos, a molécula tem uma terminação positiva e uma negativa, chamada *dipolar* (lembre de um magneto). A Figura 7-12 mostra dois exemplos de moléculas nas quais dipolares se formaram. (O pequeno símbolo grego para as cargas se refere à carga *parcial*.)

Figura 7-12 Ligação covalente polar no HF e NH_3.

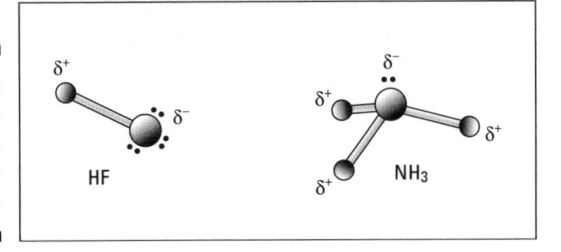

No fluoreto de hidrogênio (HF), o par de elétrons da ligação é empurrado para perto do átomo de flúor, de forma que o a terminação do flúor se torna carregada de forma negativa parcialmente e a terminação do hidrogênio se torna parcialmente positiva. A mesma coisa acontece na amônia (NH_3); o nitrogênio tem uma eletronegatividade maior do que o hidrogênio, então, o par de elétrons da ligação é atraído mais pelo nitrogênio do que para os átomos de hidrogênio. O átomo de nitrogênio pega uma carga parcial negativa e os átomos de hidrogênio pegam uma carga parcial positiva.

A presença de uma ligação covalente polar explica o porquê de algumas substâncias agirem de certa maneira em uma reação química: porque esses tipos de molécula têm uma terminação positiva e uma negativa, ela pode atrair tanto a parte de outra molécula com uma carga oposta.

Além disso, esse tipo de molécula pode agir como um eletrólito fraco porque uma ligação covalente polar permite que a substância aja como um condutor. Então, se um químico quer que um material aja como um bom *isolante* (usado para separar condutores), o químico deve procurar por um material com uma ligação covalente polar o mais fraca possível.

Água: Uma molécula realmente estranha

A água (H_2O) tem algumas propriedades químicas e físicas muito estranhas. Ela pode existir nos três estados da matéria ao mesmo tempo. Imagine que você está sentado em sua banheira (cheia de água *líquida*) observando *o vapor (gás)* saindo da superfície, enquanto você aproveita da sua bebida em um copo com cubos de gelo (sólido). Pouquíssimas substâncias químicas podem existir em todos estes estados físicos numa extensão de temperatura tão próxima.

E os cubos de gelo estão flutuando! No estado sólido as partículas da matéria estão normalmente mais agrupadas que no estado líquido. Então, se você colocar um sólido dentro de seu correspondente líquido, ele afunda. Mas isto não acontece com a água. Seu estado sólido é menos denso que seu estado líquido, então, ele flutua. Imagine o que aconteceria se o gelo afundasse. No inverno, os lagos congelariam e o gelo afundaria, deixando mais água exposta. A água extra, exposta, então iria congelar e afundar e assim por diante, até que o lago inteiro ficasse sólido, congelado. Isto destruiria a vida aquática do lago na mesma hora. Mas, ao invés disso, o gelo flutua e recobre a água embaixo dele, protegendo a vida aquática. E o ponto de ebulição da água é anormalmente alto. Outros componentes similares em peso à água têm pontos de ebulição bem mais baixos.

Outra propriedade única da água é a capacidade de dissolver uma grande variedade de substâncias químicas. Ela dissolve sal e outros compostos iônicos, como também compostos covalentes polares como o álcool e ácidos orgânicos. Na realidade, a água é, às vezes, chamada de solvente universal porque ela pode dissolver muitas coisas. Ela pode também absorver uma grande quantidade de calor, o que permite às grandes concentrações de água ajudarem a moderar a temperatura da Terra.

A água tem muitas propriedades incomuns por causa das ligações covalentes polares. O oxigênio tem uma eletronegatividade maior do que o hidrogênio, de forma que os pares de elétrons são empurrados para mais próximo do átomo de oxigênio, dando a ele uma carga parcialmente negativa. Subsequentemente, ambos os átomos de hidrogênio recebem uma carga positiva parcial. As cargas parciais nos átomos criadas pelas ligações covalentes polares na água são demonstradas na Figura 7-13.

Figura 7-13
Ligação polar covalente na água.

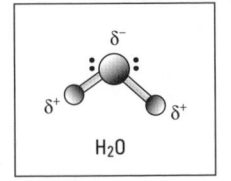

H₂O

A água é bipolar e age como um magneto, com a terminação do oxigênio tendo uma carga negativa e o hidrogênio tendo em sua terminação uma carga positiva. Essas terminações de cargas podem atrair outras moléculas de água. O átomo de oxigênio carregado parcial e negativamente de uma molécula de água pode atrair o átomo de hidrogênio carregado positivamente de outra molécula de água. Essa atração entre as moléculas ocorre frequentemente e é um tipo de *força intermolecular* (a força entre moléculas diferentes).

As forças moleculares podem ser de três tipos diferentes. O primeiro tipo é chamado de *força de London* ou *força de dispersão*. Esse tipo de atração é muito fraco e geralmente ocorre entre moléculas covalentes não-polares como, por exemplo, o nitrogênio (N_2), hidrogênio (H_2) ou metano(CH_4). Ele resulta do refluxo e fluxo dos orbitais do elétron, gerando uma separação de carga muito fraca e muito curta ao redor da ligação.

O segundo tipo de força intermolecular é chamada de *interação bipolar-bipolar*. Essa força intermolecular ocorre quando a terminação positiva de uma molécula bipolar é atraída para a terminação negativa de outra molécula bipolar. Esta é bem mais forte que a força de London, mas mesmo assim ela é ainda muito fraca.

O terceiro tipo de interação é uma interação bipolar-bipolar extremamente forte que ocorre quando um átomo de hidrogênio é ligado a um dos três elementos extremamente eletronegativos — O, N, ou F. Esses três elementos têm uma atração muito forte para a ligação dos pares de elétrons, de forma que os átomos envolvidos na ligação absorvem uma grande quantidade da carga parcial. Essa ligação será altamente polar — e quanto maior a polaridade, mais eficiente será a ligação. Quando o O, N, ou F em uma molécula atrai o hidrogênio de outra molécula, a interação bipolar-bipolar será muito forte. Essa interação forte (apenas 5 por cento da força de uma ligação covalente comum, mas mesmo assim muito forte para uma força intermolecular) é chamada de *ligação hidrogênica*. A ligação hidrogênica é o tipo de interação presente na água (ver Figura 7-14).

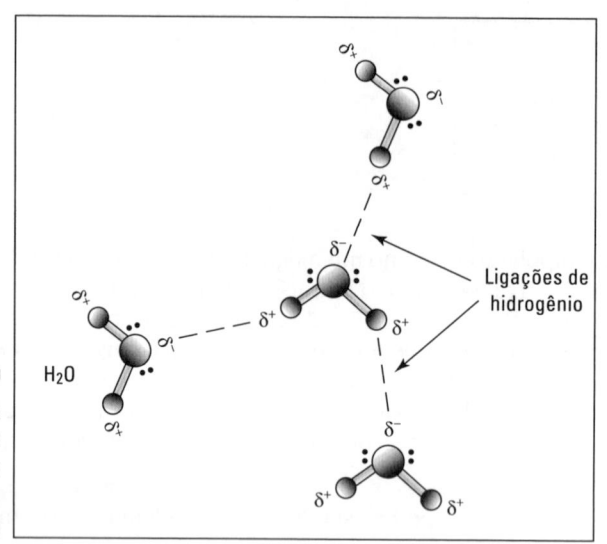

Figura 7-14: Ligações de hidrogênio na água.

As moléculas de água são estabilizadas por essas ligações de hidrogênio, de forma que, separar as moléculas é muito difícil. As ligações de hidrogênio é que dão à água seu ponto de ebulição alto e a capacidade de absorver calor. Quando a água congela, as ligações de hidrogênio fecham a água dentro de uma estrutura que tem muito espaço vazio. Na água líquida, as moléculas podem se aproximar mais umas das outras, mas quando a forma sólida acontece, as ligações de hidrogênio dão origem à uma estrutura que contém grandes buracos. Os buracos aumentam o volume e diminuem a densidade. Esse processo explica o porquê da densidade do gelo ser menor que a da água líquida (a razão do gelo flutuar). A estrutura do gelo é mostrada na Figura 7-15, com as ligações de hidrogênio indicadas por linhas pontilhadas.

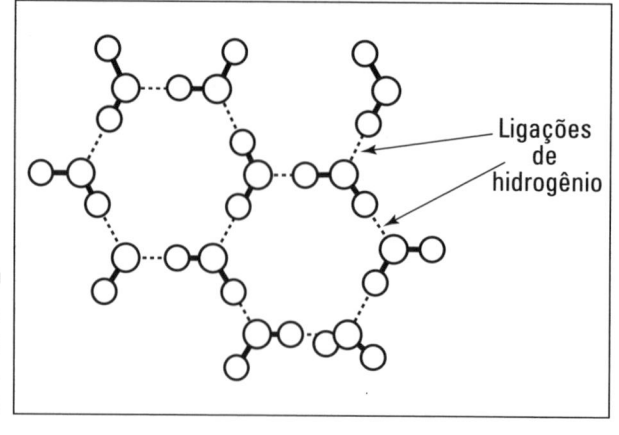

Figura 7-15: A estrutura do gelo.

Com o Que a Água Realmente se Parece? A Teoria TRPEV

A geometria *molecular*, a maneira pela qual os átomos são arranjados em um espaço tridimensional, é importante para os químicos porque ela, frequentemente, explica porque certas reações ocorrerem ou não. Na área da medicina, por exemplo, a geometria molecular de uma droga pode levar a reações colaterais. A geometria molecular também explica porque a água é bipolar (uma molécula com terminações positivas e negativas, como um magneto) e o dióxido de carbono não.

A Teoria de Repulsão dos Pares Eletrônicos de Valência (TRPEV) permite aos químicos prever a geometria molecular das moléculas. Essa teoria presume que os pares de elétrons em torno de um átomo, estejam ligados (repartindo dois átomos) ou não ligados, eles tentarão ficar o mais distante possível um do outro para poderem minimizar a repulsão entre eles. É como ir a uma festa e ver alguém usando a mesma roupa que você. Você tentará ficar o mais longe possível dessa pessoa!

A geometria *par-elétron* é o arranjo dos pares de elétrons, ligando-se ou não ao redor de um átomo central. Após você determinar a geometria do par-elétron você poderá imaginar elétrons não se ligando, sendo invisível e ver o que está à esquerda. A da esquerda é o que eu chamo de Geometria molecular, ou então, o arranjo de outros átomos ao redor de um átomo central.

Para determinar a geometria molecular ou de uma molécula usamos a teoria TRPEV, segundo essas etapas:

1. **Determine a fórmula Lewis (Veja princípios da ligação covalente, no início do capítulo) da molécula.**
2. **Determine um número total de pares de elétrons ao redor de um átomo central.**
3. **Utilize a tabela 7-2 e determine a geometria par-elétron.**

    (a tabela 7-2 relaciona o numero de ligação e não ligação dos pares de elétrons, a geometria de par-elétron e a forma molecular).

4. **Imagine que os pares de elétrons que não se ligam são invisíveis e utilize a tabela 7-2 para determinar a fórmula molecular.**

Tabela 7-2 — Fórmula molecular prevista usando a Teoria TRPEV

Numero total de pares de elétrons	Número total de pares de ligação	Geometria Par-Elétron	Geometria molecular
2	2	Linear	Linear
3	3	Triangular plana	Triangular plana
3	2	Triangular plana	Curvado, em forma de V
3	1	Triangular plana	Linear
4	4	Tetraedral	Tetraedral
4	3	Tetraedral	Piramidal Trigonal
4	2	Tetraedral	Curvado, em forma de V
5	5	Bipiramidal trigonal	Bipiramidal trigonal
5	4	Bipiramidal trigonal	Gangorra
5	3	Triangular bi-piramidal	Em forma de T
5	2	Bipiramidal trigonal	Linear
6	6	Octaedral	Octaedral
6	5	Octaedral	Quadrado piramidal
6	4	Octaedrol	Quadrado plano

Mesmo que você normalmente não precise se preocupar com mais de quatro pares de elétrons ao redor do átomo central (Regra do octeto) coloquei as exceções mais comuns da regra do octeto na tabela 7-2. A figura 7-16 mostra algumas das formas mais comuns mencionadas na tabela.

Para determinar as formas da água (H_2O) e amônia (NH_3), a primeira coisa que você tem que fazer é determinar a fórmula Lewis de cada composto. Seguindo as regras definidas na seção," a fórmula estrutural: adicione a ligação padrão " (a regra N-A=S) e escreva a fórmula Lewis como mostrado na figura 7-17.

180°

Linear

120°

Triangular plana

109,5°

Tetraedal

Piramidal trigonal

Curvado (em forma de V)

Piramidal trigonal

Gangorra

Em forma de T

Octaedral

Quadrado piramidal

Quadrado plano

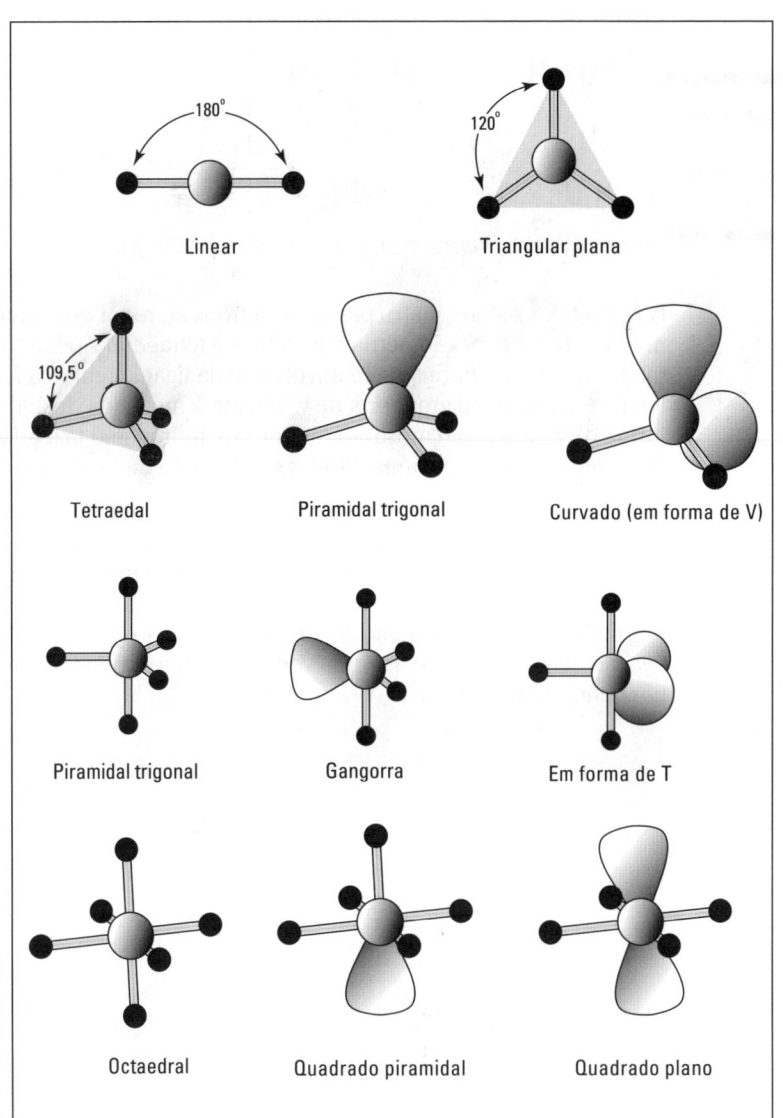

FIGURA 7-16:
Fórmulas moleculares mais comuns.

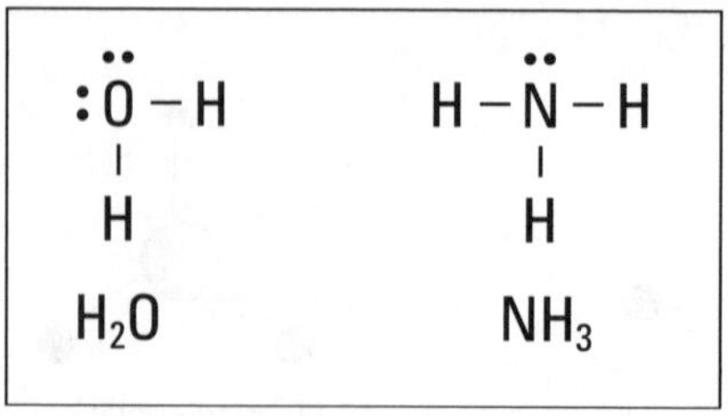

FIGURA 7-17: Fórmula Lewis para H₂O e NH₃.

```
  ..                    ..
 :O – H              H – N – H
  |                      |
  H                      H

 H₂O                   NH₃
```

Para a água, existem quatro pares de elétrons ao redor do átomo de oxigênio, de forma que a geometria par-elétron é tetraedral. Apenas dois desses quatro pares de elétrons estão envolvidos na ligação, então a forma da molécula é curvada ou em forma de V. Devido à molécula de água estar em forma de V, eu sempre mostro os átomos de hidrogênio fazendo um ângulo de 90 graus entre si, e é uma ótima aproximação da forma real.

Amônia também tem 4 pares de elétrons ao redor do átomo de nitrogênio central, assim a sua geometria par-elétron é tetraedra. somente um dos quatro pares de elétrons não está ligado, Contudo, então, a forma molecular é piramidal trigonal. Essa forma se parece com um banquinho de três pernas, com o nitrogênio sendo seu assento — o par de elétrons sem ligação ficaria acima do assento. Você teria uma surpresa se sentasse em um banquinho de amônia.

Capítulo 8

Culinária Química: Reações Químicas

Neste capítulo:
- Diferenciando reagentes e produtos
- Descobrindo como as reações ocorrem
- Olhando diferentes tipos de reações
- Entendendo como balancear as reações
- Descobrindo o equilíbrio químico
- Checando as velocidades de reação

*O*s químicos fazem muitas coisas: medem as propriedades físicas de substâncias, analisam misturas para descobrir do que elas são compostas e fazem novas substâncias. O processo de fazer compostos químicos é chamado de *síntese*. A síntese depende das reações químicas. Eu sempre pensei que seria legal ser um químico orgânico, trabalhar com síntese, criando compostos novos e potencialmente importantes. Eu pude vivenciar o esforço de trabalhar por meses, ou mesmo anos e, finalmente, terminar com uma pequena pilha de "coisas" que ninguém no mundo jamais viu. Hei, afinal de contas, eu sou um nerd!!

Neste capítulo, discutirei as reações químicas — como elas ocorrem e como escrever uma equação química balanceada. Também explicarei a você sobre equilíbrio químico e o porquê dos químicos não conseguirem sempre, a quantidade de produto através de uma reação química. E, finalmente, discutirei a velocidade da reação e o porquê de você não poder deixar aquele peru sobre a mesa, depois de terminar a sua refeição de Ano Novo.

O que Você Tem e O que Você Obterá: Reagentes e Produtos

Em uma reação química, substâncias (elementos e/ou componentes) são transformadas em outras substâncias (compostos e/ou elementos). Você não pode transformar um elemento em outro numa reação química — coisa que acontece nas reações nucleares, como descrito no Capítulo 5. Ao invés disso, você cria uma nova substância com as reações químicas.

Um grande número de indicações nos mostra que uma reação química está acontecendo — alguma coisa nova está sendo visivelmente produzida, um gás é criado, calor é liberado ou recebido e assim por diante. As substâncias químicas que são alteradas são chamadas de reagentes e as novas substâncias que são formadas são chamadas de produtos. As *equações químicas* mostram os reagentes e os produtos, como também outros fatores como mudanças de energia, catalisadores e muito mais. Com estas equações, uma seta é usada para indicar que a reação química aconteceu. Em termos gerais, uma reação química segue este formato:

Reagentes → Produtos

Por exemplo, dê uma olhada na reação que ocorre quando você acende seu fogão para poder fritar seus ovos para o café-da-manhã. O metano (gás natural) reage com o oxigênio na atmosfera para produzir dióxido de carbono e vapor de água. (Se a boca de seu fogão não está corretamente ajustada para você ter uma chama azul, você poderá também ter uma quantidade significante de monóxido de carbono junto com o dióxido de carbono.) A reação química que representa esta reação é escrita assim:

$$CH_4(g) + 2\ O_2(g) \rightarrow CO_2(g) + 2\ H_2O(g)$$

Você pode ler esta equação da seguinte maneira: Uma molécula de gás metano, $CH_4(g)$, reage com duas moléculas de gás oxigênio, $O_2(g)$, para formar uma molécula de gás de dióxido de carbono, $CO_2(g)$, e duas moléculas de vapor de água, $H_2O(g)$. O numeral 2 em frente ao gás oxigênio, e o 2, em frente ao vapor de água, são chamados de *coeficientes de reação*. Eles indicam o número de cada espécie química que reage ou é formada. Eu demonstrarei na seção "Balanceando Reações Químicas", mais à frente neste capítulo, como descobrir o valor dos coeficientes.

Metano e oxigênio (oxigênio é um elemento diatômico — dois átomos) são os reagentes, enquanto o dióxido de carbono e a água são os produtos. Todos os reagentes e produtos são gases (indicado pela letra g entre parênteses).

Nesta reação, todos os reagentes e produtos não são visíveis a olho nu. O calor que está sendo gerado é a dica que mostra a você que uma reação está acontecendo. A propósito, este é um bom exemplo de uma reação *exotérmica*, uma reação na qual o calor é liberado. Muitas reações são exotérmicas.

Todavia, algumas absorvem energia ao invés de liberá-la. Estas reações são chamadas *endotérmicas*. Cozinhar envolve muitas reações endotérmicas — fritar ovos, por exemplo. Você não pode apenas quebrar as cascas e deixar os ovos lá na frigideira e, depois, esperar que o milagre da reação aconteça sem aquecer a panela (exceto quando você estiver ao ar livre no Texas, no mês de agosto; lá o sol aquecerá a panela sem problemas).

Pensando sobre como fritar ovos me faz lembrar outra questão sobre as reações exotérmicas. Você tem que acender o metano que sai da boca do fogão com um fósforo, um isqueiro ou um acendedor elétrico. Em outras palavras, tem que colocar um pouco de energia para que a reação comece. A energia que você tem que fornecer é chamada de *energia de ativação* da reação. (Na próxima seção, mostrarei que, também, existe uma energia de ativação associada com as reações endotérmicas).

Mas o que acontece realmente no nível molecular quando o metano e o oxigênio reagem? Dê uma olhada na próxima seção para descobrir.

Como as Reações Ocorrem? A Teoria da Colisão

Para uma reação química acontecer os reagentes devem colidir, é como jogar bilhar. Para colocar a bola 8 dentro da caçapa você deve bater nela com outra bola. Esta colisão transfere *energia cinética* (energia de movimento) de uma bola para outra, mandando a segunda bola em direção à caçapa. A colisão entre as moléculas fornece a energia necessária para quebrar as ligações necessárias, de forma que novas ligações possam ser formadas.

Mas, espere um minuto. Quando você joga bilhar, nem toda tacada que você dá faz com que a bola vá para dentro do buraco. Algumas vezes você não bate forte o suficiente e não transfere a energia necessária para a bola ir para o seu destino. Isto também é verdade com relação às colisões e reações. Às vezes, mesmo existindo uma colisão, a energia cinética disponível não será suficiente — as moléculas não se moverão rápido o suficiente. Você poderá ajudar aquecendo a mistura de reagentes. A temperatura é uma medida da média da energia cinética das moléculas; aumentando a temperatura, aumentará a energia cinética disponível para poder quebrar as ligações durante as colisões.

Outras vezes, mesmo se você bater na bola com força, ela não irá para a caçapa, pois você não bateu com o taco no ponto certo. O mesmo é verdade durante uma colisão molecular. As moléculas devem colidir na direção certa ou bater no lugar certo, para que a reação ocorra.

Aqui está um exemplo: Suponha que você tenha uma equação demonstrando a molécula A-B reagindo com C para formar C-A e B, assim:

$$A\text{-}B + C \rightarrow C\text{-}A + B$$

Da forma como esta equação está escrita, a reação requer que o reagente C colida com A-B sobre a molécula A. (Você sabe isto porque o produto ao lado mostra C ligado com A — C-A.) Se ele tocasse a terminação da mólecula B nada aconteceria. A terminação A desta molécula hipotética é chamada de sítio reativo, o lugar na molécula no qual a colisão deve acontecer para que a reação ocorra. Se C colide com o final da molécula A, então, existe uma chance de que a energia necessária seja transferida para poder quebrar a ligação A-B. Após esta ligação ser quebrada, a ligação C-A poderá ser formada. A equação para esta reação pode ser demonstrada desta maneira (eu mostro a quebra da ligação AB e a formação da ligação CA como ligações "rabiscadas"):

C~A~B → C-A + B

Então, para que esta reação ocorra, deverá haver uma colisão entre C e A-B no sítio reativo. A colisão entre C e A-B tem que transferir energia suficiente para quebrar a ligação A-B, permitindo que a ligação C-A se forme.

LEMBRE-SE

Para quebrar ligação entre átomos é necessária uma determinada quantidade de energia.

Note que este é um exemplo simples. Eu assumi que apenas uma colisão é necessária para que esta reação de apenas um passo ocorra. Muitas reações necessitam de apenas uma etapa para acontecer, mas muitas outras exigem diversos passos até que cheguem ao produto final. Neste processo, vários compostos podem ser formados e vão reagir com outros, até que o resultado final aconteça. Estes compostos são chamados de *intermediários*. Eles são mostrados no *mecanismo* de reação, ou seja, a série de passos que a reação percorre no caminho do reagente para o produto. Mas neste capítulo, eu mantive isso mais simples e limitei minha discussão às reações de apenas uma etapa.

Um exemplo exotérmico

Imagine que a reação hipotética A-B + C → C-A + B seja exotérmica — uma reação na qual o calor é liberado quando passam de reagentes para produtos. Os reagentes começam com um estado de energia mais alto do que os produtos, então a energia é liberada no caminho entre reagente e produto. A Figura 8-1 mostra um diagrama de energia desta reação.

Na Figura 8-1, Ea é a energia de ativação para a reação — a energia que deve ser colocada para que a reação ocorra. Eu mostro a colisão de C e A-B com a quebra da ligação A-B e a formação da ligação C-A, no topo da colina da energia de ativação. Este grupo de reagentes no topo da colina da energia de ativação é, às vezes, chamado de *estado de transição* da reação. Como eu mostro na Figura 8-1, a diferença entre o nível de energia dos reagentes e o nível de energia dos produtos é a quantidade de energia (calor) que é liberada na reação.

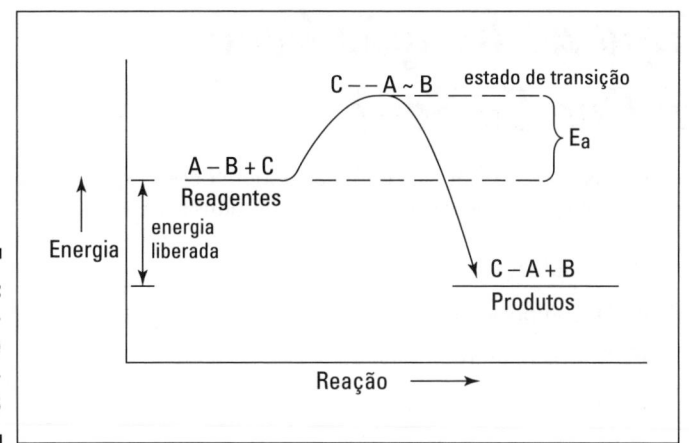

Figura 8-1:
Reação exotérmica de
A-B+C→C-A+B

Um exemplo endotérmico

Suponha que uma reação hipotética A-B + C → C-A + B seja endotérmica — uma reação na qual calor é absorvido na formação dos produtos — assim, os regentes estão em um estado de energia mais baixo que os produtos. A Figura 8-2 mostra um diagrama de energia desta reação.

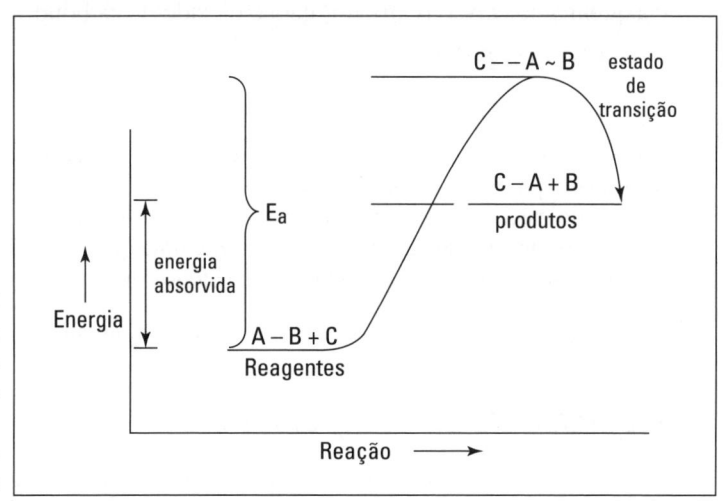

Figura 8-2:
Reação endotérmica de
A-B + C →
C-A + B.

Como demonstrado no diagrama de energia da reação exotérmica, na Figura 8-1, a energia de ativação está associada com a reação (representada por E_a). Indo de reagentes para produtos, você tem que colocar mais energia inicialmente para que a reação comece e, então, terá esta energia retornando na medida em que a reação prosseguir. Note que o estado de transição aparece no topo da colina de energia de ativação — como no diagrama de energia da reação exotérmica. A diferença é que, indo de reagente para produto, a energia (calor) deve ser absorvida no exemplo endotérmico.

Que Tipo de Reação Você Pensa Que Eu Sou?

Diversos tipos de reações químicas podem ocorrer quando reagentes tornam-se produtos. As reações mais comuns são:

- Combinação
- Decomposição
- Deslocamento simples
- Deslocamento duplo
- Combustão
- Potencial de Oxirredução (Redox)

Reações de Combinação

Nas reações de combinação, dois ou mais reagentes formam um produto. A reação do sódio e cloro forma cloreto de sódio,

$$2\ Na(s) + Cl_2(g) \rightarrow 2\ NaCl(s)$$

e a queima do carvão (carbono) gera o dióxido de carbono,

$$C(s) + O_2(g) \rightarrow Co_2(g)$$

são exemplos de reações de combinação.

Note que, dependendo das condições ou quantidades relativas dos reagentes, mais de um produto pode ser formado na reação de combinação. Pegue a queima do carvão, por exemplo. Se um excesso de oxigênio estiver presente, o produto é o dióxido de carbono. Mas se apenas uma quantidade limitada de oxigênio estiver disponível, o produto será o monóxido de carbono:

$$2\ C(s) + O_2(g) \rightarrow 2\ CO(g) \qquad \text{(oxigênio limitado)}$$

Reações de Decomposição

As reações de decomposição são o oposto das reações de combinação. Nas reações de decomposição, um único composto é quebrado em duas ou mais substâncias simples (elementos e/ou compostos). A decomposição da água em gases de hidrogênio e oxigênio,

$$2\ H_2O(l) \rightarrow 2\ H_2(g) + O_2(g)$$

e a decomposição do peróxido de hidrogênio para formar o gás oxigênio e água,

$$2\ H_2O_2(l) \rightarrow 2\ H_2O(l) + O_2(g)$$

são exemplos de reações de decomposição.

Reações de deslocamento simples

Nas *reações de deslocamento simples*, um elemento mais ativo desloca outro elemento menos ativo de um componente. Por exemplo, se você colocar uma peça de zinco dentro de uma solução de sulfato de cobre (II) (a propósito, o Capítulo 6 explica porque o sulfato de cobre (II) é chamado desta maneira — no caso de você não se lembrar), o zinco deslocará o cobre, como demonstrado nesta equação:

$$Zn(s) + CuSO_4(aq) \rightarrow ZnSO_4(aq) + Cu(s)$$

A anotação (aq) indica que o composto está dissolvido em água — em uma solução aquosa. Neste caso, pelo fato do zinco substituir o cobre, se diz que ele é mais atrativo. Se você colocar uma peça de cobre em uma solução de sulfato de zinco, nada acontecerá. A Tabela 8-1 mostra a série de atividades de alguns metais mais comuns. Note que, por causa do zinco ser mais ativo na tabela, ele substituirá o cobre, como demonstrado na equação anterior.

Tabela 8-1	As Séries de Atividades de Alguns Metais Mais Comuns
Atividade	*Metal*
Mais ativos	Metais alcalinos e alcalinos terrosos
	Al
	Zn
	Cr
	Fe
	Ni
	Sn
	Pb
	Cu
	Ag
Menos ativos	Au

Dê outra olhada na reação entre o metal zinco e a solução de sulfato de cobre (II):

$$Zn(s) + CuSO_4(aq) \rightarrow ZnSO_4(aq) + Cu(s)$$

Eu escrevi esta reação como uma equação molecular, mostrando todas as espécies em suas formas neutras. Todavia, estas reações normalmente ocorrem em uma solução aquosa (água). Quando a ligação iônica $CuSO_4$ é dissolvida em água, ela se separa em *íons* (átomos ou grupos de átomos que tem uma carga elétrica, devido a perda ou ganho de elétrons). O íon de cobre tem uma carga de +2 porque ele perde dois elétrons. Ele é um *cátion*, um íon positivamente carregado. O íon sulfato tem uma carga de -2 porque tem dois elétrons extras. Ele é um *ânion*, carregado negativamente. (Dê uma olhada no Capítulo 6 para uma discussão mais completa sobre ligação iônica.)

$$Zn(s) + Cu^{2+} + SO_4^{2-} \rightarrow Zn^{2-} + SO_4^{2-} + Cu(s)$$

Equações escritas nesta forma, na qual os íons são mostrados separadamente, são chamadas de *equações iônicas* (porque elas mostram a reação e produção de íons). Note que o íon sulfato, SO_4^{2-}, não mudou na reação. Íons que não mudam durante a reação e são encontrados em ambos os lados da equação, em uma forma idêntica, são chamados de íons espectadores. Químicos (preguiçosos, muito preguiçosos) frequentemente omitem os íons espectadores e escrevem a equação mostrando apenas aquelas substâncias químicas que mudam durante a reação. Esta é chamada de equação "net-iônica":

$$Zn(s) + Cu^{2+} \rightarrow Zn^{2+} + Cu(s)$$

Reações de deslocamento duplo

Nas reações de deslocamento simples, apenas uma espécie química é deslocada. Nas reações de *duplo deslocamento* ou *reações de metástase*, duas espécies (normalmente íons) são deslocados. Na maioria das vezes, as reações deste tipo ocorrem em uma solução e um sólido insolúvel (reações de precipitação) ou água (reações de neutralização) é formado.

Reações de precipitação

Se você misturar uma solução de cloreto de potássio e uma solução de nitrato de prata, um sólido insolúvel branco aparecerá. A formação de um sólido insolúvel na solução é chamada de *precipitação*. Aqui estão as equações molecular, iônica e net-iônica para esta reação de deslocamento duplo:

$$KCL(aq) + AgNO_3(aq) \rightarrow AgCl(s) + KNO_3(aq)$$

$$K^+ + Cl^- + Ag^+ + NO_3^- \rightarrow AgCl(s) + K^+ + NO_3^-$$

$$Cl^- + Ag^+ \rightarrow AgCl(s)$$

O sólido insolúvel branco que é formado é o cloreto de prata. Você pode tirar os íons espectadores: cátion de potássio e o ânion nitrato, pelo fato deles não mudarem durante a reação e serem encontrados em ambos os lados da equação de forma idêntica. (Se você está totalmente confuso sobre todos estes símbolos, mais e menos, nas equações ou não sabe o que é um cátion ou um ânion, volte ao Capítulo 6. Ele lhe dirá tudo que você precisa saber sobre este assunto).

Para podermos escrever estas equações, nós temos que saber alguma coisa sobre a solubilidade dos compostos iônicos. Não se apavore. Aqui vamos nós: se um composto é solúvel, ele permanecerá em sua forma iônica livre, mas se ele é insolúvel, ele precipitará (formando um sólido). A Tabela 8-2 dá as solubilidades dos compostos iônicos selecionados.

Tabela 8-2   Solubilidades de Compostos Iônicos Selecionados

Solúvel em água	*Insolúvel em água*
Todos os cloretos, brometos, iodetos	*exceto aqueles de* Ag^+, Pb^{2+}, Hg_2^{2+}
Todos os compostos de NH_4^+	Óxidos
Todos os compostos de metais alcalinos	Sulfetos
Todos os acetatos	a maioria dos fosfatos
Todos os nitratos	a maioria dos hidróxidos
Todos os cloratos	
Todos os sulfatos	*exceto* $PbSO_4$, $BaSO_4$ e $SrSO_4$

Para usar a Tabela 8-2, pegue o cátion de um reagente e combine-o com o ânion de outro reagente e vice-versa (mantendo a neutralidade do composto). Isto permite a você prever os possíveis produtos da reação. Então, dê uma olhada nas solubilidades dos possíveis produtos na tabela. Se o composto é insolúvel, ele precipitará. Se ele é solúvel, ele permanecerá na solução.

Reações de neutralização

O outro tipo de reação de duplo deslocamento é a reação entre um ácido e uma base. Esta reação de duplo deslocamento, chamada de *reação de neutralização*, forma água. Dê uma olhada nas soluções das misturas de ácido sulfúrico (ácido de bateria de carro, H_2SO_4) e hidróxido de sódio (soda cáustica, NaOH). Aqui estão as equações molecular, iônica e net-iônica para esta reação:

$$H_2SO_4(aq) + 2\ NaOH(aq) \rightarrow Na_2SO_4\ (aq) + 2\ H_2O(l)$$

$$2\ H^+ + SO_4^{2-} + 2\ Na^+ + 2\ OH^- \rightarrow 2\ Na^+ + SO_4^{2-} + 2H_2O(l)$$

$$2\ H^+ + 2\ OH^- \rightarrow 2\ H_2O(l)\ \text{ou}\ H^+ + OH^- \rightarrow H_2O(l)$$

Para ir de uma equação iônica para uma equação net-iônica, os íons espectadores (aqueles que não reagem e que aparecem de forma inalterada em ambos os lados da seta) são retirados. Então, os coeficientes na frente dos reagentes e produtos são reduzidos para o menor denominador comum.

Você pode descobrir mais sobre reações de ácido e base no Capítulo 12.

Reações de combustão

Reações de combustão ocorrem quando um composto, normalmente um contendo carbono, combina-se com o gás oxigênio do ar. Este processo é comumente chamado de *queima*. Calor é o produto mais útil na maioria das reações de combustão.

Aqui está a equação que representa a queima do propano:

$C_3H_8(g) + 5\ O_2(g) \rightarrow 3\ CO_2(g) + 4\ H_2O(l)$

O propano pertence à classe dos compostos chamados *hidrocarbonetos*, compostos de apenas um carbono e hidrogênio. O produto desta reação é calor. Você não queima propano em seu fogão de cozinha para dar dióxido de carbono para a atmosfera — você quer o calor para cozinhar a sua comida.

As reações de combustão são também um tipo de reação redox.

Reações Redox

Reações redox ou *reações de oxirredução* são aquela nas quais os elétrons são trocados:

$2\ Na(s) + Cl_2(g) \rightarrow NaCl(s)$

$C(s) + O_2(g) \rightarrow CO_2(g)$

$Zn(s) + CuSO_4(aq) \rightarrow ZnSO_4(aq) + Cu(s)$

As reações acima são exemplo de outros tipos de reações (como combinação, combustão e reações de deslocamento simples), mas elas são todas reações de redução. Todas elas envolvem a transferência de elétrons de uma espécie química para outra. Reações redox estão envolvidas na combustão, ferrugem, fotossíntese, respiração, baterias e outras. Tratarei com mais detalhes sobre este assunto no Capítulo 9.

Balanceando as Reações Químicas

Se você executar uma reação química e, cuidadosamente, somar as massas de todos os reagentes e depois comparar com a soma das massas de todos os produtos, você verá que elas são iguais. Na realidade, uma lei da química, a *Lei de Conservação* das Massas, diz: "Em uma reação química comum, a matéria não é criada ou destruída". Isto significa que você não ganhou ou perdeu qualquer átomo durante a reação. Eles podem estar combinados de forma diferente, mas ainda estão presentes.

Uma equação química representa a reação e é usada para calcular quanto de cada elemento é necessário e quanto de cada elemento será produzido e precisa, ainda obedecer a Lei de Conservação de Massas.

Você precisa ter o mesmo número de cada tipo de elemento em ambos os lados da equação. A equação deve estar balanceada. Nesta seção, eu mostrarei a você como balancear equações químicas.

Cheiro de amônia

Minha reação favorita é chamada de processo Harbe, um método para preparar amônia (NH_3), através da reação do gás nitrogênio com o gás hidrogênio:

$$N_2(g) + H_2(g) \rightarrow NH_3(g)$$

Esta equação mostra a você o que acontece nesta reação, mas ela não mostra a quantidade de cada elemento que você precisa para produzir amônia. Para descobrir o quanto de cada elemento, você terá que balancear a equação — certifique-se de que o número de átomos do lado esquerdo da equação é igual ao número de átomos do lado direito.

Você conhece os reagentes e o produto desta reação e não pode mudá-los. Você não pode alterar os compostos nem mudar os subscritos, porque isto alteraria os compostos. Então, a única coisa que você pode fazer para balancear a equação é adicionar coeficientes, números totais na frente dos compostos ou elementos na equação. Os coeficientes dirão a você quantos átomos ou moléculas você tem.

$2H_2O$ significa que você tem duas moléculas de água:

$$2H_2O = \begin{matrix} H_2O \\ + \\ H_2O \end{matrix}$$

Cada molécula de água é composta de dois átomos de hidrogênio e um átomo de oxigênio. Então, com $2H_2O$, você tem um total de 4 átomos de hidrogênio e 2 átomos de oxigênio:

$$2H_2O = \begin{matrix} H_2O = 2H + 1O \\ + \\ \underline{H_2O = 2H + 1O} \\ 4H + 2O \end{matrix}$$

Neste capítulo, eu mostro como balancear as equações usando um método chamado de balanceamento por inspeção ou como eu o chamo, "brincando com coeficientes". Você pega cada átomo de uma vez e o balanceia adicionando os coeficientes apropriados para um lado e para o outro.

Com isto em mente, dê uma outra olhada na equação para preparar a amônia:

$$N_2(g) + H_2(g) \rightarrow NH_3(g)$$

Na maioria dos casos, é uma boa ideia esperar até o fim para balancear os átomos de hidrogênio e oxigênio; faça o balanceamento dos outros átomos primeiro.

Então, neste exemplo, você precisa balancear os átomos de nitrogênio primeiro. Você tem 2 átomos de nitrogênio no lado esquerdo da seta (lado reagente) e apenas 1 átomo de nitrogênio no lado direito (lado produto). A fim de balancear os átomos de nitrogênio, use o coeficiente 2 em frente da amônia à direita.

$$N_2(g) + H_2(g) \rightarrow 2\,NH_3(g)$$

Agora, você tem 2 átomos de nitrogênio à esquerda e 2 átomos de nitrogênio à direita.

A seguir, pegue os átomos de hidrogênio. Você tem 2 átomos de hidrogênio à esquerda e 6 hidrogênios à direita ($2NH_3$ moléculas, cada uma com 3 átomos de hidrogênio, num total de 6 átomos de hidrogênio). Então, coloque 3 na frente do H_2, à esquerda, dando a você:

$$N_2(g) + 3\,H_2(g) \rightarrow 2\,NH_3(g)$$

Isto deve bastar. Confira: você tem 2 átomos de nitrogênio à esquerda e 2 átomos de nitrogênio à direita. Você tem 6 átomos de hidrogênio à esquerda ($3 \times 2 = 6$) e 6 átomos de hidrogênio à direita ($2 \times 3 = 6$). A equação está balanceada. Você pode ler a equação desta maneira: 1 molécula de nitrogênio reage com 3 moléculas de hidrogênio para levar a 2 moléculas de amônia.

Aqui está uma guloseima para você: esta equação poderia também ser balanceada com os coeficientes 2, 6 e 4 ao invés de 1, 3 e 2. Na realidade, qualquer múltiplo de 1, 3 e 2 teria balanceado a equação, mas os químicos têm um acordo de sempre mostrar a menor proporção possível (ver a discussão sobre fórmulas empíricas no Capítulo 7 para mais detalhes).

Segure esta

Dê uma olhada na equação que mostra a queima do butano, um hidrocarboneto, com excesso de oxigênio disponível. (Esta é a reação que acontece quando você acende um isqueiro). A reação não balanceada é:

$$C_4H_{10}(g) + O_2(g) \rightarrow CO_2(g) + H_2O(g)$$

É sempre uma boa ideia esperar até o final para balancear os átomos de hidrogênio e oxigênio, faça o balanceamento do carbono primeiro. Você tem

4 átomos de carbono à esquerda e um carbono à direita, então, adicione um coeficiente de 4 em frente ao dióxido de carbono:

$$C_4H_{10}(g) + O_2(g) \rightarrow 4CO_2(g) + H_2O(g)$$

Faça o balanceamento dos átomos de hidrogênio a seguir. Você tem 10 átomos de hidrogênio à esquerda e 2 à direita, então use um coeficiente de 5 em frente da água à direita.

$$C_4H_{10}(g) + 6{,}5\, O_2(g) \rightarrow 4\, CO_2(g) + 5\, H_2O(g)$$

Agora, trabalhe no balanceamento dos átomos de oxigênio. Você tem 2 átomos de oxigênio à esquerda e um total de 13 à direita [(4 × 2) + (5 × 1) = 13]. Que tal multiplicar por 6,5?

$$C_4H_{10}(g) + 6{,}5O_2(g) \rightarrow 4\, CO_2(g) + 5\, H_2O(g)$$

Não acabou ainda. Você quer a menor proporção possível dos coeficientes. Você terá que multiplicar a equação inteira por 2 para números inteiros:

$$[C_4H_{10}(g) + 6{,}5\, O_2(g) \rightarrow 4\, CO_2(g) + 5\, H_2O(g)] \times 2$$

Multiplique cada coeficiente por 2 (não toque nos subscritos!) para ter:

$$2\, C_4H_{10}(g) + 13\, O_2(g) \rightarrow 8\, CO_2(g) + 10\, H_2O(g)$$

Se você contar os átomos de ambos os lados da equação, você descobrirá que a equação está balanceada e os coeficientes estão na menor proporção possível.

Após balancear a equação, certifique-se de que o mesmo número de cada átomo está nos dois lados e que os coeficientes estão na menor proporção possível.

Muitas reações simples podem ser balanceadas desta maneira. Mas uma classe de reações é tão complexa que este método não funciona muito bem quando aplicada a ela. Elas são as reações redox. Um método especial é usado para balancear estas equações e eu mostrarei isto a você no Capítulo 9.

Equilíbrio Químico

Minha reação favorita é o processo Harber, a síntese da amônia dos gases hidrogênio e nitrogênio. Após balancear a reação (ver a seção "Cheire aquela amônia", anteriormente neste capítulo), você terá:

$$N_2(g) + 3\, H_2(g) \rightarrow 2\, NH_3(g)$$

Escrita desta forma, a reação diz que o hidrogênio e o nitrogênio reagem para formar amônia — e isto continuará acontecendo até você esgotar um ou ambos os reagentes. Todavia, as coisas não funcionam sempre assim.

Se esta reação ocorrer em um recipiente fechado (o qual deve ser, pois são todos gases), então o nitrogênio e o hidrogênio reagem e a amônia é formada — mas parte da amônia logo começará a se decompor em nitrogênio e hidrogênio, assim:

$$2\,NH_3(g) \rightarrow N_2(g) + 3\,H_2(g)$$

No recipiente, então, você terá duas reações completamente opostas ocorrendo ao mesmo tempo — nitrogênio e hidrogênio formando amônia e amônia se decompondo em nitrogênio e hidrogênio.

Ao invés de demonstrar as duas reações separadamente, você pode apenas usar uma seta dupla, como esta abaixo:

$$N_2(g) + 3\,H_2(g) \leftrightarrow 2\,NH3(g)$$

Você irá colocar o nitrogênio e o hidrogênio do lado esquerdo, pois é com eles que você inicia a reação.

Agora, estas duas reações ocorrem em velocidades diferentes mas, mais cedo ou mais tarde, as duas velocidades se tornam iguais e as quantidades relativas de nitrogênio, hidrogênio e amônia se tornam constantes. Este é um exemplo de um equilíbrio químico. Um equilíbrio químico dinâmico é estabelecido quando duas reações químicas exatamente opostas estão ocorrendo no mesmo lugar, na mesma hora, com as mesmas taxas (velocidades) de reação. Eu chamo este exemplo de equilíbrio químico dinâmico, porque quando as reações alcançam o equilíbrio, elas não param. A qualquer hora, você tem nitrogênio e hidrogênio reagindo e formando amônia e amônia decompondo-se para formar nitrogênio e hidrogênio. Quando o sistema alcança o equilíbrio, todas as quantidades de espécies químicas se tornam constantes mas, não necessariamente as mesmas.

Aqui está um exemplo para ajudá-lo a entender o que eu quero dizer com a palavra dinâmico: Eu cresci em uma fazenda na Carolina do Norte e minha mãe, Grace, amava cachorros pequenos. Algumas vezes, nós chegávamos a ter uma dúzia de cachorros correndo ao redor da casa. Quando minha mãe abria a porta para pô-los para fora, eles corriam para fora mas, após algum tempo, algo os fazia mudar de ideia e eles corriam de volta para dentro da casa. Ficava um círculo sem fim de cachorros correndo para fora e para dentro da casa. Às vezes, apenas dois ou três ficavam dentro da casa, com todo o resto de fora ou vice-versa. A quantidade de cachorros dentro e fora da casa era constante mas, não a mesma. A qualquer hora, havia cachorros correndo para fora e para dentro da casa. Existia um equilíbrio dinâmico (e um barulho também).

Muitas vezes existe muito de um produto (espécies químicas do lado direito da seta dupla) quando a reação alcança o seu equilíbrio e, às vezes, pouco. Você pode ter as quantidades relativas dos reagentes e produtos no equilíbrio se conhecer a constante do equilíbrio para a reação.

Olhe esta reação de equilíbrio hipotética:

$$aA + bB \leftrightarrow cC + dD$$

As letras maiúsculas significam as espécies químicas e as letras minúsculas representam os coeficientes na equação química balanceada. A constante de equilíbrio (representada como K_{eq}) é matematicamente definida como

$$K_{eq} = \frac{[C]^c[D]^c}{[A]^a[B]^b}$$

O numerador contém o produto de duas espécies químicas do lado direito da equação, com cada espécie química aumentada à potência de seu coeficiente na equação química balanceada. O denominador é o mesmo, mas você usa as espécies químicas do lado esquerdo da equação. (Não é algo importante agora, mas os colchetes significam concentração molecular. Você aprenderá o que é isto no Capítulo 11.) Note que alguns químicos usam a forma Kc ao invés de K_{eq}.

O valor numérico da constante de equilíbrio dá a você uma dica sobre as quantidades relativas de produtos e reagentes.

Quanto maior o valor da constante de equilíbrio (K_{eq}), mais produtos estarão presentes no equilíbrio. Se, por exemplo, você tem uma reação que tem uma constante de equilíbrio de 0,001 em temperatura ambiente e 0,1 em 100 graus Celsius, você pode dizer que você terá muito mais produto em temperaturas mais altas.

Eu sei que a K_{eq} para o processo Harber (a síntese da amônia) é $3,5 \times 10^8$ em temperatura ambiente. Este valor alto indica que, no equilíbrio, existirá muita amônia produzida pelo hidrogênio e nitrogênio mas, ainda assim, haverá hidrogênio e nitrogênio neste equilíbrio. Se você fosse, vamos dizer, um químico industrial fazendo amônia, você iria querer a quantidade maior possível de reagentes para poder ser convertida no produto. Você iria querer que a reação chegasse a sua completude (significando que você gostaria que os reagentes continuassem criando o produto até eles se esgotarem), mas você sabe que é uma reação de equilíbrio e você não pode mudar isto. Mas, seria bom se você pudesse, de alguma forma, manipular o sistema e obter um pouco mais do produto a ser formado. Existe uma maneira — através do Princípio de Le Chatelier.

O Princípio de Le Chatelier

Um químico francês, Henri Le Chatelier, descobriu que se você aplicar uma alteração de condição (chamada estresse) a um sistema químico que está em equilíbrio, ele tenderá a se reajustar reagindo de maneira a minimizar o efeito desta mudança (o estresse). Isto é chamado de Princípio de Le Chatelier.

Você pode estressar um sistema em equilíbrio de três maneiras

- Mudando a concentração de um reagente ou produto
- Mudando a temperatura
- Mudando a pressão sobre um sistema que contenha gases

Agora, se você é um químico que está procurando por uma maneira de fazer a maior quantidade de amônia possível (dinheiro) para uma companhia química, você pode usar o Princípio de Le Chatelier para ajudá-lo. Nesta seção eu lhe mostrarei como.

Mas, primeiro, eu quero mostrar a você, rapidamente, uma analogia muito útil. Uma reação em equilíbrio é parecida com uma das minhas peças favoritas de um parque de diversão: o balanço. Tudo está bem balanceado, como mostrado na Figura 8-3.

Figura 8-3: O sistema Haber da amônia Haber em equilíbrio.

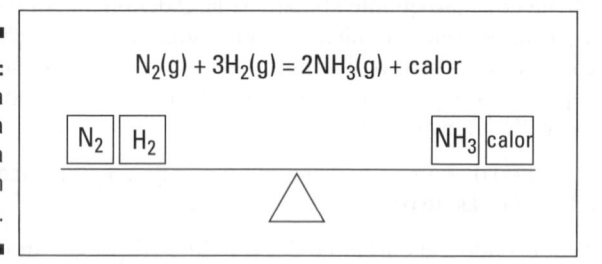

$$N_2(g) + 3H_2(g) = 2NH_3(g) + calor$$

| N_2 | H_2 | | NH_3 | calor |

O processo Harber, a síntese da amônia através dos gases nitrogênio e hidrogênio, é exotérmica. Ela libera calor. Na figura acima, mostro o calor no lado esquerdo do balanço.

Mudando a concentração

Suponha que você tem o sistema amônia em equilíbrio (ver Figura 8-3, como na seção, "Equilíbrio Químico", no começo deste capítulo) e você então coloca mais gás nitrogênio. A Figura 8-4 mostra o que acontece no balanço, quando você adiciona mais nitrogênio.

Figura 8-4: Aumentando a concentração de um reagente.

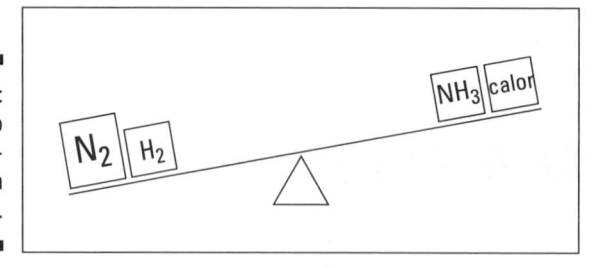

Para estabelecer o balanço (equilíbrio), o peso tem que ser mudado da esquerda para a direita, gastando algum nitrogênio e hidrogênio e formando mais amônia e calor. A Figura 8-5 mostra esta alteração na posição do peso.

Figura 8-5: Restabelecendo o equilíbrio.

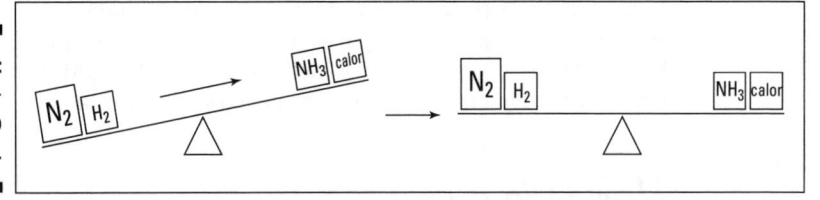

O equilíbrio foi restabelecido. Existe menos hidrogênio e mais nitrogênio, amônia e calor que você tinha antes de acrescentar o nitrogênio adicional. A mesma coisa aconteceria se você tivesse uma forma de remover a amônia que foi formada. O lado direito do balanço seria novamente mais leve e o peso seria mandado para o lado direito, em função de restabelecer o equilíbrio. Novamente, mais amônia seria formada. Em geral, se você adicionar mais de um reagente ou produto, a reação mudará para o outro lado para que este possa se esgotar. Se você remover algum reagente ou produto, a reação mudará para o lado onde estes estavam a fim de compensá-lo.

Mudando a temperatura

Suponha que você aqueça uma reação mista. Você sabe que a reação é exotérmica — o calor será liberado, aparecendo do lado direito da equação. Então, se você aqueceu esta reação mista, o lado direito do balanço ficará mais pesado e o peso mudará para o lado esquerdo para que o equilíbrio se restabeleça. Esta mudança de peso esgotará a amônia e produzirá mais nitrogênio e hidrogênio. E, na medida que a reação ocorre, a quantidade de calor também diminui, abaixando a temperatura da reação mista. A Figura 8-6 mostra esta mudança no peso.

Figura 8-6: Aumentando a temperatura em uma reação exotérmica e restabelecendo o equilíbrio.

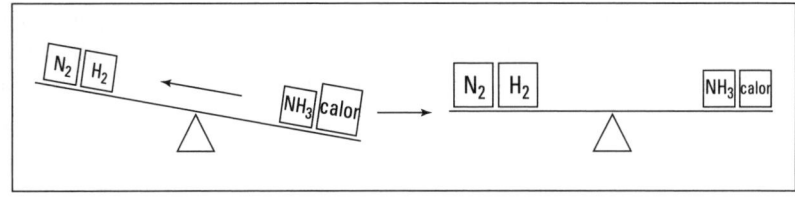

Todavia, não é isto que você quer. Você quer mais amônia, não mais nitrogênio e hidrogênio. Então, você terá que esfriar a reação, tirando o calor e, depois, o equilíbrio mudará para o lado direito para compensá-lo. Este processo ajuda você a ter mais amônia e mais lucro.

Em geral, aquecendo-se uma reação faz com que ela mude para o lado endotérmico. (Se você tem uma reação exotérmica, onde calor é produzido do lado direito, então, o lado esquerdo é o lado endotérmico.) Esfriando uma reação mista, causará a mudança de equilíbrio para o lado exotérmico.

Alterando a pressão

Mudar a pressão só afetará o equilíbrio se houver reagentes e/ou produtos que sejam gases. No processo Haber, todas as espécies são gases, então, existe um efeito da pressão.

Minha analogia entre o balanço e os sistemas de equilíbrio começará a não ser mais útil quando eu explicar os efeitos da pressão, então, buscarei um outro enfoque. Pense em um recipiente fechado, onde a reação da amônia está acontecendo. (A reação tem que acontecer em um recipiente fechado, pois são todos gases.) Você tem nitrogênio, hidrogênio e amônia lá dentro. Existe uma pressão dentro do recipiente devido às moléculas dos gases estarem colidindo umas com as outras lá dentro.

Agora, suponha que o sistema esteja em equilíbrio e que você quer aumentar a pressão. Você pode fazer isto tornando o recipiente menor (com um tipo de pistão) ou colocando dentro dele um gás não reagente como o neon. Você terá mais colisões no lado de dentro do recipiente e, portanto, mais pressão. Aumentar a pressão estressa o equilíbrio; para remover este estresse e restabelecer o equilíbrio, a pressão deve ser reduzida.

Dê outra olhada na reação de Haber e veja se existem algumas dicas de como isto pode ser feito.

$$N_2(g) + 3\,H2(g) \leftrightarrow 2\,NH_3(g)$$

Toda a vez que esta reação (esquerda para a direita) acontecer, quatro moléculas de gás (um nitrogênio e três hidrogênios) formarão duas moléculas de gás de amônia. Esta reação reduz o número de moléculas do gás no recipiente. A reação inversa (direita para a esquerda) pega duas moléculas de gás amônia e faz quatro moléculas de gás (nitrogênio e hidrogênio). Esta reação aumenta o número de moléculas de gás no recipiente.

O equilíbrio foi estressado por um aumento na pressão; reduzindo a pressão aliviará o estresse. Reduzir o número de moléculas de gás no recipiente reduzirá a pressão (menos colisão dentro das paredes do recipiente) e, assim, a reação (esquerda para a direita) é favorecida, porque quatro moléculas de gases são consumidas e apenas duas serão formadas. Como resultado desta reação, mais amônia será produzida!

Na maioria das vezes, aumentando-se a pressão sobre uma mistura em equilíbrio, fará a reação mudar para o lado que contém um número menor de moléculas de gás.

Reagindo Rápido e Reagindo Devagar: Cinética Química

Vamos dizer que você seja um químico que quer a maior quantidade de amônia possível a partir de uma dada quantidade de nitrogênio e hidrogênio. Manipular o equilíbrio (ver a seção anterior) não é a sua melhor solução. Você quer produzir mais e o mais rápido possível. Então, existe uma outra coisa que você deve levar em consideração — a cinética da reação.

Cinética é o estudo da velocidade de uma reação. Algumas reações são rápidas, outras são lentas. Algumas vezes os químicos querem acelerar as lentas e desacelerar aquelas que são muito rápidas. Existem vários fatores que afetam a velocidade de uma reação:

- Natureza dos reagentes
- Tamanho da partícula dos reagentes
- Concentração dos reagentes
- Pressão dos reagentes gasosos
- Catalisadores

A natureza dos reagentes

Para uma reação ocorrer, deve existir uma colisão entre os reagentes no sítio reativo da molécula (ver "Como as Reações Ocorrem? Teoria da Colisão", anteriormente neste capítulo). Quanto maior e mais complexa as moléculas dos reagentes, menos chance existirá de uma colisão no sítio reativo. Às vezes, em moléculas complexas, o sítio reativo é totalmente bloqueado por outras partes da molécula, de forma que nenhuma reação ocorre. Podem existir muitas reações, mas apenas aquelas no sítio reativo é que tem a chance de levar a uma reação química.

Em geral, a velocidade de reação é mais lenta quando os reagentes são maiores e as moléculas complexas.

O Tamanho da partícula dos reagentes

Reação depende de colisões. Quanto maior a área da superfície na qual as colisões ocorrem, mais rápida a reação. Você pode colocar um fósforo em um grande pedaço de carvão e nada acontecerá. Mas se você pegar o mesmo carvão, triturar bem fino, muito fino e atirá-lo ao ar e, depois, riscar um fósforo, você terá uma explosão, pois a área da superfície do carvão aumentou.

Concentração dos reagentes

Aumentar o número de colisões acelera a velocidade de reação. Quanto mais moléculas reagentes estiverem colidindo, mais rápida será a reação. Por exemplo: um pedaço de madeira queima ao ar livre sem problema (20 por cento de oxigênio), mas ele queimaria mais rápido se estivesse em um lugar onde existisse apenas oxigênio puro.

Na maioria dos casos mais simples, aumentar a concentração dos reagentes aumenta a velocidade da reação. Todavia, se a reação é complexa e tem um mecanismo complexo (reações intermediárias), este pode não ser o caso. Na realidade, determinar o efeito da concentração sobre a velocidade de reação, pode dar a você dicas de qual reagente está envolvido na determinação da velocidade do mecanismo. (Esta informação pode ser usada depois para ajudar a compreender o mecanismo de reação). Você pode fazer isto executando a reação em diversas concentrações e observando o efeito sobre a velocidade de reação. Se, por exemplo, ao mudar a concentração de um reagente não tiver nenhum efeito sobre a velocidade de reação, então você saberá que este reagente não está envolvido na etapa mais lenta (determinante) no mecanismo.

Pressão dos reagentes gasosos

A pressão dos reagentes gasosos tem basicamente o mesmo efeito que a concentração. Quanto mais alta a pressão dos reagentes, mais rápida será a taxa de reação. Isto acontece devido ao aumento do número de colisões. Mas, se existe um mecanismo complexo envolvido, mudar a pressão pode não dar o resultado esperado.

Temperatura

Tudo bem, mas por que a sua mãe lhe disse que colocasse o peru na geladeira depois daquele jantar de Ano Novo? Por causa do crescimento das bactérias. Então, quando você colocou o peru na geladeira, a temperatura baixa diminuiu a taxa de crescimento das bactérias.

O crescimento das bactérias é simplesmente uma reação bioquímica, uma reação química envolvendo organismos vivos. Na maioria dos casos, o aumento da temperatura faz com que a taxa de reação aumente. Em química orgânica, existe uma regra geral que diz que aumentar a temperatura em 10 graus Celsius fará a velocidade de reação dobrar.

Mas, por que isto é verdade? Parte da resposta é o aumento no número de colisões. Aumentar a temperatura faz com que as moléculas se movam mais rápido, de forma que exista uma maior chance delas colidirem umas com as outras e reagirem. Mas isto é apenas parte da história. Aumentar a temperatura aumentará, também, a energia cinética média das moléculas. Olhe, na Figura 8-7, um exemplo de como o aumento da temperatura afeta a energia cinética dos reagentes e aumenta a velocidade de reação.

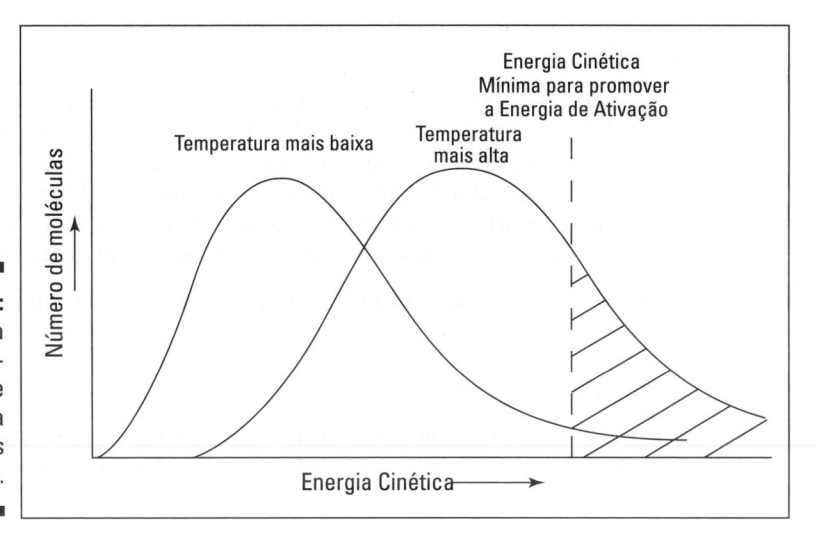

Figura 8-7: O efeito da temperatura sobre a energia cinética dos reagentes.

Em uma dada temperatura, nem todas as moléculas se moverão com a mesma energia cinética. Um pequeno número de moléculas estará se movendo muito vagarosamente (baixa energia cinética), enquanto que algumas poucas se moverão muito rapidamente (alta energia cinética). Já a maioria das moléculas estará entre estes dois extremos.

Na realidade, a temperatura é uma medida da média da energia cinética das moléculas. Como você pode ver na Figura 8-7, o aumento da temperatura aumenta a energia cinética média dos reagentes, essencialmente movendo a curva para a direita em direção as energias cinéticas mais altas. Mas, note também que eu marquei a quantidade mínima de energia cinética necessária dos reagentes para que possam fornecer a energia de ativação (a energia exigida para que a reação ocorra) durante a colisão. Os reagentes têm que colidir no sítio reativo, mas eles também têm que transferir energia suficiente para poder quebrar as ligações, de forma que novas ligações possam ser formadas. Se as reações não tiverem energia suficiente, ela não ocorrerá mesmo que os reagentes colidam no sítio reativo.

Note que, em temperaturas mais baixas, poucas moléculas reagentes terão a quantidade mínima de energia cinética necessária para fornecer a energia de ativação. Em temperaturas mais altas, muitas moléculas possuem a quantidade mínima de energia cinética necessária, indicando que mais colisões terão energia suficiente para causar uma reação.

Aumentar a temperatura não aumenta apenas o número de colisões, mas também o número de colisões que são eficientes — que transferem energia suficiente para fazer com que uma reação ocorra.

Catalisadores

Catalisadores são substâncias que aumentam a velocidade de reação e permanecem intactas ao final da reação. Elas aumentam a velocidade de reação através da diminuição da energia de ativação, necessária para a reação.

Olhe a Figura 8-1. Se a curva de energia de ativação fosse mais baixa, seria mais fácil acontecer a reação e a velocidade de reação seria mais rápida. Você pode ver a mesma coisa na Figura 8-7. Se você levar para a esquerda aquela linha pontilhada, que representa a quantidade mínima de energia cinética necessária para fornecer a energia de ativação, então, muito mais moléculas teriam a energia mínima necessária e a reação seria mais rápida.

Os catalisadores diminuem a energia de ativação de uma reação de duas maneiras:

- Fornecendo superfície e orientação
- Fornecendo um mecanismo alternativo (série de passos para a reação prosseguir) com uma energia de ativação mais baixa

Superfície e orientação — catalisação heterogênea

Na seção "Como as reações Ocorrem? Teoria das Colisões", eu descrevo como as moléculas reagem, usando este exemplo:

$$C\sim A\sim B \rightarrow C\text{-}A + B$$

O reagente C deve tocar o sítio reativo sobre a terminação A da molécula A-B, em função de quebrar a ligação A-B e formar a ligação C-A, demonstrada na equação. A probabilidade de que a colisão ocorra na orientação correta é extremamente comandada pelo acaso. Os reagentes estão se movendo ao redor, correndo uns para os outros e cedo ou tarde a colisão poderá ocorrer no sítio reativo. Mas o que aconteceria se você pudesse unir a molecula A-B com a terminação A exposta? Seria muito mais fácil e mais provável para C tocar A, com este cenário.

Isto é o que um catalisador heterogêneo faz: ele une uma molécula a uma superfície enquanto fornece uma orientação correta para tornar a reação mais fácil. O processo de catálise heterogênea é demonstrado na Figura 8-8.

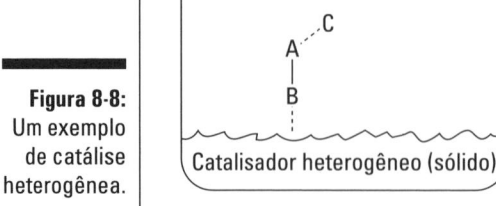

Figura 8-8: Um exemplo de catálise heterogênea.

Um catalisador é chamado de heterogêneo porque está em uma fase diferente dos reagentes. Este catalisador é geralmente um metal sólido finamente dividido ou um metal óxido, enquanto que os reagentes são gases ou solução. Este catalisador heterogêneo tende a atrair uma parte de uma molécula reagente devido a reações bastante complexas que ainda não são totalmente compreendidas por nós. Após a reação acontecer, as forças que ligam a parte B da molécula à superfície do catalisador não estarão mais lá, de forma que B pode sair e o catalisador estará pronto para repetir o processo.

A maioria de nós senta muito perto de um catalisador heterogêneo todos os dias — o conversor catalítico de nosso carro. Ele contém metal platina e/ou paládio finamente dividido e que faz com que os gases perigosos da gasolina (como por exemplo, monóxido de carbono e hidrocarboneto não queimados) se decomponham, na maior parte, em produtos não nocivos (como água e dióxido de carbono).

Mecanismo Alternativo — catalisação homogênea

O segundo tipo de catalisador é o catalisador homogêneo — aquele está na mesma fase dos reagentes. Ele fornece um mecanismo alternativo ou caminho de reação, que tem uma energia de ativação mais baixa do que a reação original.

Por exemplo: confira abaixo a reação de decomposição do peróxido de hidrogênio:

$$2\ H_2O_2(l) \rightarrow 2\ H_2O\ (l) + O_2(g)$$

Esta é uma reação lenta, especialmente se for mantida em uma garrafa fria e em uma garrafa escura. Poderá levar anos para que esta garrafa de peróxido de hidrogênio, em sua caixa de remédios, se decomponha. Mas, se você colocar um pouco de solução contendo o íon férrico, a reação será muito mais rápida, embora ela seja um mecanismo de duas etapas, ao invés de um mecanismo de apenas uma etapa:

(Passo 1) $2\ Fe^{3+} + H_2O_2(l) \rightarrow 2\ Fe^{2+} + O_2(g) + 2H^+$

(Passo 2) $2\ Fe^{2+} + H_2O_2(l) + 2\ H^+ \rightarrow 2\ Fe^{3+} + 2\ H_2O(l)$

Se você adicionar as duas reações precedentes juntas e cancelar as espécies que são idênticas em ambos os lados, você obterá a reação não catalisada original:

2 Fe^{3+} + $H_2O_2(l)$ + **2Fe^{2+}** + $H_2O_2(l)$ + **2H$^+$** $\rightarrow$ **2 Fe^{2+}** + $O_2(g)$ + **2H$^+$** + **2 Fe^{3+}**

$2\ H_2O(l)$ (as espécies a serem canceladas estão em negrito)

$2\ H_2O_2(l) \rightarrow 2\ H_2O(l) + O_2(g)$

O catalisador de íon férrico foi modificado no primeiro passo, mas retornou no segundo passo. Este caminho de catalisação de dois passos tem uma energia de ativação mais baixa e é mais rápido.

Capítulo 9

Eletroquímica: De Pilhas a Bules de Chá

Neste capítulo:
- Descobrindo sobre reações redox
- Desvendando como balancear equações redox
- Dando uma olhada em células eletroquímicas
- Verificando a galvanoplastia
- Descobrindo como combustível queimado e comida queimada são similares

Muitas coisas que lidamos na vida real estão relacionadas diretamente ou indiretamente com as reações eletroquímicas. Pense em todas as coisas em sua volta que possuem bateria — lanternas, relógios, automóveis, calculadoras, PDAs, marca-passos, celulares, brinquedos, controles de portão eletrônico e assim por diante.

Você bebe em uma caneca de alumínio? O alumínio foi extraído de uma reação eletroquímica. O seu carro tem pára-choque cromado? Aquele cromado é galvanizado no pára-choque, da mesma forma que a prata no jogo de chá da sua avó ou o ouro naquela corrente de ouro de cinco dólares. Você assiste televisão, usa lanterna elétrica, um liquidificador elétrico ou tem um computador? Há uma boa chance de que a energia que você usa seja gerada por uma combustão de algum combustível fóssil. Combustão é uma reação de oxirredução, assim como a respiração, fotossíntese e muitos outros processos bioquímicos que dependemos para viver. A eletroquímica e as reações de oxirredução nos cercam.

Neste capítulo, explicarei as reações de oxirredução, através do balanceamento deste tipo de equação e, então, mostrarei algumas aplicações de reações de oxirredução em uma área da química chamada eletroquímica.

Lá vão os Elétrons Indesejados: Reações de Oxirredução

As *reações de oxirredução* — reações onde há transferência simultânea de elétrons de uma espécie química para outra — são realmente compostas por duas reações diferentes: *oxidação* (perda de elétrons) e *redução* (ganho de elétrons). Estas reações estão unidas, pois a quantidade de elétrons perdidos na oxidação é a mesma quantidade de elétrons ganhos da reação de redução. De fato, estas duas reações (redução e oxidação) são normalmente chamadas de *meia-reação*, porque tomam estas duas metades para fazer uma reação, e a reação completa é chamada de reação de *oxirredução* (*oxidação/redução*). No capítulo 8, eu descrevi a reação de oxiredução que ocorre entre o metal zinco e o íon cobre (Cu^{2+}). O metal zinco perde elétrons e o íon cobre ganha.

Agora, onde coloquei aqueles elétrons? Oxidação

Aqui estão três definições que você pode usar para oxidação:

- A perda de elétrons
- O ganho de oxigênio
- A perda de hidrogênio

Por tratar com células eletroquímicas, normalmente uso a definição que descreve a perda de elétrons. As outras definições são úteis nos processos como combustão e fotossíntese.

A perda de Elétrons

Oxidação é a reação onde uma substância química perde elétrons para formar um produto. Por exemplo: quando o metal sódio reage com o gás cloro para formar o cloreto de sódio (NaCl), o metal sódio perde um elétron, que então vai para o cloro. A equação seguinte mostra o sódio perdendo um elétron:

$Na(s) \rightarrow Na^+ + e^-$

Quando perde o elétron, os químicos dizem que o metal sódio foi oxidado para o cátion sódio. (O cátion é um íon com carga positiva devido à perda de elétrons — veja capítulo 6).

Reações deste tipo são comuns nas reações eletroquímicas, reações que produzem ou usam eletricidade. (Para mais informações sobre reações eletroquímicas, vá para a sessão, "Potência em movimento: Células químicas", a seguir neste capitulo).

Ganho de Oxigênio

Algumas vezes, em certas reações de oxidação, fica óbvio que o oxigênio foi ganho na formação do produto. As reações onde o ganho do oxigênio é mais óbvio que o ganho de elétrons são as reações de combustão (queima) e de ferrugem no ferro. Aqui temos dois exemplos:

$C(s) + O_2(g) \rightarrow CO_2(g)$ (queima de carvão)

$2\ Fe(s) + 3O_2(g) \rightarrow 2\ Fe_2O_3(s)$ (ferrugem)

Nestes casos, os químicos dizem que o carbono e o metal ferro foram oxidados para dióxido de carbono e ferrugem, respectivamente.

A Perda de Hidrogênio

Em outras reações, a oxidação pode ser mais bem vista com a perda de hidrogênio. Álcool metílico (álcool da madeira) pode ser oxidado para formaldeído:

$CH_3OH(l) \rightarrow CH_2O(l) + H_2(g)$

Do metanol para formaldeido, o componente que estava com quatro átomos de hidrogênio passou a ter dois átomos de hidrogênio.

Veja o que encontrei! Redução

Como na oxidação, existem três definições que podem ser usadas para descrever redução:

- ✔ O ganho de elétrons
- ✔ A perda de oxigênio
- ✔ O ganho de hidrogênio

O ganho de elétrons

Redução normalmente é vista como ganho de elétrons. No processo de galvanização da prata no bule de chá (veja a sessão, "Cinco dólares por uma corrente de ouro? Galvanização", a seguir neste capítulo), por exemplo, o cátion da prata é reduzido para metal prata pelo ganho de um elétron. A equação a seguir mostra o cátion da prata ganhando um elétron:

$Ag^+ + e \rightarrow Ag$

Quando ganha o elétron, os químicos dizem que o cátion da prata foi reduzido para metal prata.

A perda de oxigênio

Em outras reações, é mais fácil ver a perda de oxigênio na formação do produto. Por exemplo, minério de ferro (primeiramente oxidado, Fe_2O_3) é reduzido para metal ferro, em um alto-forno, por uma reação com monóxido de carbono.

$$Fe_2O_3(s) + 3\ CO(g) \rightarrow 2\ Fe(s) + 3\ CO_2(g)$$

O ferro perdeu oxigênio, então os químicos dizem que o íon do ferro foi reduzido para metal ferro.

O ganho de Hidrogênio

Em alguns casos, a redução também pode ser descrita como o ganho de átomos de hidrogênio na formação do produto. Por exemplo, o monóxido de carbono e o gás de hidrogênio podem ser reduzidos a metanol:

$$CO(g) + 2\ H_2(g) \rightarrow CH_3OH(l)$$

Neste processo de redução, o CO ganhou átomos de hidrogênio.

A perda de uns é o ganho de outros

Nem a oxidação e nem a redução pode ter lugar sem a outra. Quando um elétron é perdido, algo tem que ganhá-lo.

Considerando, por exemplo, a equação net-iônica (a equação mostra apenas as substâncias químicas que mudam durante a reação — veja o capítulo 8) para a reação com o metal zinco e uma solução aquosa de sulfato de cobre (II):

$$Zn(s) + Cu^{2+} \rightarrow Zn^{2+} + Cu$$

Esta equação completa é composta por duas meias-reações:

$$Zn(s) \rightarrow Zn^{2+} + 2e^{-} \text{ (meia-reação de oxidação — a perda de elétrons)}$$

$$Cu^{2+} + 2e^{-} \rightarrow Cu(s) \text{ (meia-reação de redução — o ganho de elétrons)}$$

DICA: Para ajudar a se lembrar qual é a oxidação e qual é a redução em termos de elétrons, memorize a frase "LEO goes GER" (Lose Electrons Oxidation; perda de elétrons na oxidação e Gain Electrons Reduction; Ganho de Elétrons da Redução).

O zinco perde dois elétrons; o cátion cobre (II) ganha os mesmos dois elétrons. O Zn está sendo oxidado. Mas sem a presença do Cu^{2+}, nada acontecerá. O cátion do cobre é o agente oxidante. É um agente necessário para que o processo de oxidação aconteça. O agente oxidante aceita os elétrons da espécie química que está sendo oxidada.

O Cu^{2+} é reduzido assim que ganha os elétrons. A espécie que envolve os elétrons é chamada de agente redutor. Neste caso, o agente redutor é o metal zinco.

O agente oxidante é a espécie que está sendo reduzida, e o agente redutor é a espécie que está sendo oxidada. Ambos agentes, oxidante e redutor, estão no lado esquerdo (reagente) da equação de oxirredução.

Jogando os números: números de oxidação, é isso aí?

Os números de oxidação são números escriturados. Eles permitem aos químicos coisas como balanceamento das equações de oxirredução. Os números oxidantes são números positivos ou negativos, mas não os confunda com cargas de íons ou valências. Os números oxidantes são atribuídos aos elementos usando estas regras:

- **Regra 1:** O número oxidante de um elemento no seu estado livre (não combinado) é zero (por exemplo, Al(s) ou Zn(s)). Isto também é válido para elementos encontrados *in natura* como os elementos diatômicos (dois átomos) (H_2, O_2, N_2, F_2, Cl_2, Be_2, ou I_2) e para o enxofre, encontrado como S_8.

- **Regra 2:** O número oxidante de um íon monoatômico (um átomo) é a mesma da carga no íon (por exemplo, Na^+ = +1, S^{2-} = -2).

- **Regra 3:** A soma de todos os números oxidantes em um componente neutro é zero. A soma de todos os números oxidantes em um íon poliatômico (muitos átomos) é igual à carga do íon. Esta regra permite aos químicos calcularem o número de oxidação de um átomo que podem ter estados múltiplos de oxidações, se outros átomos no íon tiverem o número de oxidação conhecido. (Veja o capítulo 6 para exemplos de átomos com estados múltiplos de oxidação.)

- **Regra 4:** O número de oxidação de um metal alcalino (família IA) em um componente é +1; o número de oxidação de um metal alcalino terroso (família IIA) em um componente é +2.

- **Regra 5:** O número de oxidação do oxigênio em um componente é normalmente -2. Se, de qualquer forma, o oxigênio estiver numa classe chamada peróxidos (por exemplo, peróxido de hidrogênio ou H_2O_2), então o oxigênio tem o número de oxidação -1. Se o oxigênio estiver junto com o flúor, o número será +1.

- **Regra 6:** O estado de oxidação do hidrogênio em um componente é normalmente +1. Se o hidrogênio fizer parte de um metal hidreto binário (composto de hidrogênio e algum metal), então o estado de oxidação do hidrogênio é -1.

✔ **Regra 7:** O número de oxidação do flúor é sempre -1. O cloro, o bromo e o iodo normalmente tem um número de oxidação de -1, a menos que estejam combinados com um oxigênio ou flúor. (Por exemplo, no ClO^-; o número de oxidação do oxigênio é -2 e o número de oxidação do cloro é +1 (lembre-se que a soma de todos os números de oxidação no ClO^- tem que ser igual a -1).

Estas regras definem de outra forma a oxidação e redução — nos termos de números oxidantes. Por exemplo, considerando esta reação, que apresenta a oxidação pela perda de elétrons:

$$Zn(s) \rightarrow Zn^{2+} + 2e^-$$

Note que o metal zinco (o reagente) tem o número de oxidação zero (regra 1) e o cátion zinco (o produto) tem o número de oxidação +2 (regra 2). No geral, você pode dizer que uma substância é oxidada quando há um aumento no número de oxidação:

A Redução funciona da mesma forma. Considerando esta reação:

$$Cu^{2+} + 2e^- \rightarrow Cu(s)$$

O cobre está indo de um número de oxidação +2 para zero. Uma substância é reduzida se houver uma diminuição no número de oxidação.

Balanceamento das equações de oxirredução

As equações de oxirredução são tão complexas que o método de inspeção (o método de brincar com coeficientes) de balanceamento químico das equações não funciona bem (veja o capítulo 8 para discussão do método de balanceamento). Então, químicos desenvolveram dois diferentes métodos de balanceamento de equações de oxirredução. Um é chamado de método do número de oxidação. É baseado nas mudanças no número de oxidação que ocorre durante a reação. Pessoalmente, não acho que este método funcione tão bem quanto o segundo, o método íon-életron (meia-reação), porque às vezes é difícil determinar a mudança exata do valor numérico do número de oxidação. Então, mostrarei o segundo método.

Aqui teremos uma visão geral do método íon-elétron: a equação de oxirredução não balanceada é convertida para a equação iônica que então se quebra em duas meias-reações — oxidação e redução. Cada uma destas meia reações são balanceadas separadamente e então combinadas para dar balanceamento às equações iônicas. Finalmente, o íon espectador é colocado no balanceamento da equação iônica, convertendo a reação para sua forma molecular. (Para discussão das equações molecular, iônica e net-iônica, veja o capítulo 8). É importante seguir os passos com precisão e na ordem listada. De outra forma, poderá não ter sucesso no balanceamento da equação de oxirredução.

Capítulo 9: Eletroquímica: De Pilhas a Bules de chá

Agora, que tal um exemplo? Eu mostrarei como balancear uma equação de oxirredução com o método íon-elétron:

$$Cu(s) + HNO_3(aq) \rightarrow Cu(NO_3)_2(aq) + NO(g) + H_2O(l)$$

Seguindo estes passos:

1. **Converter a reação de oxirredução não-balanceada para a forma iônica.**

    Nesta reação, você apresenta o ácido nítrico na forma iônica, porque é um ácido forte (para uma discussão sobre ácidos fortes, veja o capítulo 12). O nitrato de cobre (II) é solúvel (indicado por (aq)), então ele se mostra em sua forma iônica (veja o capítulo 8). Como NO(g) e água são componentes moleculares, eles permanecem em sua forma molecular:

    $$Cu(s) + H^+ + NO_3^- \rightarrow Cu^{2+} + 2\,NO_3^- + NO(g) + H_2O(l)$$

2. **Se necessário, assinale os números de oxidação e então escreva duas meias-reações (oxidação e redução) mostrando as espécies químicas que tiveram seus números de oxidação alterados.**

    Em alguns casos, é fácil dizer o que foi oxidado e reduzido, mas em outros casos, não é tão fácil. Vamos começar pelo exemplo de reações e assinalando os números de oxidações. Você poderá, então, usar as espécies químicas que tiveram seus números de oxidação alterados para escrever sua meia reação não balanceada:

    $$Cu(s) + H^+ + NO_3^- \rightarrow Cu^{2+} + 2\,NO_3^- + NO(g) + H_2O(l)$$
    $$0 \quad\ +1 \quad +5(-2)3 \quad +2 \quad\ +5(-2)3 \quad +2-2 \quad (+1)2-2$$

    Veja de perto. O cobre alterou seu número de oxidação (de 0 para 2) e o nitrogênio (de -2 para +2). Sua meia-reação não balanceada é:

    $$Cu(s) \rightarrow Cu^{2+}$$

    $$NO_3^- \rightarrow NO$$

3. **Balancear todos os átomos, com exceção do oxigênio e do hidrogênio.**

    É uma boa ideia esperar até o final para balancear os átomos de hidrogênio e oxigênio, então é sempre bom balancear os outros primeiro. Você pode balancear por inspeção — brincando com os coeficientes. (Você não pode alterar subscritos, só pode acrescentar coeficientes). De qualquer forma, neste caso em particular, tanto os átomos de cobre como os de nitrogênio já estão balanceados, com um em cada lado:

    $$Cu(s) \rightarrow Cu^{2+}$$

    $$NO_3^- \rightarrow NO$$

4. **Balancear o átomo de oxigênio.**

   A forma que você balanceia estes átomos depende se a solução que está trabalhando é básica ou ácida:

   - Em soluções ácidas, tire o número de átomos de oxigênio, necessários e some o mesmo número de moléculas de água no lado que precisa de oxigênio.

   - Em soluções básicas, some 2 OH⁻ no lado que precisar de oxigênio, para cada átomo de oxigênio que for necessário. Então, para o outro lado da equação, some meio na quantidade de moléculas de água, assim como de ânions OH⁻ usados.

   Uma solução ácida terá algum ácido ou H⁺ aparente; uma solução básica terá um OH⁻ presente. O exemplo de equação está em condições ácidas (ácido nítrico, HNO_3, que na forma iônica é $H^+ + NO_3^-$). Não há nada a fazer na meia-reação envolvendo o cobre, porque não há átomos de oxigênio presentes. Mas você precisa balancear o átomo de oxigênio na segunda meia-reação:

   $Cu(s) \rightarrow Cu^{2+}$

   $NO_3^- \rightarrow NO + 2\ H_2O$

5. **Balanceando o átomo de hidrogênio.**

   Novamente, como você balanceia estes átomos depende se a solução que está trabalhando é básica ou ácida:

   - Em soluções ácidas, pegue o número de átomos de hidrogênio necessário e some este mesmo número de H⁺ no lado que precisa de hidrogênio.

   - Em soluções básicas, some uma molécula de água no lado que precisa de hidrogênio para cada átomo de hidrogênio que for necessário. Então, para o outro lado da equação, some os ânions. OH⁻, assim como moléculas de água que forem usados.

   O exemplo da equação está em condições ácidas. Você precisa balancear os átomos de hidrogênio na segunda meia-reação:

   $Cu(s) \rightarrow Cu^{2+}$

   $4\ H^+ + NO_3^- \rightarrow NO + 2\ H_2O$

6. **Balanceando as cargas iônicas em cada meia-reação acrescentando elétrons.**

   $Cu(s) \rightarrow Cu^{2+} + 2\ e^-$ (oxidação)

   $3\ e^- + 4\ H^+ + NO_3^- \rightarrow NO + 2\ H_2O$ (redução)

   Os elétrons devem terminar em lados opostos de uma equação nas duas meias-reações. Lembre-se que está usando carga iônica e não números de oxidação.

7. **Balanceando perda de elétrons com ganho de elétrons entre duas meias-reações.**

   Os elétrons que são perdidos na oxidação da meia-reação são os mesmos elétrons que serão ganhos na redução da meia-reação. O número de elétrons perdidos e ganhos tem que ser igual. Mas o Passo 6 mostra a perda de 2 elétrons e o ganho de 3. Então você deverá ajustar o número usando multiplicadores apropriados para as duas meias-reações. Neste caso, você tem que encontrar o menor denominador comum entre 2 e 3 e o 6, então multiplique a primeira meia-reação por 3 e a segunda meia-reação por 2.

   $3 \times [Cu(s) \rightarrow Cu^{2+} = 2\ e^-] = 3\ Cu(s) \rightarrow 3\ Cu^{2+} + 6\ e^-$

   $2 \times [3\ e^- + 4\ H^+ + NO_3^- \rightarrow NO + 2\ H_2O] = 6\ e^- + 8\ H^+ + 2\ NO_3^- \rightarrow 2\ NO + 4\ H_2O$

8. **Junte as duas meias-reações e cancele qualquer coisa em comum entre os dois lados. Os elétrons devem ser sempre cancelados (o número de elétrons devem ser os mesmos nos dois lados).**

   $3\ Cu + 6\ e^- + 8\ H^+ + 2\ NO_3^- \rightarrow 3\ Cu^{2+} + 6\ e^- + 2\ NO + 4\ H_2O$

9. **Converter a equação para sua forma molecular acrescentando íons espectadores.**

   Se for necessário acrescentar íons espectadores em um lado da equação, acrescente o mesmo número no outro lado da equação. Por exemplo, o 8 H^+ no lado esquerdo de uma equação. Na equação original, o H^+ estava em sua forma molecular de HNO_3. Você precisa acrescentar o íon espectador NO_3^- novamente. Você já tem 2 na esquerda, então você simplesmente soma mais 6. Então você soma 6 NO_3^- no lado direito para manter balanceado. Estes são os íons espectadores que você precisa para converter o cátion Cu^{2+} para sua forma molecular.

   $3\ Cu(s) + 8\ HNO_3(aq) \rightarrow 3\ Cu(NO_3)_2(aq) + 2\ NO(g) + 4\ H_2O(l)$

10. **Verifique se todos os átomos estão balanceados, se todas as cargas estão balanceadas (se estão funcionando com uma equação iônica inicialmente) e se todos os coeficientes estão no menor número inteiro.**

Esta é a forma que as reações são feitas e são fáceis desde que as regras sejam seguidas.

Potência em Movimento: Células Eletroquímicas

Nesta sessão, "Uns perdem para outros ganharem", eu discuto uma reação onde coloco um pedaço de metal de zinco em uma solução de sulfato de cobre (II). O metal cobre começa espontaneamente a se achatar na superfície do zinco. A equação para esta reação é:

$$Zn(s) + Cu^{2+} \rightarrow Zn^{2+} + Cu$$

Este é um exemplo de transferência direta de elétrons. O zinco abre mão de dois elétrons (oxida) para o íon Cu^{2+}, que aceita os elétrons (redução para metal cobre). No capítulo 8 eu mostro que nada acontece se você coloca um pedaço de metal de cobre em uma solução contendo Zn^{2+}, porque o zinco abre mão dos elétrons com mais facilidade que o cobre. Eu também mostro as atividades em uma série de metais que lhe permite prever ou não se o deslocamento de uma reação terá lugar.

Agora esta é uma reação útil se você quer depositar cobre no zinco. De qualquer forma, não é muita gente que tem vontade de fazer isto! Mas se você fosse capaz de separar as duas meias-reações, quando o zinco fosse oxidado, os elétrons liberados seriam forçados a migrar até encontrar o Cu^{2+} e você teria algo útil. Você poderia ter uma célula galvânica ou voltaica, uma reação de oxirredução que produz eletricidade. Nesta sessão, eu mostrarei que uma reação Zn/Cu^{2+} pode ser separada para que você tenha uma transferência indireta de elétrons podendo produzir uma eletricidade útil.

As pilhas galvânicas são comumente chamadas de baterias, mas algumas vezes este nome é incorreto. Uma bateria é composta por duas ou mais células conectadas. Você coloca uma bateria no seu carro mas, você coloca uma pilha na sua lanterna.

Boa pilha, Daniell

Dê uma olhada na figura 9-1, que mostra a pilha de Daniell que usa a reação Zn/Cu^{2+} para produzir eletricidade. (Esta pilha foi nomeada por John Frederic Daniell, um químico britânico que a inventou em 1836.)

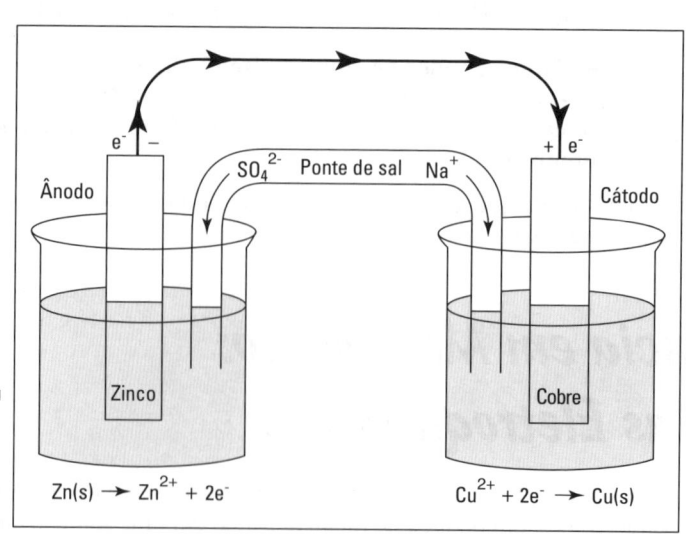

Figura 9-1: A pilha de Daniel.

Na pilha de Daniell, um pedaço de metal de zinco foi colocado em uma solução de sulfato de zinco em um recipiente e um pedaço de metal de cobre foi colocado em uma solução de sulfato de cobre (II), em outro recipiente. Estes pedaços de metal são chamados de eletrodos da pilha. Eles funcionam como um terminal para os elétrons. Um fio conecta os eletrodos, mas nada acontece até que seja colocada uma ponte de sal entre os dois recipientes. A *ponte de sal*, normalmente um tubo no formato de U, cheio de solução de sal concentrada, possibilita que os íons se transportem de um recipiente para o outro, mantendo a solução eletricamente neutra. É como uma corrente única percorrendo para ascender a luz; a luz não acenderá a não ser que você coloque um segundo fio para completar o circuito.

Com a ponte de sal, os elétrons podem começar a fluir, é a mesma reação básica de oxirredução que eu lhe mostrei no início desta sessão. O zinco é oxidado, liberando elétrons que fluem pelo fio para o eletrodo de cobre, onde eles estão disponíveis para o íon Cu^{2+} para serem usados na formação do metal cobre. Os íons de cobre da solução de sulfato de cobre estão sendo depositados no eletrodo de cobre, enquanto o eletrodo de zinco está sendo consumido. Os cátions, na ponte de sal, migram para o recipiente que contêm os eletrodos de cobre para substituir os íons de cobre que estão sendo consumidos, enquanto os ânions na ponte de sal migram para o lado do zinco, onde eles mantêm a solução contendo o mais novo cátion Zn^{2+} formado, eletricamente neutro.

O eletrodo de zinco, chamado de *ânodo*, é o eletrodo onde a oxidação passa a acontecer e é representado pelo sinal de "-". O eletrodo de cobre é chamado de Cátodo, é o eletrodo onde a redução passa a acontecer e é representado pelo sinal de "+".

Essa pilha irá produzir um pouco mais de um volt. Você pode conseguir um pouco mais de voltagem se tornar a solução onde os eletrodos se encontram um pouco mais concentrada. Mas o que você pode fazer se quiser dois volts, por exemplo? Você tem duas escolhas. Você pode agrupar duas destas pilhas juntas para produzir dois volts ou você pode escolher dois diferentes metais da cartela de séries de atividade no capítulo 8, que estão mais distantes do zinco e do cobre. Quanto mais distantes os metais estiverem na série de atividade, maior voltagem a pilha irá produzir.

Deixe a luz brilhar: uma pilha para lanternas

Uma pilha comum para lanterna (veja a Figura 9-2), a pilha seca (não é uma solução como a pilha de Daniell) está contida na família do zinco que age como um ânodo. O outro eletrodo, o cátodo, é uma haste de grafite no meio da pilha. Uma camada de óxido de manganês e carbono preto (uma das diversas formas do carbono) permeia a haste grafite e uma fina pasta de cloreto de amônia e cloreto de zinco servem como eletrólitos. As reações da pilha são:

$Zn(s) \rightarrow Zn^{2+} + 2\ e^-$ (reação/oxidação do ânodo)

$2\ MnO_2(s) + 2\ NH_4^+ + 2\ e^- \rightarrow Mn_2O_3(s) + 2\ NH_3(aq) + H_2O(l)$ (reação/redução do catodo)

Note que o recipiente é na verdade um dos eletrodos, que está sendo usado na reação. Se houver qualquer pequeno ponto no recipiente, um buraco pode se formar e a pilha vazar o conteúdo corrosivo. Além de que, o cloreto de amônio tende a corroer o recipiente de metal permitindo novamente a possibilidade de um vazamento.

Na pilha seca alcalina (bateria alcalina), o cloreto de amônio ácido de uma pilha seca comum é substituído por um hidróxido de potássio básico. Com essa química, a corrosão do frasco de zinco é bastante reduzida.

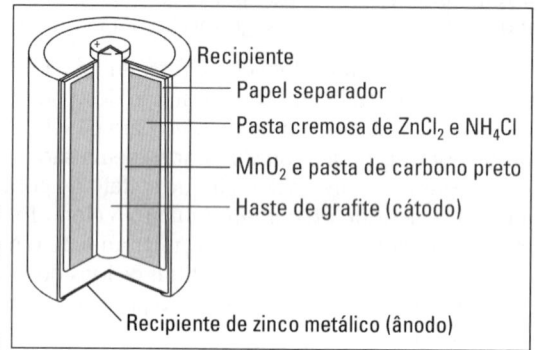

Figura 9-2: Uma pilha seca

- Recipiente
- Papel separador
- Pasta cremosa de $ZnCl_2$ e NH_4Cl
- MnO_2 e pasta de carbono preto
- Haste de grafite (cátodo)
- Recipiente de zinco metálico (ânodo)

Outra pilha com a mesma estrutura é a pequena bateria de mercúrio, comumente usada em relógios, marca-passos e outros. Nesta bateria, o ânodo é zinco, como na pilha seca comum, mas o cátodo é aço. O óxido de Mercúrio (II), o HgO, e algumas outras pastas alcalinas formam eletrólito. Você deve tomar cuidado ao manusear esta bateria para que o mercúrio não contamine ambiente.

Todas essas pilhas galvânicas produzem eletricidade até que fiquem sem reagente. Então, elas devem ser descartadas. No entanto, há pilhas (baterias) que podem ser recarregadas, com a inversão da reação de oxirredução regenerando o reagente. As baterias de Níquel-cádmio e lítio são exemplos destas. As mais familiares baterias recarregáveis são, no entanto, as baterias dos automóveis.

Senhores, liguem os seus motores: As baterias de automóveis

As baterias de automóveis comuns, ou baterias movidas a chumbo, consistem em seis pilhas conectadas em série (veja a Figura 9-3). O ânodo de cada pilha é o chumbo, enquanto o cátodo é dióxido de chumbo (PbO_2). Os eletrodos são imersos em uma solução de ácido sulfúrico (H_2SO_4). Quando você liga o seu carro, acontecem as seguintes reações na pilha:

$Pb(s) + H_2SO_4(aq) \rightarrow PbSO_4(s) + 2\ H^+ + 2\ e^-$ (ânodo)

$2\ e^- + 2\ H^+ + PbO_2(s) + H_2SO_4(aq) \rightarrow PbSO_4(s) + 2\ H_2O(l)$ (cátodo)

$Pb(s) + PbO_2(s) + 2\ H_2SO_4(aq) \rightarrow PbSO_4 + 2\ H_2O(l)$ (reação integral)

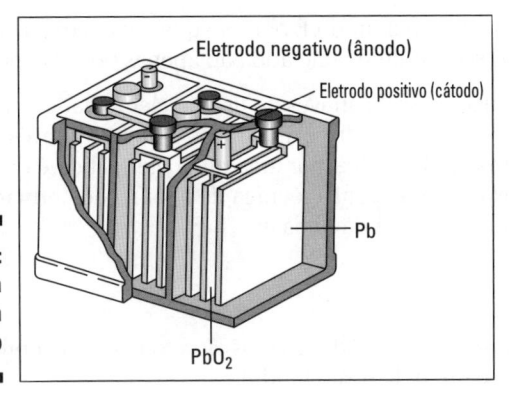

Figura 9-3: Bateria movida a chumbo

Quando esta reação acontece, ambos eletrodos ficam encobertos de sulfato de chumbo e o ácido sulfúrico é utilizado.

Depois que o carro já está funcionando, o alternador ou gerador assume a produção de eletricidade (para a faísca, luzes e outros) e também o recarregamento da bateria. O alternador inverte os fluxos de elétrons na bateria e a reação de oxirredução e regenera o chumbo e o dióxido de chumbo.

$$2PbSO_4(s) + 2\ H_2O(l) \rightarrow Pb(s) + PbO_2(s) + 2\ H_2SO_4(aq)$$

A bateria movida a chumbo pode ser descarregada e carregada várias vezes. Mas o impacto de uma colisão na estrada (ou as armadilhas mortais de tatus no Texas) ou um travamento de freios, fazendo vazar sulfato de chumbo, podem causar falhas na bateria.

Durante a recarga, a bateria do automóvel age como um segundo tipo de pilha eletroquímica, uma pilha eletrolítica, que usa de eletricidade para produzir uma reação de oxirredução.

Cinco Dólares por uma Corrente de Ouro? Galvanoplastia

As pilhas eletrolíticas, pilhas que usam eletricidade para produzir uma reação de oxirredução, são usadas em em larga escala em nossa sociedade. As baterias recarregáveis são um exemplo primário deste tipo de pilha, mas há muitas outras aplicações. Você já pensou como o alumínio é extraído? O minério de alumínio é, primeiramente, óxido de alumínio (Al_2O_3). O metal alumínio é produzido através da redução do óxido de alumínio em uma pilha eletrolítica de alta temperatura usando aproximadamente 250.000 ampéres. Isto é muita eletricidade. Sai muito mais barato, utilizar um velho recipiente de alumínio, derretê-lo e então transformá-los em novos recipientes do que extrair o metal do minério. É por isso que a indústria de alumínio se apoia fortemente no alumínio reciclado. São apenas bons negócios.

A água pode ser decomposta através do uso de eletricidade em uma pilha eletrolítica. O processo de produzir mudanças químicas através da passagem de uma corrente eletrônica, por uma pilha eletrolítica, é chamado de eletrólise (sim, exatamente igual a técnica de à remoção permanente de cabelos). A reação completa da pilha é:

$$2\ H_2O(l) \rightarrow 2\ H_2(g) + O_2(g)$$

Num sistema similar, o metal sódio e o gás cloreto podem ser produzidos pela eletrólise de cloreto de sódio fundido.

As pilhas eletrolíticas são também usadas em um processo chamado de galvanoplastia. Na galvanoplastia, um metal mais caro é fundido (depositado em uma fina camada) em uma superfície de um metal mais barato pela eletrólise. Antes dos para-choques de plástico tornarem-se populares, o metal cromo foi galvanizado em para-choques de ferro. As correntes de cinco dólares que você pode comprar são realmente feitas com um metal barato, cobertas por uma camada de ouro galvanizado. A Figura 9-4 mostra a galvanoplastia da prata em uma chaleira.

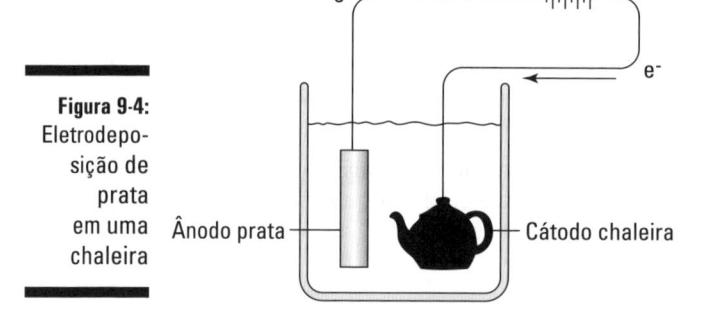

Figura 9-4: Eletrodeposição de prata em uma chaleira

Uma bateria é normalmente usada para fornecer eletricidade ao processo. A chaleira age como um cátodo e a barra de prata age como o ânodo. A barra de prata fornece os íons prata, que são reduzidos na superfície da chaleira. Vários metais e até mesmo algumas combinações de metais podem ser galvanizadas por este sistema. Todos amam as superfícies eletrodepositadas, especialmente, por não terem o alto custo dos metais puros. (Lembro-me de um atleta Olímpico que estava tão orgulhoso de sua "medalha de ouro"!).

Isto me Queima! Combustão de Combustíveis e Alimentos

As reações de combustão são tipos de reações de oxirredução que são absolutamente essenciais à nossa vida — porque o calor é o produto mais importante desta reação. A queima de carvão, madeira, gás natural e petróleo aquecem nossas casas e é de onde vem a maior parte da nossa eletricidade. Esta combustão de gasolina, injeção de combustível e combustível diesel alimentam nosso sistema de transportes. E a combustão de alimentos alimenta nosso corpo.

Você já imaginou como a energia vinda do combustível ou alimento é medida? Um instrumento chamado bomba calorimétrica é usado para medir a quantidade da energia. A Figura 9-5 mostra os principais componentes de uma bomba calorimétrica.

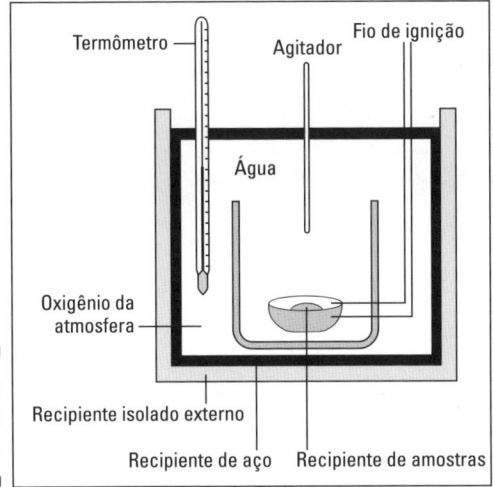

Figura 9-5: Uma bomba calorimétrica.

Para medir a energia contida em um combustível, uma massa do material a ser medido é colocado num recipiente e selado. O ar é retirado do recipiente, que então é preenchido com oxigênio puro. O recipiente é então colocado no calorímetro e coberto com uma certa quantidade de água. A temperatura inicial da água é medida e, então, a amostra é eletricamente aquecida. O aumento da temperatura é medido e o número de calorias de energia que é liberado é calculado. Uma caloria é a quantidade de energia necessária para elevar a temperatura de 1 grama de água em 1 grau Celsius. A combustão completa de um fósforo de cozinha grande, por exemplo, fornece aproximadamente, uma quilocaloria de calor. (Veja o capítulo 2 para as teorias sobre caloria e medidas de energia.)

O conteúdo calórico de alimentos pode ser determinado exatamente da mesma forma. Os químicos reportam resultados em calorias ou quilocalorias, enquanto nutricionistas reportam resultados em caloria nutricional. Uma caloria nutricional é igual à quilocaloria do químico (1.000 calorias). Uma barra de doce de 300 calorias produz 300.000 calorias de energia. Infelizmente, nem toda esta energia é consumida imediatamente, então algumas são armazenadas em componentes como a gordura. Estou armazenando o resultado de muitas barras de doces.

Parte III
O Mol: O Melhor Amigo do Químico

A 5ª Onda de Rich Tennant

"E daí que você tem um Ph.D. em química? Eu costumava ter meu próprio show no circo."

Nesta parte...

Químicos operam em um mundo de quantidades que podem ver e tocar — o mundo macroscópico das gramas, litros e metros. Eles provocam reações químicas pesando os gramas do reagente e utilizam gramas para medir o resultado obtido. Utilizam litros para medir a quantidade de gás produzido. Testam uma solução com papel tornassol para verificar se é um ácido ou uma base.

Mas os químicos também operam no mundo microscópico dos átomos e moléculas. Em razão do diminuto tamanho dos átomos e moléculas, só recentemente os químicos foram capazes de observá-los, graças à tecnologia avançada dos mais poderosos microscópios. Os químicos pensam em ácidos e bases em termos de doação e recepção de prótons e não simplesmente em mudanças de cores em indicadores. Modelos ajudam os químicos a compreender e predizer os processos que ocorrem no mundo microscópico. Estes modelos também representam aplicações na vida real.

Estes capítulos apresentam a você a ponte entre os mundos microscópico e macroscópico — o mol. Eu explico a reação estequiométrica — proporção necessária de reagente para produção de uma determinada quantidade do produto. Eu o apresento a soluções e colóides, ácidos e bases e gases. Eu mostro a você as múltiplas relações entre as propriedades dos gases e as relaciono de volta com a estequiometria. Em química, tudo está conectado.

Capítulo 10
O Mol: Você Manja?

Neste capítulo você irá:
- Descobrindo como contar pelo peso
- Entendendo o conceito de mol
- Descobrindo como o mol é usado nos cálculos químicos

*Q*uímicos fazem várias coisas. Uma é produzir novas substâncias, um processo chamado síntese. E uma pergunta lógica que fazem é "quanto?"

"Quanto deste reagente eu preciso para obter este produto?". "Quanto deste produto posso obter com esta quantidade de reagente?". Para responder essas questões, os químicos precisam ser capazes de utilizar uma equação química balanceada, expressa em termos de átomos e moléculas, e convertida para gramas, libras ou toneladas — algum tipo de unidade que possam mensurar no laboratório. O conceito de mol capacita os químicos a navegar entre o mundo microscópico dos átomos e moléculas e o mundo real de gramas e quilogramas, sendo um dos mais importantes e centrais conceitos em química. Neste capítulo eu apresento o Sr. Mol.

Contando Pelo Peso

Suponhamos que você tenha o trabalho de empacotar 1.000 nozes e 1.000 parafusos em grandes sacos e que seja pago por cada saco que encher. Então qual é a maneira mais eficiente e rápida de contar as nozes e parafusos? Pese 100 unidades ou mesmo 10 de cada e então descubra quanto 1000 pesarão. Encha o saco de nozes até que chegue ao peso calculado. Após possuir a quantidade correta de nozes, use o mesmo processo para encher o saco de parafusos. Em outras palavras, contar pesando; é uma das mais eficientes maneiras de contar grandes números de objetos.

Em química você conta grandes números de partículas, como átomos e moléculas. Para contá-los rápida e eficientemente deve-se usar o método "contar pesando", o que quer dizer que você deve saber quanto pesam individualmente os átomos e moléculas. Você pode obter o peso individual dos átomos na tabela periódica, mas e o peso dos compostos? Bem, você pode simplesmente somar o peso individual dos átomos que compõe a fórmula ou a molécula. (Peso molecular se refere à compostos com ligação covalente e peso da fórmula a compostos iônicos e covalentes).

Aqui apresento um simples exemplo que mostra como calcular o peso molecular de um composto: Água, H_2O, é composta de dois átomos de hidrogênio e um de oxigênio. Olhando na tabela periódica você descobrirá que um átomo de hidrogênio é igual a 1,0079 u.m.a. e um de oxigênio pesa 15,999 u.m.a. (u.m.a. representa *unidade de massa atômica* — veja Capítulo 3 para mais detalhes). Para calcular o peso molecular da água simplesmente some o peso atômico de dois átomos de hidrogênio e um de oxigênio:

2 × 1,0079 u.m.a. = 2.016 u.m.a.	(dois átomos de hidrogênio)
1 × 15,999 u.m.a. = 15,999 u.m.a.	(um átomo de oxigênio)
2,016 u + 15,999 u.m.a. = 18,015 u.m.a.	(peso da molécula de água)

Agora tente um mais difícil. Calcule o peso da fórmula do Sulfato de Alumínio, $Al_2(SO_4)_3$. Neste sal, você tem dois átomos de alumínio, três de enxofre e doze de oxigênio. Depois que encontrar os pesos individuais dos átomos na tabela periódica, você poderá calcular o peso da fórmula assim:

[(2 × 26,982 u.m.a.) + (3 × 32,066 u.m.a.) + (12 × 15,999 u.m.a.)] = 315,168 u

alumínio   enxofre   oxigênio $Al_2(SO_4)_3$

Pares, Dúzias, Resmas e Mols

Quando nós humanos lidamos com objetos, frequentemente pensamos em uma quantidade conveniente. Por exemplo, quando uma mulher compra brincos normalmente compra um par deles. Quando um homem vai ao supermercado ele compra ovos em dúzias. E eu quando vou à papelaria compro uma resma de papel de escritório.

Nós utilizamos palavras que representam números a toda hora — um par é 2, uma dúzia é 12 e uma resma é 500. Todas essas palavras são unidades de medida e são adequadas aos objetos que medem. Raramente você irá querer comprar uma resma de brincos ou um par de papéis.

Igualmente, os químicos quando lidam com átomos e moléculas necessitam de uma unidade conveniente que leve em consideração o diminuto tamanho dos átomos e moléculas. Existe esta unidade. É conhecida como mol.

Número de Avogrado: Não está na lista telefônica

A palavra mol representa um número — $6,022 \times 10^{23}$. É comumente chamado de *constante de Avogrado*, em homenagem a Amedeo Avogrado, o cientista que estabeleceu as bases do princípio molar.

Agora o mol — $6{,}022 \times 10^{23}$ — é realmente um grande número. Quando escrito convencionalmente é:

602.200.000.000.000.000.000.000

É por *isso* que eu gosto da notação científica.

Se você tivesse um mol de marshmallows ele cobriria os Estados Unidos a uma profundidade de 965,562 metros. Um mol de grãos de arroz cobriria a área seca da terra a uma profundidade de 75 metros. E um mol de mols... não, eu nem quero pensar nisso!

A constante de Avogrado representa um certo número de coisas. Normalmente essas coisas são átomos e moléculas. Então os mols estão relacionados com o mundo microscópico dos átomos e moléculas. Mas como se relacionam com o mundo macroscópico onde eu trabalho?

A resposta é que um mol é, também, o número de partículas em exatamente 12 gramas de um particular isótopo de carbono (C-12). Então se você possuir exatamente 12 gramas de ^{12}C, você terá $6{,}022 \times 10^{23}$ átomos de carbono, que é também um mol de átomos de ^{12}C. Para qualquer outro elemento, um mol é o peso atômico expresso em gramas. E para um composto, um mol é o peso da fórmula (ou molecular) em gramas..

Utilizando o mol no mundo real

O peso de uma molécula de água é 18,015 u.m.a. (veja na seção "Contando pelo peso" como calcular o peso de compostos). Pelo fato de um mol ser o peso molecular em gramas de um composto, você pode agora dizer que o peso de um mol de água é 18,015 gramas. Você pode também dizer que 18.015 gramas de água contêm $6{,}022 \times 10^{23}$ moléculas de H_2O ou um mol de água. E o mol de água é composto de dois mols de hidrogênio e um mol de oxigênio.

O mol é a ponte entre o mundo microscópico e o macroscópico:

$6{,}022 \times 10^{23}$ partículas ↔ mol ↔ peso atômico/molecular em gramas

Se você tiver qualquer uma das três coisas — partículas, mols ou gramas — então poderá calcular as outras duas.

Por exemplo, suponha que você queira saber quantas moléculas de água existem em 5,50 mols de água. Você pode descrever o problema assim:

5,50 mols × $6{,}022 \times 10^{23}$ moléculas/mol = $3{,}31 \times 10^{24}$ moléculas

Ou suponha que queira saber quantos mols existem em 25 gramas de água. Você pode descrever o problema assim (e veja o Apêndice B para mais detalhes sobre aritmética exponencial):

$$\frac{25 \ g H_2O}{1} \times \frac{1 \ mol \ H_2O}{18{,}015 \ g H_2O} = 1{,}39 \ moles \ H_2O$$

Você pode até ir de gramas a partículas utilizando o mol. Por exemplo, quantas moléculas existem em 100 gramas de dióxido de carbono?

A primeira coisa a fazer é determinar o peso molecular de CO_2. Consultado a tabela periódica descobrirá que um átomo de carbono vale 12,011u.m.a. e um átomo de oxigênio pesa 15,999 u.m.a. Agora descubra o peso molecular assim:

$$[(1 \times 12.011 \text{g/mol}) + (2 \times 15.999 \text{g/mol})] = 44,01 \text{ g/mol para } CO_2$$

Agora você pode trabalhar no problema:

$$\frac{100 \text{ g } CO_2}{1} \times \frac{1 \text{ mol } CO_2}{44,01 \text{ g}} \times \frac{6,022 \times 10^{23} \text{ moléculas}}{1 \text{ mol}} = 1,368 \times 10^{24} \text{ } CO_2 \text{ moléculas}$$

E é fácil assim navegar entre partículas, mols e gramas.

Você pode também usar o conceito de mol para calcular a fórmula empírica de um composto utilizando os *dados percentuais do composto* — a porcentagem através do peso de cada elemento que forma o composto. (A fórmula empírica indica os diferentes tipos de elementos em uma molécula e a menor razão em número inteiro de cada tipo de átomo em uma molécula — Veja Capítulo 7 para mais detalhes).

Quando tento determinar a fórmula empírica de um composto, — normalmente tenho os dados percentuais disponíveis. A determinação da composição percentual é uma das primeiras análises que um químico executa na verificação de um novo composto. Por exemplo, suponha que eu determine que um composto particular tenha o seguinte peso percentual de elementos presente: 26,4% Na, 36,8% S, e 36,8% O. Considerando que estou lidando com dados percentuais (quantidade pela centena), vou assumir que tenho 100 gramas de composto para que minha porcentagem possa ser usada como peso. Então eu converto cada massa em mols, assim:

$$\frac{26,4 \text{ g Na}}{1} \times \frac{1 \text{ mol Na}}{22,99 \text{ g}} = 1,15 \text{ mol Na}$$

$$\frac{36,8 \text{ g S}}{1} \times \frac{1 \text{ mol S}}{32,07} = 1,15 \text{ mol S}$$

$$\frac{36,8 \text{ g O}}{1} \times \frac{1 \text{ mol O}}{16 \text{ g}} = 2,30 \text{ mol O}$$

Agora posso escrever uma fórmula empírica de $Na_{1,15}S_{1,15}O_{2,30}$. Eu sei que os subscritos tem que ser com números inteiros, então eu divido cada um pelo menor (1,15) para chegar em $NaSO_2$. (Se o número for 1, não é mostrado). Eu posso agora calcular o peso da fórmula empírica somando as massas atômicas da tabela periódica de 1 Sódio (Na), 1 Enxofre (S) e 2 Oxigênios (O). Isso mostra que o peso desta fórmula empírica é 87,056 gramas. Suponha, porém, que em outro experimento eu determine que o peso molecular atual deste composto seja de 174,112 gramas. Dividindo 174,112 gramas por 87,056 gramas (peso molecular atual pelo peso da fórmula empírica) eu obtenho 2. Isso significa que a fórmula molecular é o dobro da fórmula empírica, então o composto é atualmente $Na_2S_2O_4$.

Reações Químicas e Mols

Eu acho que uma das razões por eu ser químico é que gosto de cozinhar. Eu vejo muita semelhança entre culinária e química. Um químico pega certas coisas chamadas reagentes e produz algo novo. Um cozinheiro faz a mesma coisa. Ele ou ela pega certas coisas chamadas ingredientes e faz algo novo com eles.

Por exemplo, eu gosto de fazer Fantásticas Tortas de Maçã (FTMs). Minha receita se parece com isto:

maçãs + açúcar + farinha + temperos = FTMs

Não, espere. Minha receita tem quantidades. Parece mais com isto:

4 xícaras de maçã + 3 xícaras de açúcar + 2 xícaras de farinha + 1/10 de temperos = 12 FTMs

Minha receita diz a quantidade de cada ingrediente que eu preciso e quantas FTMs posso produzir. Eu posso até usar minha receita para calcular quanto de cada ingrediente eu preciso para um número particular de FTMs. Por exemplo, suponha que eu esteja dando uma grande festa e precise de 250 FTMs. Eu posso usar minha receita para calcular a quantidade de maçãs, açúcar, farinha e tempero que vou precisar. Aqui, por exemplo, é mostrado como eu calculei a quantidade de açúcar que eu preciso:

$$\frac{250 \; FTMs}{1} \times \frac{3 \; xícaras \; de \; açúcar}{12 \; FTMs} = 62,5 \; xícaras \; de \; açúcar$$

E eu poderia fazer o mesmo com a maçã, farinha e o tempero, simplesmente, mudando a razão de cada ingrediente (como múltiplo de 12 FTMs).

A equação química balanceada permite que se faça a mesma coisa. Por exemplo, olhe a minha reação favorita, o processo de Haber, que é um método para o preparo de amônia (NH_3) efetuado pela reação entre o gás nitrogênio e o gás hidrogênio:

$$N_2(g) + 3 \; H_2(g) \leftrightarrow 2 \; NH_3(g)$$

No Capítulo 8, utilizei esta reação várias vezes em muitos exemplos (como eu disse é minha reação favorita) e expliquei como pode ser lida esta reação: 1 molécula de gás nitrogênio reage com 3 moléculas do gás hidrogênio para render 2 moléculas de amônia.

$N_2(g)$	+	$3 H_2(g)$	↔	$2 NH_3(g)$
1 molécula		3 moléculas		2 moléculas

Agora você pode multiplicar por 12:

$N_2(g)$	+	$3 H_2(g)$	↔	$2 NH_3(g)$
1 dúzia de moléculas		3 dúzias de moléculas		2 dúzias de moléculas

Você pode até multiplicar por 1.000:

$N_2(g)$	+	$3 H_2(g)$	↔	$2 NH_3(g)$
1.000 moléculas		3.000 moléculas		2.000 moléculas

Ou, que tal um fator de $6,023 \times 10^{23}$:

$N_2(g)$	+	$3 H_2(g)$	↔	$2 NH_3(g)$
($6,023 \times 10^{23}$ móleculas)		$3(6,023 \times 10^{23}$ móleculas)		$2(6,023 \times 10^{23}$ móleculas)

Espere um minuto mas $6,023 \times 10^{23}$ não é um mol? Então você pode escrever a equação assim:

$N_2(g)$	+	$3 H_2(g)$	↔	$2 NH_3(g)$
1 mol		3 mols		2 mols

Certo — esses coeficientes na equação química balanceada não estão limitados a representar somente átomos e moléculas, podem também representar o número de mols.

Agora dê uma nova olhada em minha receita de FTMs:

4 xícaras de maçã + 3 xícaras de açúcar + 2 xícaras de farinha + 1/10 de temperos = 12 FTMs

Eu tenho um problema. Quando vou ao supermercado não compro maçãs em xícaras. Também não compro açúcar ou farinha em xícaras. Eu compro todas essas coisas em Kg. Comprei mantimentos em excesso, mas como sou frugal (leia-se pobre) quero descobrir o mais exatamente possível a quantidade que realmente preciso. Se puder determinar o peso por xícara para cada ingrediente, estarei bem. Então pesei os ingredientes e obtive:

1 xícara de maçãs = 0,5 Kg; 1 xícara de açúcar = 0,7 lbs; 1 xícara de farinha = 0,3 lbs; e 1 xícara de temperos = 0,2 Kg

Agora posso substituir as medidas na minha receita:

4 xícaras de maçã + 3 xícaras de açúcar + 2 xícaras de farinha + 1/10 de temperos = 12 FTMs

$$4(0,5\text{ Kg}) \qquad 3(0,7\text{ Kg}) \qquad 2(0,3\text{ Kg}) \qquad 1/10(0,2\text{ Kg})$$

Agora se eu quiser saber quantas libras de maçã preciso para fazer 250 FTMs, descrevo a equação assim:

$$\frac{250,00\ FTMs}{1} \times \frac{4\ xícaras\ de\ maçã}{12\ FTMs} \times \frac{0,5\ lbs}{1\ xícara\ de\ maçã} = 41,7\ ibs\ de\ maça$$

Eu posso descobrir a quantidade necessária de cada ingrediente (baseado no peso) utilizando o peso correto por xícara.

Com as equações químicas acontece exatamente o mesmo. Se você sabe o peso da fórmula dos reagentes e produtos, pode calcular a quantidade necessária de reagente e a quantidade do produto. Por exemplo, veja novamente o processo de Haber:

$$N_2(g) \qquad + \qquad 3\ H_2(g) \qquad \leftrightarrow \qquad 2\ NH_3(g)$$
$$1\ mol \qquad\qquad\qquad 3\ mols \qquad\qquad\qquad 2\ mols$$

Tudo o que você tem que fazer é descobrir o peso molecular de cada reagente e produto e então incorporar os pesos na fórmula. Use a tabela periódica para encontrar os pesos dos átomos e dos compostos (veja a seção "Contar Pesando", no começo deste capítulo, para mais detalhes) e multiplicar estes números pelo número de mols, assim:

$$1(28,014\text{ g/mol}) \qquad 3(2,016\text{ g/mol}) \qquad 2(17,031\text{ g/mol})$$

Quantidade necessária, quantidade produzida: Reação estequiométrica

Possuindo a relação de pesos, você pode resolver alguns problemas estequiométricos. A estequiometria trata da relação de massa nas equações químicas.

Olhe a minha reação favorita — adivinhou — o processo Haber:

$$N_2(g) + 3\ H_2(g) \leftrightarrow 2\ NH_3(g)$$

Suponhamos que você queira saber quantos gramas de amônia podem ser produzidas da reação de 75 gramas de nitrogênio com excesso de hidrogênio. O conceito de mol é a chave. O coeficiente na equação química balanceada não é somente o número de átomos ou moléculas individuais, é também é o número de mols.

$N_2(g)$	+	$3\,H_2(g)$	↔	$2\,NH_3(g)$
1 mol		3 mols		2 mols
1(28,014 g/mol)		3(2,016 g/mol)		3(17,031 g/mol)

Primeiramente, você pode converter os 75 gramas de nitrogênio para mols de nitrogênio. Depois você usa a proporção de mols de amônia para os mols de nitrogênio da equação química balanceada e converte para mols de amônia. Finalmente, você pega os mols de amônia e converte em gramas. A equação fica assim:

$$\frac{75,00\ g\ N_2}{1} \times \frac{1}{28,014g\ N_2} \times \frac{2\ mol\ NH_3}{1\ mol\ N_2}$$

$$\frac{17,031\ g\ NH_3}{1\ mol\ NH_3} \times = 91,19\ g\ NH_3$$

O quociente do mol NH_3/mol N_2 é chamado de *estequiométrico*. Este quociente possibilita a conversão dos mols de uma substância em uma equação química balanceada, nos mols de outra substância.

Está cansado do processo Haber? (Eu? *Nunca*). Dê uma olhada nesta nova reação — a redução da ferrugem (Fe_2O_3) em ferro pelo tratamento com carbono (coque). A equação química balanceada é esta:

$$2\,Fe_2O_3 + 3\,C \rightarrow 4\,Fe(s) + 3\,CO_2(g)$$

Quando você estiver pronto para trabalhar com problemas estequiométricos, deve começar com a equação química balanceada. Se não tiver a equação balanceada para começar, você terá que balancear a equação.

Neste exemplo, os pesos que irá precisar são estes:

- **Fe_2O_3:** 159,69 g/mol
- **C:** 12,01 g/mol
- **Fe:** 55,85 g/mol
- **CO_2:** 44,01 g/mol

Suponhamos que você queira saber quantos gramas de carbono são necessários para reagir com 1.000 kg de ferrugem. Você tem que converter os kg de ferrugem em gramas e os gramas em mols de ferrugem. Então poderá usar o quociente estequiométrico para converter os mols de ferrugem em mols de carbono e finalmente em gramas.

$$\frac{1.000 KgFe_2O_3}{1} \times \frac{1.000g}{1Kg} \times \frac{1 molFe_2O_3}{159,69gFe_2O_3} \times \frac{3 molC}{2 molFe_2O_3} \times \frac{12,01gC}{1 molC} = 112,8gC$$

Você pode até calcular o número de átomos de carbono necessário para reagir com aqueles 1.000 kg de ferrugem. Você usará basicamente a mesma conversão, mas ao invés de converter mols de carbono em gramas, você converterá mols de carbono em átomos de carbono utilizando o número de Avogrado:

$$\frac{1.000 KgFe_2O_3}{1} \times \frac{1.000g}{1Kg} \times \frac{3 molFe_2O_3}{2 molFe_2O_3} \times \frac{1 molFe_2O_3}{159,69gFe_2O_3} \times \frac{6,022 \times 10^{23} átomos}{1 molC}$$

$2,839 \times 10^{24}$ C átomos

Agora eu quero mostrar como calcular o número de gramas de ferro produzidos da reação de 1.000 kg de ferrugem com excesso de carbono. É o mesmo processo básico de antes — quilogramas de ferrugem, em gramas de ferrugem, em mols de ferrugem, em mols de ferro, em gramas de ferro:

$$\frac{1.000 KgFe_2O_3}{1} \times \frac{1.000g}{1Kg} \times \frac{1 molFe_2O_3}{159,69gFe_2O_3} \times \frac{4 molFe_2O_3}{2 molFe_2O_3} \times \frac{55,85g}{1 molFe} \quad 699,5gFe$$

Então você pôde prever que obteria 699,5 gramas de ferro. E o que acontece se você levar adiante este experimento e obtiver 525,0 gramas de ferro? Podem existir vários motivos para uma produção menor do que o esperado, como uma técnica mal executada ou reagente impuros. Também é bem possível que a reação seja uma reação de equilíbrio e você nunca obterá 100% de conversão dos reagentes em produtos. (Veja o capítulo 8 para mais detalhes sobre reações de equilíbrio). Não seria bacana se houvesse uma maneira de descrever a eficiência de uma determinada reação? Existe. É chamada de rendimento percentual.

Onde isto vai dar? Rendimento percentual

Em praticamente qualquer reação você produzirá menos do que espera. Você pode produzir menos porque muitas reações são de equilíbrio (veja o Capítulo 8) ou devido a alguma condição. Os químicos podem ter uma idéia da eficiência da reação, calculando o rendimento percentual, através do uso da equação:

$$Rendimento\% = \frac{Rendimento\ real}{Rendimento\ teórico} \times 100$$

O rendimento *real* é a quantidade obtida de produto quando a reação é executada. O rendimento teórico é a quantidade de produto que você calculou que obteria. O quociente destes dois rendimentos dá uma idéia da eficiência da reação. Para a reação, ferrugem para ferro (veja a seção precedente), seu rendimento teórico é 699,5 gramas de ferro; seu rendimento real é 525,0 gramas. Então seu rendimento percentual é:

$$\text{Rendimento\%} = \frac{525,0\ g}{699,5\ g} \times 100 = 75,05\%$$

Um rendimento percentual de 75% não é assim tão ruim, mas os químicos e engenheiros químicos preferem um rendimento de mais de 90 por cento. Uma planta, usando a reação Haber, tem um rendimento de mais de 99%. Agora, isso sim é eficiência!

Ficando sem algo e deixando algo pra trás: Reagentes limitantes

Eu adoro cozinhar e estou sempre com fome. Então quero falar sobre sanduíches de presunto. Como sou químico, posso escrever uma equação para um lanche de sanduíche de presunto:

2 fatias de pão + 1 presunto + 1 queijo → 1 sanduíche de presunto

Suponhamos que olhei em minha dispensa e encontrei 12 fatias de pão, 5 de presunto e 10 fatias de queijo. Quantos sanduíches eu posso fazer? Posso fazer cinco, claro. Eu tenho pão suficiente para seis sanduíches, presunto suficiente para cinco e queijo para dez. Mas ficarei sem presunto primeiro — sobrará queijo e pão. E o ingrediente que acaba primeiro realmente limita a quantidade do produto (sanduíches) que serei capaz de fazer; isso pode ser chamado *ingrediente limitante*.

A mesma verdade vale para as reações químicas. Normalmente, você fica sem algum reagente e sobram alguns outros. (Em alguns dos problemas que serão mostrados neste capítulo eu direi qual reagente é o limitante dizendo que você tem o(s) outro(s) *em excesso*).

Nesta seção mostrarei como calcular qual reagente é o limitante.

Aqui está uma reação entre amônia e oxigênio:

$4\ NH_3 + 5\ O_2(g) \rightarrow 4\ NO(g) + 6\ H_2O(l)$

Suponhamos que você comece com 100 gramas de amônia e 100 de oxigênio e você gostaria de saber quantos gramas de NO (monóxido de nitrogênio, também chamado de óxido nítrico) podem ser produzidos. Você deve determinar o reagente limitante e depois basear seu cálculo estequiométrico nisto.

Para descobrir qual o reagente limitante, você deve calcular a proporção mol por coeficiente: você calcula o número de mols da amônia e do oxigênio e divide ambos por seu coeficiente na equação química balanceada. Aquele que tiver a menor proporção mol por coeficiente é o reagente limitante. Para a reação de amônia para óxido nítrico, você deve calcular a proporção mol por coeficiente da amônia e do oxigênio assim:

$$\frac{100 gNH_3}{1} \times \frac{1 molNH_3}{17,03 g} = 5,87 mol \div 4 = 1,46$$

$$\frac{100 gNH_3}{1} \times \frac{1 molO_2}{32,00 g} = 3,13 mol \div 5 = 0,625$$

A amônia tem um quociente mol-para-coeficiente de 1,47 e o oxigênio um quociente de 0.625. Como o oxigênio tem o menor quociente ele é o reagente limitante e você deve basear seus cálculos nele.

$$\frac{100 gO_2}{1} \times \frac{1 molO_2}{32,00 g} \times \frac{4 molNO}{5 molO_2} \times \frac{30,01 gNO}{1 molNO} = 75,02 gNO$$

Os 75,02 gramas de NO são seu rendimento teórico. Você pode até calcular a quantidade de amônia não utilizada. Você pode descobrir a quantidade de amônia consumida, com esta equação:

$$\frac{100 gO_2}{1} \times \frac{1 molO_2}{32,00 g} \times \frac{4 molNH_3}{5 molO_2} \times \frac{17,03 gNH_3}{molNO_3} = 42,58 gNH_3$$

Você começou com 100,0 gramas de amônia e utilizou 42,58 gramas. A diferença (100 gramas -42,58 gramas = 57,42 gramas) é a quantidade de amônia não utilizada.

Capítulo 11

Misturando a Matéria: Soluções

Neste capítulo
▶ Descobrindo solventes, solutos e soluções
▶ Trabalhando com diferentes unidades de concentração da solução
▶ Descobrindo as propriedades coligativas das soluções
▶ Descobrindo colóides

*V*ocê encontra soluções a todo o momento na vida diária. O ar que você respira é uma solução. Aquele isotônico que você utiliza para repor os eletrólitos é uma solução. Aquele drinque suave ou forte são soluções. A sua água de torneira é também uma solução. Neste capítulo mostrarei algumas propriedades das soluções. Eu mostro as representações utilizadas pelos químicos para a concentração da solução, falo sobre as propriedades coligativas das soluções e as relaciono ao fabricante do sorvete e dos anticongelantes. Então sente-se, beba um pouco de sua solução preferida e leia tudo sobre soluções.

Solutos, Solventes e Soluções

Uma solução é uma mistura homogênea. Se você dissolver açúcar na água e mexer bem, por exemplo, sua mistura será a mesma em qualquer gole que der.

Uma solução é composta por um solvente e um ou mais solutos. O solvente é a substância predominante na mistura. Esta definição funciona quase sempre, pois existem alguns casos de sais extremamente solúveis, como o clorito de lítio que precisa de somente 5 mililitros de água para dissolver mais de 5 gramas de sal. No entanto a água continua sendo considerada solvente, pois é a única que não mudou de estado. Pode haver mais de um soluto em uma solução. Você pode dissolver sal em água para fazer uma salmoura e depois dissolver uma quantidade de açúcar na mesma solução. Você então terá dois solutos, sal e açúcar, mas ainda possui somente um solvente — água.

Quando falo sobre soluções a maioria das pessoas pensa em líquidos. Mas também existem soluções de gases. Nossa atmosfera, por exemplo, é uma solução. Considerando que o ar tem quase 79% de nitrogênio ele é considerado o solvente e o oxigênio, dióxido de carbono e outros gases os solutos. Existem também soluções sólidas. As ligas, por exemplo, são soluções de um metal em outro. O bronze é uma solução do zinco no cobre.

Uma discussão sobre dissolvente

Qual o motivo de uma substância se dissolver em um solvente e não em outro? Por exemplo, óleo e água não se misturarão para fazer uma solução, mas o óleo se dissolverá em gasolina. Existe uma regra geral de solubilidade que diz semelhante-dissolve-semelhante no que diz respeito à polaridade do solvente e do soluto. Água, por exemplo, é um material polar; é composta de ligações covalentes polares na molécula. (Para uma discussão esclarecedora sobre a água e suas ligações covalentes, veja o Capítulo 7). A água dissolverá solutos polares, como sais e alcoóis. O óleo, no entanto, é feito de ligações não-polares. A água não agirá como dissolvente para o óleo.

Você sabe por experiência própria que existe um limite para a quantidade de soluto que pode ser dissolvido em uma certa quantidade de solvente. Muitos de nós somos culpados por colocar açúcar demais no chá gelado. Não importa o quanto você misture sempre fica um pouco de açúcar no fundo do copo. A razão é que o açúcar atingiu a solubilidade máxima naquela temperatura. Solubilidade representa a maior quantidade de soluto que se dissolverá em uma certa quantidade de solvente em uma temperatura específica. A *solubilidade* normalmente utiliza como unidade de medida gramas de soluto por 100 mililitros de solvente (g/100mL).

Se você aquecer aquele chá gelado, o açúcar se dissolverá prontamente. A solubilidade é determinada pela temperatura do solvente. Quando sólidos se dissolvem em líquidos a solubilidade sempre aumenta com a temperatura. Porém quando gases se dissolvem em líquidos, como oxigênio se dissolvendo em água, a solubilidade diminui quando a temperatura aumenta. Essa é à base da poluição térmica, o aquecimento da água, que diminui a solubilidade do oxigênio, afeta a vida aquática.

Realidade saturada

Uma solução *saturada* contém a quantidade máxima possível de soluto dissolvido em uma temperatura específica. Se a quantidade for menor do que isso, é chamada solução insaturada. Algumas vezes, em circunstâncias especiais, o solvente pode dissolver mais do que a quantidade máxima e se tornar supersaturado. Essa solução supersaturada é instável e cedo ou tarde irá precipitar (formar um sólido) até que o ponto de saturação seja alcançado.

Se uma solução é insaturada a quantidade de soluto dissolvido pode variar tremendamente. Alguns termos bastante nebulosos descrevem a quantidade relativa de soluto e solvente que você pode usar:

- ✔ Você pode dizer que uma solução é fraca, significando que, existe muito pouco soluto por determinada quantia de solvente. Se você dissolve 0,01 gramas de cloreto de sódio em um litro de água, por exemplo, a solução é fraca. Uma vez pedi que meus alunos dessem exemplos de uma solução fraca e uma aluna disse "uma marguerita". Ela estava certa — muito solvente (água) e muito pouco soluto (tequila) são usados no exemplo dela.

- ✔ A solução pode ser concentrada, contendo muito soluto por determinada quantia de solvente. Se você dissolve 200 gramas de cloreto de sódio em um litro de água, por exemplo, a solução é concentrada.

Mas suponhamos que você dissolva 25 ou 50 gramas de cloreto de sódio em um litro de água. Essa solução é fraca ou concentrada? Esses termos não ajudam muito na maioria dos casos. Considere o caso das soluções intravenosas — devem possuir uma quantidade precisa de soluto ou o paciente estará em perigo. Então você deve possuir um método quantitativo para descrever a quantidade relativa de soluto e solvente em uma solução. Existe esse método — unidades de concentração da solução.

Unidades de Concentração da Solução

Você pode usar uma grande variedade de unidades para descrever, quantitativamente, a relação entre o(s) soluto(s) e o solvente. Na vida diária, a percentagem é normalmente usada. Em química, molaridade (os mols de soluto por litro de solvente) é a unidade de concentração da solução escolhida. Em certas circunstâncias, no entanto, outra unidade, molalidade (os mols de soluto por kg de solvente) é usada. E eu uso partes por milhão ou partes por bilhão quando discuto controle de poluição. A próxima seção trata de algumas dessas unidades de concentração.

Composição percentual

Muitos de nós já olhamos para uma garrafa de vinagre e vimos "5% de ácido acético", uma garrafa de peróxido de hidrogênio (água oxigenada) "3% de peróxido de hidrogênio" ou um alvejante "5% hipoclorito de sódio". Estas porcentagens estão expressando a concentração daquele soluto particular em cada solução. Porcentagem é a quantidade por centena. Dependendo da maneira que você escolha expressar a porcentagem, as unidades de quantidade por centena variam. Três diferentes porcentagens são usadas:

- ✔ Peso/peso (p/p) porcentagem
- ✔ Peso/volume (p/v) porcentagem
- ✔ Volume/volume (v/v) porcentagem

Infelizmente, apesar da porcentagem do soluto sempre ser mostrada, o método (p/p, p/v, v/v) não é. Neste caso, normalmente assumo que o método é peso/peso, mas tenho certeza que você sabe onde isso pode levar.

A maioria das soluções que tratarei nos próximos exemplos são soluções aquosas, soluções em que a água é o solvente.

Porcentagem peso/peso

Na porcentagem peso/peso, ou porcentagem de peso, o peso do soluto é dividido pelo peso da solução e multiplicado por 100 para chegarmos a porcentagem. Normalmente, a unidade de peso é o grama. Matematicamente fica assim:

$$p/p\% = \frac{\text{soluto em gramas}}{\text{solução em gramas}} \times 100$$

Se, por exemplo, você dissolve 5,0 gramas de cloreto de sódio em 45 gramas de água a porcentagem de peso é :

$$p/p\% = \frac{5{,}0g \text{ Na Cl}}{50g \text{ de solução}} \times 100 = 10$$

Portanto é uma solução (p/p) de 10 por cento.

Suponhamos que você queira fazer uma solução de 350,0 gramas de sacarose a 5 por cento (p/p). Você sabe que 5 por cento da solução é açúcar, então você pode multiplicar 350,0g por 0,05 para encontrar o peso do açúcar:

$$350{,}0g \times 0{,}05 = 17{,}5 \text{ gramas de açúcar}$$

O resto da solução (350,0g - 17,5g = 332,5g) é água. Você simplesmente pesa 17,5g de açúcar e acrescenta 332,5 de água para obter a solução (p/p) de 5 por cento.

Porcentagem de peso é a solução percentual mais simples a ser feita, mas em alguns casos você deve saber o volume da solução. Neste caso, você pode usar a porcentagem peso/volume.

Porcentagem peso/volume

A porcentagem peso/volume é muito similar a porcentagem peso/peso, mas utiliza milímetros de solução em vez de gramas:

$$p/v\% = \frac{\text{soluto em gramas}}{\text{solução em mL}} \times 100 = 10$$

Provando!

Quando se trata de soluções com álcool etílico, outra unidade de concentração entra em cena, chamada prova (correção), é comumente utilizada para medir a quantidade relativa de álcool e água. A prova é simplesmente o dobro da porcentagem. Uma solução de álcool etílico a 50 por cento é 100 por cento prova. Álcool etílico puro é 200 por cento prova. Este termo remonta aos tempos antigos, quando a produção de álcool etílico para o consumo humano era executada em indústrias caseiras.

(Na parte da Carolina do Norte onde cresci ainda é uma indústria caseira) Não havia nenhum controle de qualidade naqueles tempos, então o cliente precisava ter certeza que o álcool que estava comprando era concentrado (forte) suficiente para o propósito desejado. Um pouco da solução alcoólica era vertida em cima de pólvora que em seguida era acesa. Se houvesse álcool suficiente, a pólvora queimaria, dando "prova" de que aquela solução era forte o bastante.

Suponhamos que você queira produzir 100 mililitros de uma solução de nitrato de potássio a 15 por cento (p/v). Já que você irá produzir 100 mililitros sabe que irá utilizar 15 gramas de nitrato de potássio (KNO_3). Agora, um processo que é um pouco diferente: você dissolve os 15 gramas de KNO_3 em um pouco de água e o dilui a exatamente 100 mililitros em um frasco volumétrico. Em outras palavras, você dissolve e dilui 15 gramas de KNO_3 em 100 mililitros. (Eu tenho a tendência de abreviar dissolvido e diluído escrevendo d&d, mas isso é algumas vezes confundido com Dungeons & Dragons. Sim, os químicos são realmente, realmente nerds). Você não saberá a quantidade de água colocada, mas isso não é importante desde que o volume final seja 100 mililitros.

Você também pode usar a porcentagem peso e volume para calcular os gramas de soluto presentes. Você pode querer saber quantos gramas de hipoclorito de sódio existem em 500 mililitros de uma solução de alvejante caseiro a 5% (p/v). A representação deste problema fica assim:

$$\frac{5g\ NaOCl}{100mL\ de\ solução} \times \frac{500mL\ de\ solução}{1} = 25g\ NaOCl$$

Você agora sabe que existem 25 gramas de hipoclorito de sódio em 500mL de solução.

Algumas vezes, o soluto e o solvente são líquidos. Nesse caso é conveniente usar a porcentagem volume/volume.

Porcentagem volume /volume

Na porcentagem volume/volume o soluto e a solução são expressos em mililitros.

$$v/v\% = \frac{mL\ soluto}{mL\ solução} \times 100$$

As soluções de álcool etílico (da bebida alcoólica) são representadas pela porcentagem v/v. Se você quiser produzir 100 mililitros de uma solução de álcool etílico a 50 por cento, você pega 50 mililitros de álcool etílico e dilui com água até 100 mililitros. Mais uma vez dissolva e dilua até o volume requerido. Você não pode simplesmente adicionar 50 mililitros de álcool em 50 mililitros de água — você obteria menos de 100 mililitros de solução. As moléculas polares da água atrairão as moléculas polares do álcool. Isso tende a preencher a estrutura molecular da água e impede que os volumes sejam somados.

É a número um! Molaridade

A molaridade é a unidade de concentração mais comumente utilizada pelos químicos, pois utiliza mols. O conceito molar é fundamental na química e a molaridade permite que os químicos facilmente traduzam soluções em reações estequiométricas. (Se você estiver me amaldiçoando agora mesmo porque não faz ideia do que estou falando, corra para o Capítulo 10).

Molaridade (M) representa mols de soluto por litro de solução. Matematicamente, é expressa da seguinte forma:

$$M = \frac{mol\ soluto}{litro\ solução}$$

Por exemplo, você pode pegar 1 mol de KCl (massa molecular de 74,55 g/mol — descubra mais sobre massa molecular no Capítulo 10), dissolver e diluir os 74,55 gramas em 1 litro de solução em um frasco volumétrico. Você então terá 1 solução molar de KCl. Você pode chamar essa solução de 1 M KCl. Você não acrescenta os 74,55 gramas em um litro de água. Você pretende obter um volume final de 1 litro. Quando estiver preparando soluções molares sempre dissolva e dilua até atingir o volume desejado. Esse processo é mostrado na figura 11-1.

Aqui vai outro exemplo: se 25,0 gramas de KCl são dissolvidos e diluídos até 350,0 mililitros, como você calcularia a molaridade da solução? Você sabe que molaridade representa mols de soluto por litro de solução. Então você converte os gramas em mols utilizando a massa molecular de KCl (74,55 g/mol) e divide por 0,350 mililitros (350,0 mililitros). A equação fica assim:

$$\frac{25,0g\ KCl}{1} \times \frac{1\ mol\ KCl}{74,55g} \times \frac{1}{0,350L} = 0,958M$$

Agora suponha que queira preparar 2.00 litros de uma solução M KCl. A primeira coisa que deve ser feita é descobrir a quantidade de KCl necessária:

$$\frac{0,550 mol\ KCl}{L} \times \frac{74,55g\ KCl}{1\ mol} \times \frac{2,00L}{1} = 82,0g\ KCl$$

Com os 82 gramas, dissolva e dilua até 2,00 litros.

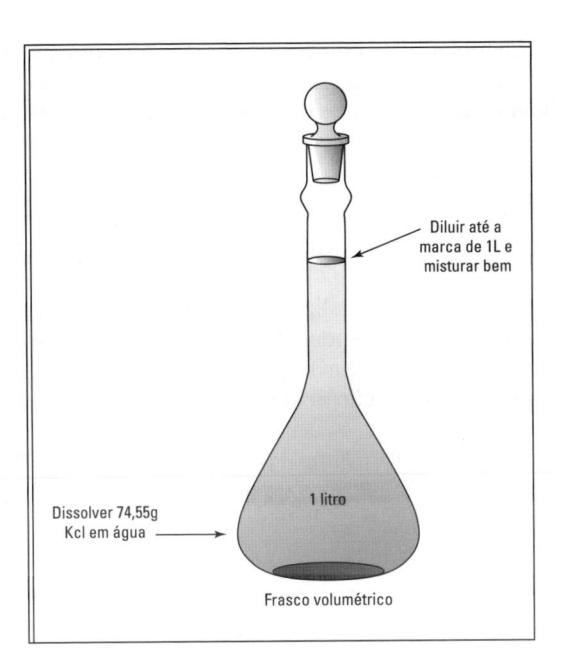

Figura 11-1: Produzindo uma solução de KCl 1M.

Labels na figura: Diluir até a marca de 1L e misturar bem; Dissolver 74,55g KCl em água; 1 litro; Frasco volumétrico.

Existe mais uma maneira de preparar soluções — a diluição de uma solução concentrada em uma menos concentrada. Por exemplo, você pode comprar ácido clorídrico em uma concentração de 12,0 M. Suponha que precise preparar 500 mililitros de HCl 2,0 M. Você pode diluir um pouco da solução 12,0 M para obter a de 2,0 M, mas qual a quantidade de HCl 12,0 M necessária? Você descobrirá facilmente o volume (v) que precisa, usando a seguinte fórmula:

$$V_{inicial} \times M_{inicial} = V_{final} \times M_{final}$$

Na equação anterior, $V_{inicial}$ é o antigo volume ou o volume da solução original, $M_{inicial}$ é a molaridade da solução original, $V_{inicial}$ é o volume da nova solução e M_{final} a molaridade da nova solução. Com a substituição dos valores você terá:

$$V_{inicial} \times 12,0 \text{ M} = 500,0 \text{ mililitros} \times 2,0 \text{ M}$$

$$V_{inicial} = (500,0 \text{ mililitros} \times 2,0 \text{ M})/12,0 \text{ M} = 83,3 \text{ mililitros}$$

Então você pega 83,3 mililitros da solução de HCl 12,0 M e dilui até exatamente 500,0 mililitros.

Se estiver fazendo diluições com ácidos concentrados, tenha certeza que está adicionando o ácido à água e não o contrário! Se a água é posta no ácido concentrado muito calor será produzido e a substância pode de fato espirrar em você.

Por segurança, você deve usar 400 mililitros de água, vagarosamente adicionar os 83,3 mililitros de HCl concentrado enquanto mexe e aí diluir até os 500 mililitros.

A utilidade da molaridade como unidade de concentração é bem evidente quando se trata de reação estequiométrica. Por exemplo, suponha que precise saber quantos mililitros de ácido sulfúrico a 2,50 M são necessários para neutralizar uma solução contendo 100,0 gramas de hidróxido de sódio. A primeira coisa a fazer é escrever a equação química balanceada para a reação:

$$H_2SO_4(aq) + 2\ NaOH(aq) \rightarrow 2\ H_2O(l) + Na_2SO_4(aq)$$

Você sabe que tem que neutralizar 100,0 gramas de NaOH. Você pode converter a massa em mols (usando a massa molecular de NaOH, 40,00 g/mol) e depois converter mols de NaOH para mols de H2SO4. E então poderá usar a molaridade da solução ácida para obter o volume:

$$\frac{100,0\text{gNaOH}}{1} \times \frac{1\text{ molNaOH}}{40,00\text{g}} \times \frac{1\text{ mol }H_2SO_4}{2\text{molNaOH}} \times \frac{L}{2,50\text{mol}H_2SO_4} \times \frac{1000\text{ML}}{1L} = 500,0\text{ ml}$$

São necessários 500,0 mililitros da solução H_2SO_4 a 2,50 M para reagir completamente com a solução que contém 100,0 gramas de NaOH.

Molalidade: Outra aplicação do mol

Molalidade é outra representação de concentração que utiliza mols de soluto. Não é muito utilizada, mas quero mostrar um pouco dela, só para o caso de você encontrar com ela.

Molalidade (m) representa mols de soluto por quilograma de solvente. É uma das poucas unidades de concentração que não utiliza o peso da solução ou o volume. Matematicamente, fica assim:

$$M = \frac{\text{mol soluto}}{\text{Kg solvente}}$$

Suponhamos que você precise dissolver 15,0 gramas de NaCl em 50,0 gramas de água. Você pode calcular a molalidade assim (você deve converter os 50,0 gramas em Kg antes de usar a equação):

$$\frac{15,0\text{g NaCl}}{1} \times \frac{1\text{ mol}}{58,44\text{gNaCl}} \times \frac{1}{0,0500\text{Kg}} = 5,13$$

Partes por milhão: A unidade da poluição

Porcentagem e molaridade, até molalidade, são unidades apropriadas para as soluções que os químicos rotineiramente produzem em laboratório ou que são comumente encontradas na natureza. Contudo, se você começar examinar as concentrações de certos poluentes no meio ambiente, descobrirá que estas concentrações são muito, muito pequenas. Porcentagem e molaridade funcionarão quando você estiver medindo soluções encontradas no meio ambiente, mas não são muito apropriadas. Para expressar as concentrações de soluções muito diluídas os cientistas desenvolveram outra unidade de concentração — partes por milhão.

Porcentagem são partes por centena ou gramas de soluto por 100 gramas de solução. Partes por milhão (ppm) são gramas de soluto por um milhão de gramas de solução. É mais comumente expressa como miligramas de soluto por quilograma de solução, que é a mesma proporção. Isso porque os químicos podem facilmente pesar miligramas ou décimos de miligramas e, se estivermos falando de soluções aquosas, um quilograma de solução é o mesmo que um litro de solução. (A densidade da água é de 1 grama por mililitro ou um kg por L. O peso do soluto nessas soluções é tão pequeno que é desprezível quando se converte a massa da solução em volume.

Por lei, a máxima concentração do chumbo na água de beber é 0,05 ppm. Esse número corresponde a 0,05 miligramas de chumbo por litro de água. Isso é bastante diluído. Mas o mercúrio é regulado a 0,002 ppm. Algumas vezes mesmo essa unidade não é sensível o suficiente, então os ambientalistas recorreram a unidades de concentração de partes por bilhão (ppb) ou partes por trilhão (ppt). Algumas neurotoxinas são fatais em partes por bilhão.

Propriedades Coligativas das Soluções

Algumas propriedades das soluções dependem da natureza específica do soluto. Em outras palavras, um efeito que pode ser registrado sobre a solução depende da natureza específica do soluto. Por exemplo, soluções salinas têm gosto salgado e soluções com açúcar têm gosto doce. Soluções salinas conduzem eletricidade (são eletrólitos — veja Capítulo 6) e soluções com açúcar não (não são eletrólitos). Soluções que contêm o cátion de níquel são normalmente verdes, enquanto as que contêm cátion de cobre são azuis.

Existe também um grupo de propriedades das soluções que não depende da natureza específica do soluto — só do número de partículas de soluto. Estas propriedades são chamadas de propriedades coligativas — que dependem do número relativo de partículas de soluto. O efeito que pode ser registrado nessa solução depende do número de partículas de soluto presentes — esses efeitos incluem:

- ✔ Diminuição da pressão de vapor
- ✔ Elevação do ponto de fervura
- ✔ Diminuição do ponto de congelamento
- ✔ Pressão osmótica

Diminuição da pressão de vapor

Se um líquido está em um recipiente fechado, o líquido eventualmente evapora e as moléculas gasosas contribuem na pressão acima do líquido. A pressão, correspondente às moléculas gasosas da evaporação do líquido, é chamada de pressão de vapor.

Se você utiliza o mesmo líquido como solvente em uma solução, a pressão de vapor correspondente à evaporação do solvente será inferior. Isso acontece porque as partículas de soluto no líquido ocupam espaço na superfície, impedindo a fácil evaporação do solvente. Em muitos casos, pode haver uma atração entre o soluto e o solvente que também torna mais difícil a evaporação do solvente. E essa diminuição é independente do tipo de soluto utilizado. Depende do número de partículas de soluto.

Em outras palavras, se você adicionar um mol de sacarose em um litro de água e um mol de dextrose em outro litro de água a pressão diminuirá igualmente, pois você está acrescentando o mesmo número de partículas de soluto. Se, no entanto, você acrescentar um mol de cloreto de sódio, a diminuição da pressão de vapor será duas vezes maior que com sacarose ou dextrose. O motivo é a separação do cloreto de sódio em dois íons, então a adição de um mol de cloreto de sódio equivale a dois mols de partículas (íons).

Esta diminuição da pressão de vapor explica parcialmente por que o Great Salt Lake (grande lago salgado) possui uma taxa de evaporação menor do que se poderia esperar. A concentração de sal é tão grande que a pressão de vapor (e a evaporação) foi significativamente diminuída.

Usar anticongelante no verão? Elevação do ponto de ebulição

Cada líquido possui uma temperatura específica em que ferve (em uma pressão atmosférica específica). Essa temperatura é o ponto de ebulição. Se você utilizar um líquido como solvente em uma solução, descobrirá que o ponto de ebulição será sempre maior que o ponto de ebulição do líquido puro. Isso é chamado de elevação do ponto de ebulição.

É por isso que não recarregamos o anticongelante com água pura no verão. É necessário que o refrigerador ferva somente em altas temperaturas para que possa absorver o calor da máquina sem ferver. Também usamos uma tampa pressurizada no radiador, pois quanto maior for a pressão, mais elevado é o ponto de ebulição. Por isso que um pouco de sal na água, utilizada no cozimento dos alimentos, acelera seu cozimento. O sal eleva o ponto de ebulição e maior energia pode ser transferida para a comida.

Para sua informação você pode calcular o nível de elevação do ponto de ebulição utilizando esta fórmula:

$\Delta T_b = K b_m$

ΔT_b é o *aumento* do ponto de ebulição, K_b é a constante da elevação do ponto de ebulição (0,512°C kg/mol para água) e *m* é a molalidade das partículas. (Em substâncias moleculares a molalidade das partículas é a da substância; em compostos iônicos você tem que levar em consideração a formação dos íons e calcular a molalidade das partículas iônicas). Outros solventes têm diferentes constantes da elevação do ponto de ebulição (K_b).

Fazendo sorvete: Diminuição do ponto de congelamento

Cada líquido específico congela a uma temperatura diferente. Se você utiliza um líquido particular em uma solução descobrirá que o ponto de congelamento da solução é sempre inferior ao do líquido puro. Isso é chamado *diminuição do ponto de congelamento* e é uma propriedade coligativa da solução.

A diminuição do ponto de congelamento de uma solução em relação ao solvente puro é o motivo de se colocar pedra de sal no gelo/água quando se faz sorvete caseiro. As pedras de sal formam uma solução com um ponto de congelamento inferior ao da água (ou da mistura do sorvete que será congelada). A diminuição do congelamento também revela o motivo de um sal (normalmente cloreto de cálcio, $CaCl_2$) ser espalhado no gelo para derretê-lo. A dissolução do cloreto de cálcio é altamente exotérmica (emissão de calor). Quando o cloreto de cálcio se dissolve ele derrete o gelo. A solução salina que se forma quando o gelo derrete tem um ponto de congelamento inferior, o que impede que congele outra vez. Diminuição do ponto de congelamento também revela o motivo do uso anticongelantes em seu ar condicionado no inverno. Quanto mais se usa (até uma concentração de 50/50) menor é o ponto de congelamento.

Se tiver interesse, você pode calcular o nível de diminuição do ponto de congelamento:

$$\Delta T_f = K_f m$$

ΔT_f representa quanto o ponto de congelamento será diminuído, K_f é a constante de diminuição do ponto de congelamento (1,86°C kg/mol para água) e *m* é a molalidade das partículas.

A figura 11-2 mostra o efeito de um soluto nos pontos de ebulição e de congelamento de um solvente.

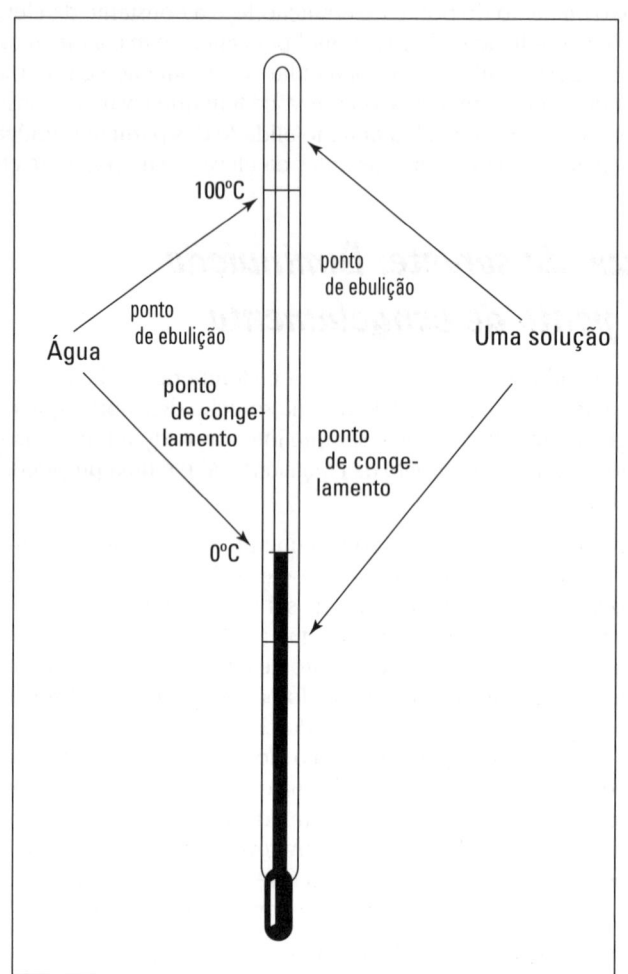

Figura 11-2: Elevação do ponto de ebulição e diminuição do ponto de congelamento.

Mantendo as células sanguíneas vivas e bem: Pressão osmótica

Suponhamos que você pegue um recipiente e divida em dois compartimentos com uma fina membrana contendo microscópicos poros com tamanho suficiente para a passagem de moléculas de água, mas que não permitam a passagem de partículas de soluto. Esse tipo de membrana é chamada de *membrana semipermeável*; ela permite a passagem de partículas diminutas e impede a passagem das maiores.

Em um compartimento coloque uma solução salina concentrada e uma mais diluída no outro. Inicialmente, o nível das duas soluções é o mesmo. Mas depois de um tempo você perceberá que o nível do compartimento com a solução concentrada aumenta e o da solução diluída diminui. Esta mudança de nível é ocasionada pela passagem das moléculas de água do lado com a solução mais diluída para o da mais concentrada através da membrana semipermeável. Este processo é conhecido como *osmose*, a passagem de um solvente através de uma membrana semipermeável para uma solução de maior concentração de soluto. A pressão que deve ser exercida no lado mais concentrado, para impedir este processo, é a *pressão osmótica*. Esse processo é mostrado na figura 11-3.

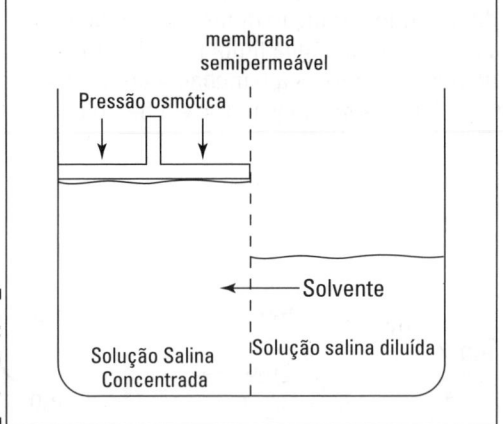

Figura 11-3: Pressão osmótica.

O solvente sempre flui, através da membrana semipermeável, do lado mais diluído para o mais concentrado. Na verdade você pode ter água pura de um lado e qualquer solução salina do outro e a água irá para o lado da solução salina. Quanto maior a concentração salina maior a pressão necessária para impedir a osmose (maior a pressão osmótica).

E se você aplicar uma pressão maior do que a necessária para impedir o processo osmótico, excedendo a pressão osmótica? A água será forçada através da membrana semipermeável da solução concentrada para a diluída, um processo chamado *osmose reversa*. Osmose reversa é um bom, e relativamente barato, modo de purificar a água. Minha distribuidora local utiliza este processo para purificar água. Existem muitas plantas no mundo que utilizam osmose reversa para extrair água doce de água marinha. Pilotos da marinha carregam pequenas unidades de osmose reversa.

O processo osmótico é importante nos sistemas biológicos. As paredes das células muitas vezes atuam como membranas semipermeáveis. Você alguma vez comeu picles? Pepinos saturados em uma solução salina para produzir picles. A concentração da solução dentro do pepino é menor do que a da salmoura, então a água migra através das paredes das células para a salmoura fazendo o pepino encolher.

Uma das mais importantes consequências biológicas da pressão osmótica envolve as células dentro de nosso próprio corpo. Você pode tomar as células vermelhas do sangue como exemplo. Existe uma solução aquosa dentro da célula sanguínea e outra solução aquosa fora da célula (fluído intersticial). Quando a solução fora da célula tem a mesma pressão osmótica que a solução dentro da célula é chamada de pressão isotônica. A água pode caminhar em ambas as direções, ajudando a manter a célula saudável. No entanto, se o fluído intersticial se tornar mais concentrado e tiver uma maior pressão osmótica (*hipertônica*), a água flui para fora da célula, provocando seu encolhimento e irregularidade de forma. Esse é um processo conhecido como *plasmólise*. Esse processo pode acontecer se a pessoa estiver seriamente desidratada, quando as células perdem sua eficiência para o transporte do oxigênio. Se, ao contrário, o fluído intersticial estiver mais diluído que a solução dentro da célula e tiver uma menor pressão osmótica (*hipotônica*), a água fluirá para dentro da célula. Esse processo, chamado *hemólise*, provoca o inchaço da célula e eventualmente sua ruptura. A figura 11-4 mostra a plasmólise e a hemólise.

Figura 11-4:
Plasmólise e hemólise de células sanguíneas.

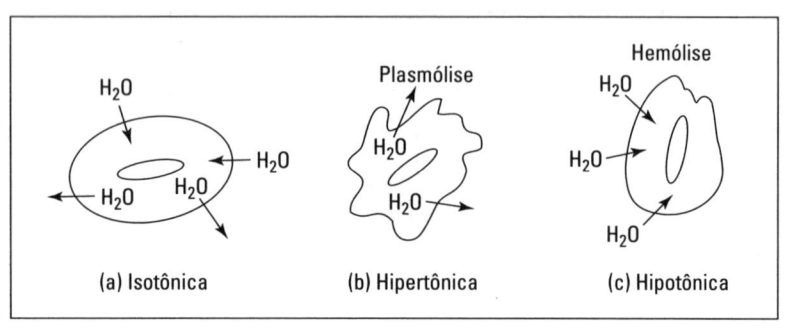

(a) Isotônica   (b) Hipertônica   (c) Hipotônica

A plasmólise e a hemólise mostram como a solução intravenosa deve ser cuidadosamente preparada. Se for muito diluída a hemólise acontece, se for muito concentrada é a plasmólise que acontece.

Fumaça, Nuvens, Chantilly e Marshmallow: Todos São Colóides

Se você dissolver sal de cozinha em água, produzirá uma solução aquosa. O tamanho das partículas de soluto é muito pequeno — em torno de 1 nanômetro (nm), que é 1×10^{-9} metros. Este soluto não vai para o fundo do copo e não pode ser filtrado.

Se, no entanto, você pegar um copo de água notará que está cheio de partículas. Muitas partículas de soluto são maiores que 1.000 nm. Elas rapidamente se acomodam no fundo do copo e podem ser filtradas. Nesse caso, você tem uma suspensão e não uma solução. O que dirá se você possui uma ou outra é o tamanho das partículas de soluto.

Mas, também existe algo entre os extremos da suspensão e da solução. Quando o tamanho das partículas de soluto está entre 1 e 1.000 nanômetros você tem um colóide. Os solutos nos colóides não são depositados no fundo como na suspensão. Na verdade, é difícil diferenciar colóides de soluções verdadeiras. Um dos poucos métodos para perceber a diferença é iluminar o líquido com um facho de luz. Se for uma solução verdadeira, com partículas muito pequenas de soluto, o facho de luz não será visto. Se for um colóide você verá o reflexo do facho de luz nas partículas relativamente grandes de soluto. Isso é conhecido como *efeito Tyndall* e é mostrado na figura 11-5.

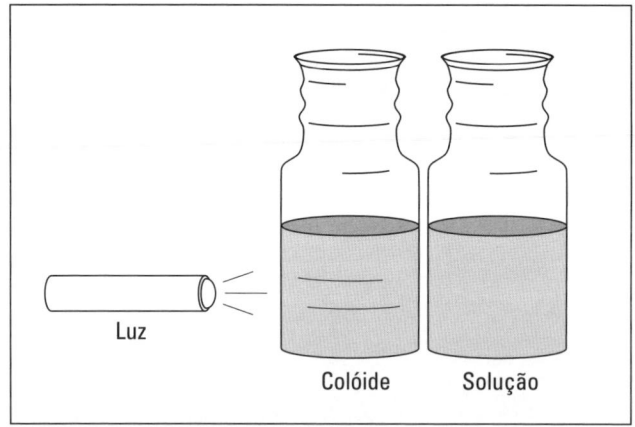

Figura 11-5:
O efeito Tyndall.

Luz

Colóide   Solução

Existem muitos tipos de colóides. Você já comeu marshmallow? É um colóide de um gás em um sólido. Chantilly é um colóide de um gás em um líquido. Você já dirigiu através da neblina e viu seus faróis refletidos? Você estava experimentando o efeito Tyndall de um colóide de um líquido em um gás. A fumaça é um colóide de um sólido (cinza ou fuligem) em um gás (ar). Os problemas da poluição são normalmente causados pela estabilidade desse tipo de colóide.

Capítulo 12

Azedo e Amargo: Ácidos e Bases

Neste capítulo
- Descobrindo as propriedades de ácidos e bases
- Conhecendo as duas teorias sobre ácidos e bases
- Diferenciando ácidos e bases fortes e fracos
- Entendendo indicadores
- Olhando a escala de pH
- Conhecendo tampões e antiácidos

*E*ntre em qualquer cozinha ou banheiro e você encontrará muitos ácidos e bases. Abra a geladeira e encontrará refrigerantes cheios de ácido carbônico. Entre na dispensa e encontre vinagre e bicarbonato de sódio, um ácido e uma base. Olhe debaixo da pia e você encontrará amônia e outros materiais de limpeza, em sua maioria, bases. Na caixa de primeiros socorros encontrará aspirina, que é um ácido e antiácidos de todos os tipos. Nosso mundo está cheio de ácidos e bases. E o mundo do químico também está. Neste capítulo mostrarei: ácidos e bases, indicadores e pH, e um pouco de química fundamental.

Propriedades de Ácidos e Bases: Visão Macroscópica

Observe as propriedades de ácidos e bases que podem ser percebidas no mundo que nos rodeia.

Ácidos:

- Tem gosto azedo (mas lembre-se, no laboratório você não prova, apenas testa)
- Provoca uma sensação dolorosa na pele
- Reage com certos metais (magnésio, zinco e ferro) na produção de hidrogênio

- ✔ Reage com pedra calcária e bicarbonato de sódio para produzir dióxido de carbono
- ✔ Reage com papel de tornassol tornando-o vermelho

Bases:

- ✔ Tem gosto amargo (outra vez, no laboratório você não prova, apenas texta)
- ✔ É escorregadio ao toque
- ✔ Reage com óleos e graxas
- ✔ Reage com papel de tornassol tornando-o azul
- ✔ Reage com ácidos na produção de sais e água

Um número grande de ácidos e bases são encontrados em nossa vida diária. As tabelas 12-1 e 12-2 mostram ácidos e bases comumente encontrados em casa.

Tabela 12-1 Ácidos encontrados em casa

Nome químico	Fórmula	Nome comum
ácido hidroclorídrico	HCl	ácido muriático
ácido acético	CH_3COOH	vinagre
ácido sulfúrico	H_2SO_4	ácido de bateria automotiva
ácido carbônico	H_2CO_3	água carbonada
ácido bórico	H_3BO_3	antiséptico; colírios
ácido acetilsalicílico	$C_{16}H_{12}O$	aspirina

Tabela 12-2 Bases encontradas em casa

Nome químico	Fórmula	Nome comum
amônia	NH_3	desinfetante
hidróxido de sódio	NaOH	solução esterelizante
bicarbonato de sódio	$NaHCO_3$	bicarbonato
hidróxido de magnésio	$Mg(OH)_2$	Leite de magnésia
carbonato de cálcio	$CaCO_3$	antiácido
hidróxido de alumínio	$Al(OH)_3$	antiácido

Como os Ácidos e as Bases se Parecem? Visão Mcroscópica

Se você olhar de perto as tabelas 12-1 e 12-2 descobrirá que todos os ácidos possuem hidrogênio, enquanto a maioria das bases possui hidroxila (OH-). As duas principais teorias se baseiam nestes fatos para descrever os ácidos, as bases e suas reações.

- ✔ Teoria de Arrhenius
- ✔ Teoria de Bronsted-Lowery

A teoria Arrhenius: tem que ter água

A teoria de Arrhenius foi a primeira teoria moderna ácido-base desenvolvida. Nessa teoria um ácido é uma substância que quando dissolvida em água libera íons H+ (hidrogênio) e uma base é uma substância que quando dissolvida em água libera ânions OH- (hidroxila). HCl(g) pode ser considerado como um típico ácido Arrhenius, pois esse ácido quando se dissolve em água ioniza (forma íons) e libera o cátion H+ (você deve olhar o capítulo 6 para mais detalhes sobre os íons).

$$HCl(aq) \rightarrow H^+ + Cl^-$$

De acordo com a teoria de Arrhenius o hidróxido de sódio é classificado como uma base, pois quando dissolve libera hidroxila:

$$NaOH(aq) \rightarrow Na^+ + OH^-$$

Arrhenius também classificou a reação entre ácido e base como uma reação de neutralização porque se você misturar uma solução ácida e uma básica o resultado será uma solução neutra composta de água e um sal.

$$HCl(aq) + NaOH(aq) \rightarrow H_2O(l) + NaCl(aq)$$

Observe esta equação iônica (mostrando as reações e produções de íons) para ver de onde a água apareceu:

$$H^+ + Cl^- + Na^+ + OH^- \rightarrow H_2O(l) + Na^+ + Cl^-$$

Como você pode ver a água é formada pela combinação de hidrogênio com hidroxilas. Na verdade a equação iônica (que mostra somente as substâncias químicas que são modificadas durante a reação) é a mesma em todas as reações ácido-base Arrhenius:

$$H^+ + OH^- \rightarrow H_2O(l)$$

A teoria Arrhenius ainda é utilizada. Mas, como todas as teorias, tem algumas limitações. Por exemplo, observe a reação entre a amônia e o ácido clorídrico:

$$NH_3(g) + HCl(g) \rightarrow NH_4^+ + Cl^- \rightarrow NH_4Cl(s)$$

A mistura dos dois gases incolores e cristalinos produz cloreto de amônio sólido e branco. Eu mostrei a formação intermediária dos íons na equação para que você pudesse observar o que realmente está acontecendo. O HCl transfere um H⁺ para a amônia. É basicamente o que acontece na reação HCl/NaOH mas, a reação com a amônia não pode ser classificada como uma reação ácido-base porque não ocorre na água e não envolve hidroxila. Mas o mesmo processo básico acontece nos dois casos. Por essas semelhanças uma nova teoria ácido-base foi desenvolvida, a teoria Bronsted-Lowery.

A teoria Bronsted-Lowery: Dando e recebendo

A teoria Bronsted-Lowery tenta superar as limitações da teoria Arrhenius definindo o ácido como um doador de prótons (H⁺) e a base como receptora de prótons (H⁺). A base recebe H⁺ fornecendo um par solitário de elétrons para uma ligação covalente coordenada, que é uma ligação covalente (par de elétrons compartilhado) em que um átomo fornece o par de elétrons para a ligação. Normalmente um átomo fornece um elétron para a ligação e outro átomo fornece o outro elétron (veja Capítulo 7). Na ligação covalente coordenada um átomo fornece os dois átomos.

A figura 12-1 mostra a reação NH_3/HCl usando a estrutura de pontos-elétrons dos reagentes e produtos. (Estrutura de pontos-elétrons também está no Capítulo 7).

Figura 12-1: Reação de NH_3 com HCl.

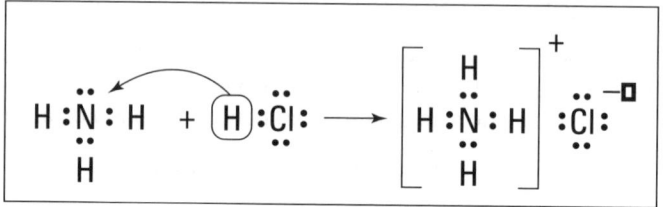

$$H:\overset{..}{\underset{H}{N}}:H \: + \: \boxed{H}:\overset{..}{\underset{..}{Cl}}: \longrightarrow \left[H:\overset{H}{\underset{H}{\overset{..}{N}}}:H \right]^{+} \: :\overset{..}{\underset{..}{Cl}}:^{-}$$

HCl é o doador de próton e o ácido e a amônia são os receptores de próton ou base. A amônia possui um par solitário de elétrons que pode fornecer para a ligação covalente coordenada.

Falarei mais sobre a teoria Bronsted-Lowery de reações ácido-base na seção "Me dê este próton: Reações ácido-base Bronsted-Lowery" ainda neste mesmo capítulo.

Ácidos para Corroer, Ácidos para Beber: Fortes e Fracos Ácidos e Bases

Quero agora mostrar as categorias diferentes de ácidos e bases — fortes e fracos. É importante lembrar que a força dos ácidos e bases não é o mesmo que concentração. A força se refere ao potencial de ionização ou quebra que alguns ácidos e bases sofrem. A concentração se refere a quantidade de ácidos ou bases que você possui inicialmente. Você pode possuir uma solução concentrada de um ácido fraco ou uma solução diluída de um ácido forte ou uma solução concentrada de um ácido forte ou... bem, tenho certeza que você captou a ideia.

Ácidos fortes

Se você dissolver o gás cloreto de hidrogênio em água, o HCl reage com as moléculas de água doando um próton:

$$HCl(g) + H_2O(l) \rightarrow Cl^- + H_3O^+$$

O íon H_3O é chamado de cátion hidrogênio. Nessa reação os reagentes seguem criando o produto até o esgotamento. Nesse caso, todo HCl ioniza formando H_3O^+ e Cl^-; não há mais HCl presente. Ácidos como HCl, que ionizam 100 por cento na água, são chamados ácidos fortes. Repare que a água, nesse caso, age como base aceitando o próton do cloreto de hidrogênio.

Como os ácidos fortes ionizam completamente, é fácil calcular a concentração dos íons de cloro e hidrogênio em uma solução se você sabe a concentração inicial do ácido forte. Por exemplo, suponhamos que você borbulhe 0,1 mols (veja mols no capítulo 10) de gás HCl em um litro de água. Você poderá dizer que a concentração inicial de HCl é 0,1 M (0,1 mol/L). M significa molaridade e mol/L significa mols de soluto por litro. (Veja molaridade e outras unidades de concentração no Capítulo 11).

Você pode representar a concentração 0,1 M de HCl desta maneira: [HCl] = 0,1. Aqui os colchetes entorno do composto indicam concentração molar ou mol/L. Como a ionização do HCl é completa, você observa que cada HCl que ioniza produz um íon de hidrogênio e um de cloro. Então a concentração de íons na solução HCl 0,1 M é:

$$[H_3O^+] = 0,1 \text{ e } [Cl^-] = 0,1$$

Esse conceito é importante quando se calcula o pH de uma solução. (E você poderá fazer isto na seção "Quão ácido é aquele café: A escala do pH", neste Capítulo).

A tabela 12-3 lista os ácidos fortes mais comuns.

Tabela 12-3   **Ácidos fortes comuns**

Solúvel em água	Insolúvel em água
ácido hidroclorídrico	HCl
ácido bromídrico	HBr
iodeto de hidrogênio	HI
ácido nítrico	HNO_3
ácido perclórico	$HClO_4$
ácido sulfúrico (primeira ionização)	H_2SO_4

O ácido sulfúrico é chamado de ácido diprótico. Ele pode doar 2 prótons, mas só a primeira ionização é de 100 por cento. Os outros ácidos listados na tabela 12-3 são ácidos de monopróticos pois só podem doar um próton.

Bases fortes

Você normalmente verá somente uma base forte que é o íon de hidrogênio, OH^-. O cálculo da concentração do íon de hidrogênio é realmente direto. Suponhamos que você tenha uma solução de NaOH 1,5 M (1,5 mol/L). O hidróxido de sódio, um sal, se divide completamente em íons:

$$NaOH \rightarrow Na^+ + OH^-$$

Se você começa com NaOH 1.5 mol/L, então você possui a mesma concentração de íons:

$$[Na^+] = 1,5 \text{ e } [OH^-] = 1,5$$

Ácidos fracos

Suponhamos que você dissolva ácido acético (CH_3COOH) em água. Ele reagirá com as moléculas da água doando um próton e doando íons de hidrogênio. Ele também se estabiliza e você fica com uma quantidade significante de ácido acético não ionizado. (Em reações completas os reagentes são utilizados na criação do produto. Mas em sistemas equilibrados duas reações químicas opostas – uma em cada lado da seta da reação – estão ocorrendo no mesmo local, ao mesmo tempo e com a mesma velocidade. Para mais detalhes sobre sistemas equilibrados, veja Capítulo 8).

Capítulo 12: Azedo e Amargo: Ácidos e Bases **195**

> **DICA:** Se você quiser descobrir um verdadeiro químico, peça que ele pronuncie a palavra *"unionizado"*, que apesar de ser um neologismo da palavra em inglês *unionized*, pode ajudar a comprovar a nossa teoria. Um químico pronunciaria un - ionizado, o que significaria não-ionizado. O resto do mundo pronunciaria a palavra da seguinte maneira: unio - nizado, o que significaria "fazer parte de um conjunto"

A reação do ácido acético com água:

$$CH_3COOOH(L) + H_2O \leftrightarrow CH_3COOO^- + H_3O^+$$

O ácido acético acrescentado à água ioniza parcialmente. No caso do ácido acético, a ionização fica em torno de 5 por cento, enquanto 95 por cento permanece na fórmula molecular. A quantidade do íon hidrônio que se obtém em soluções de ácidos que não ionizam completamente é bem menor do que com ácidos fortes. Ácidos em que a ionização não é completa são conhecidos como *ácidos fracos*.

Calcular a concentração do íon hidrônio em soluções de ácidos fracos não é tão simples como nas soluções de ácidos fortes, porque nem todo o ácido fraco que se dissolve inicialmente ionizou. Para calcular a concentração do íon hidrônio você deve utilizar a expressão de equilíbrio constante para os ácidos fracos. O Capítulo 8 mostra a expressão K_{eq} que representa os sistemas equilibrados. Para soluções de ácido fraco se utiliza uma expressão de equilíbrio constante modificada conhecida como K_a — a *constante de acidez*. Olhe a ionização de um ácido fraco HA:

$$HA + H_2O \leftrightarrow A^- + H3O^+$$

A expressão K_a para este ácido fraco é:

$$K_a = \frac{[H_3O^+][A^-]}{[HA]}$$

Note que *[HA]* representa a concentração molar de HA *em equilíbrio*, não a quantidade inicial. Repare, também, que a concentração da água não aparece na expressão K_a, porque ela se torna uma constante incorporada na expressão K_a.

Agora volte ao equilíbrio do ácido acético. O K_a para o ácido acético é $1,8 \times 10^{-5}$. A expressão K_a para a ionização do ácido acético é:

$$K_a = 1,8 \times 10^{-5} = \frac{[H_3O^+][CH_3COO^-]}{[CH_3COOH]}$$

Você pode utilizar a expressão K, quando calcular concentrações do íon hidrônio em uma solução de 2,0 M ácido acético. Você sabe que a concentração inicial de ácido acético 2,0 M. Você sabe que um pouco dele foi ionizado, formando um pouco de íon hidrônico e de íon acetato. Você também pode ver, a partir da reação balanceada, que para cada íon hidrônio que é formado, um íon acetato tambem é formado - então, suas concentrações são as mesmas. Vocêpode representar a quantia de [H$_3$O$^+$] and [CH$_3$COO$^-$] como x, logo

$$[H_3O+] = [CH_3COO^-] = x$$

Para produção da quantidade x de hidrônio e íon acetato, a mesma quantidade ácido acético ionizado é necessária. Você pode representar a quantidade de ácido acético que permanece em equilíbrio, como a quantidade inicial de 2,0 M menos a quantidade que ioniza, x:

$$[CH_3COOH-] = 2,0 - x$$

Na grande maioria dos casos pode-se dizer que o x é muito pequeno em comparação à concentração inicial do ácido fraco. Então você pode dizer que 2,0 - x é aproximadamente igual a 2,0. Isso significa que você quase sempre pode aproximar a concentração em equilíbrio do ácido fraco com sua concentração inicial. A constante de equilíbrio agora é representada assim:

$$K_a = 1,8 \times 10^{-5} = \frac{[X][X]}{[2.0]} = \frac{[X]^2}{[2,0]}$$

Neste ponto, você pode encontrar x, que é [H$_3$O$^+$]:

$$(\cancel{1.8 \times 10^{-5}})[2,0] = [X]^2$$

$$\sqrt{3,6 \times 10^5} = [X] = [H_3O^+]$$

$$6.0 \times 10^{-3} = [H_3O^+]$$

DICA

A tabela 12-3 mostra alguns ácidos fortes comuns. A maioria dos outros ácidos encontrados são fracos. Uma maneira de diferenciar ácidos fortes e fracos é procurar um valor constante de ionização ácida (K$_a$). Se o ácido possuir um valor K$_a$, então é fraco.

Bases fracas

Bases fracas também reagem com a água para estabelecer um sistema de equilibrio. A amônia é uma típica base fraca. Reage com a água para formar o cátion amônio e a hidroxila.

$$NH_3(g) + H_2O(l) \leftrightarrow NH_4^+ + OH^-$$

Como um ácido fraco, uma base fraca ioniza-se apenas parcialmente. Existe uma constante de equilíbrio modificada para as bases fracas — a K$_b$. É utilizada da mesma maneira que K$_a$, (veja "Ácidos fracos") só que você descobrirá [OH$^-$].

Me dê aquele próton: Teoria ácido base de Bronsted-Lowery

Na teoria de Arrhenius as reações ácido-base são reações de neutralização. Na teoria Bronsted-Lowery, as reações ácido-base são uma competição por um próton. Por exemplo, observe a reação da amônia com a água:

$$NH_3(g) + H_2O(l) \leftrightarrow NH_4^+ + OH^-$$

A amônia é a base (recebe um próton) e a água é um ácido (doa um próton) nessa reação (da esquerda para direita). Mas em uma reação reversa (direita para esquerda), o cátion amônio é um ácido e a hidroxila uma base. Se a água for um ácido mais forte que o cátion amônio, então haverá uma grande concentração relativa de cátion amônio e hidroxila em equilíbrio. Se, no entanto, o cátion amônio for um ácido mais forte haverá muito mais amônia que cátion amônio em equilíbrio.

Bronsted e Lowery disseram que um ácido reage com uma base para formar um par conjugado ácido-base. A diferença do par ácido-base conjugado é somente um H⁺. Por exemplo, NH_3 é uma base, e NH_4^+ é seu ácido conjugado. Na reação entre a água e a amônia H_2O é um ácido e OH é a base conjugada. Nessa reação a hidroxila é uma base forte e a amônia uma base fraca, então o equilíbrio se move para esquerda — não existe muita hidroxila em equilíbrio.

Se ligue: Água anfótera

Quando o ácido acético reage com ela, a água atua como base receptora de próton. Mas na reação com a amônia (veja a seção anterior), a água atua como um ácido doador de próton. A água pode atuar como ácido e como base, dependendo de sua combinação. Substâncias que podem atuar, como um ácido ou como uma base, são chamadas de anfóteras. Se você combina a água com um ácido, ela atua como uma base e vice-versa.

Mas, ela pode reagir consigo mesma? Sim, ela pode. Duas moléculas de água reagem com uma doando e outra recebendo prótons.

$$H_2O(l) + H_2O(l) \leftrightarrow H_3O^+ + OH^-$$

Essa é uma reação de equilíbrio. Um equilíbrio constante modificado, chamada K_w (que representa a constante de dissociação da água) é associada a essa reação. A K_w possui um valor de $1,0 \times 10^{-14}$ e tem a seguinte fórmula:

$$1,0 \times 10^{-14} = Kw = [H_3O^+][OH^-]$$

Em água pura, o $[H_3O^+]$ é igual a $[OH^-]$ na equação balanceada, $[H_3O^+] = [H^-] = 1,0 \times 10^{-7}$. O valor Kw é constante. Esse valor torna possível a conversão de H⁺ em OH⁻ e vice-versa em qualquer solução aquosa, não somente em água pura. Em soluções aquosas a concentração de hidrônio e hidroxila raramente serão iguais. Se você souber o valor de um deles a K_w possibilitará a descoberta do outro.

Olhe para a resolução da solução de ácido acético 2,0 M na seção "Ácidos fracos" neste Capítulo. Você descobrirá que $[H_3O^+]$ é $6,0 \times 10^{-3}$. Agora você pode calcular a hidroxila $[OH^-]$ na solução usando a relação K_w:

$K_w = 1,0 \times 10^{-14} = [H_3O^+][OH^-]$

$1,0 \times 10^{-14} = [6,0 \times 10^{-3}][OH^-]$

$1,0 \times 10^{-14}/6,0 \times 10^{-3} = [OH^-]$

$1,7 \times 10^{-12} = [OH^-]$

Um Antigo Laxante e o Repolho Roxo: Indicadores Ácido-Base

Indicadores são substâncias (tinturas orgânicas) que mudam de cor na presença de um ácido ou base. Você deve conhecer uma planta usada como indicador — a hortênsia. Se ela cresce em solo ácido, se torna rosa; se cresce em solo alcalino, se torna azul. Outra substância comum que age como um bom indicador ácido-base é o repolho roxo. Meus estudantes picam um pouco de repolho roxo e fervem (a maioria deles adora esta parte). Depois pegam o líquido resultante e utilizam para testar as substâncias. Quando misturado com um ácido, o líquido fica rosa; quando misturado com uma base, fica verde. Na verdade, se você pegar um pouco desse líquido, torná-lo ligeiramente básico e exalar sua respiração através de uma palha a solução se tornará azul, indicando que a solução ficou ligeiramente ácida. O dióxido de carbono na sua respiração reage com a água formando ácido carbônico:

$CO_2(g) + H_2O \leftrightarrow H_2CO_3(aq)$

Bebidas carbonatadas são levemente ácidas por causa desta reação. O dióxido de carbono é injetado no líquido para que fique borbulhante. Um pouco desse dióxido de carbono reage com a água formando o ácido carbônico. Essa reação também explica a ligeira acidez da chuva. Ela absorve dióxido de carbono da atmosfera enquanto cai na terra.

Em química, os indicadores são utilizados para mostrar a presença de um ácido ou de uma base. Os químicos possuem vários indicadores que se modificam com a menor mudança de pH. (Você provavelmente já ouviu o termo pH ser usado em vários contextos. Se você quiser saber do que se trata veja a seção "Quão ácido é aquele café: A escala do pH").

Dois indicadores são os mais usados:

- Papel tornassol
- Fenolftaleína

Bom e velho papel tornassol

Tornassol é uma substância extraída de algum tipo de líquen e impregnada em papel poroso. (Se você for participar de alguma brincadeira de perguntas e respostas este fim de semana, um líquen é uma planta — encontrada na Holanda — que é formada por uma alga e um fungo que vivem intimamente juntos e se beneficiam mutuamente deste relacionamento. Me parece um tanto sórdido). Existem três diferentes tipos de tornassol — vermelho, azul e neutro. Tornassol vermelho é usado para testar bases, tornassol azul para testar ácidos e tornassol neutro para testar os dois. Se uma solução é ácida, os tornassóis azuis e neutros se tornarão vermelhos. Se uma solução é básica, os tornassóis vermelhos e neutros se tornarão azuis. O papel tornassol é um bom e rápido meio para testar ácidos e bases. E você não tem que aguentar o cheiro de repolho fervido.

Fenolftaleína: Ajuda a ajustar os ponteiros do seu intestino

Fenolftaleína é outro indicador usado comumente. Até alguns anos atrás a fenolftaleína era usada como princípio ativo de um laxante popular. Na verdade eu mesmo costumava extrair a fenolftaleína deste laxante, misturando com álcool ou gim (tomando cuidado para não beber). E então usava a solução como um indicador.

A fenolftaleína é clara e sem cor em solução ácida e rosa em solução básica. É comumente usada em um processo chamado titulação, em que a concentração de um ácido ou de uma base é determinada pela sua reação com um ácido ou uma base de conhecida concentração.

Suponhamos que você queira saber a concentração molar de uma solução HCl. Primeiramente você adiciona uma quantidade específica (digamos, 25,00 mililitros medidos cuidadosamente com uma pipeta) em um frasco erlenmeyer (que é apenas um frasco com fundo chato e forma cônica) e acrescenta algumas gotas de uma solução de fenolftaleína. Como você está adicionando o indicador em uma solução ácida a solução permanecerá clara e sem cor. Depois você adiciona, pequenas quantidades de uma solução de hidróxido de sódio padrão com molaridade conhecida (por exemplo, 0.100 M), com uma bureta. (Uma bureta é um tubo graduado de vidro com uma pequena abertura e uma torneira que ajuda a medir precisamente o volume da solução). Você continua adicionando a base até que a solução esteja ligeiramente rosa. Eu chamo de ponto final da titulação, o ponto em que o ácido foi neutralizado pela base. A figura 12-2 mostra o processo da titulação.

Figura 12-2: Titulação de um ácido com uma base.

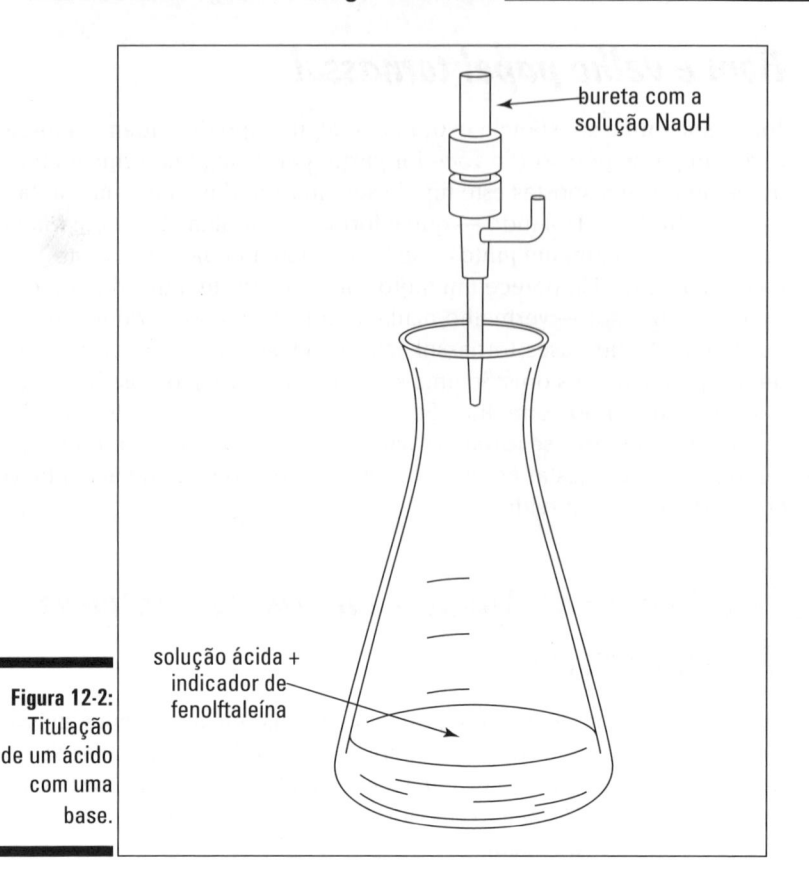

[bureta com a solução NaOH; solução ácida + indicador de fenolftaleína]

Suponhamos que tenha sido necessário 35,50 mililitros de NaOH 0,100 M para alcançar o ponto final da titulação de 25,00 mililitros da solução HCl. Aqui está a reação:

$$HCl(aq) + NaOH(aq) \rightarrow H_2O(l) + NaCl(aq)$$

Pela equação balanceada você pode observar que o ácido e a base reagem em uma proporção molar de 1:1. Se você pode calcular os mols adicionados de base, também, poderá calcular o número de mols de HCl presentes. Conhecendo o volume da solução ácida poderá calcular a molaridade (converta os mililitros em litros para facilitar a conta):

$$\frac{0,100 \; \cancel{mol \; NaOH}}{\cancel{L}} \times \frac{0,3550 \cancel{L}}{1} \times \frac{1 \; mol \; HCl}{1 \; \cancel{mol \; NaOH}} \times \frac{1}{0,2500 L} = 0,142 \; M \; HCl$$

A titulação de uma base com uma solução ácida padrão (uma com conhecida concentração) pode ser calculada exatamente do mesmo modo, exceto o ponto final que será o desaparecimento da cor rosa.

Quão ácido é aquele Café: A Escala de pH

O nível de acidez em uma solução está relacionado à concentração de hidroxônio na solução. Quanto maior for a acidez de uma solução maior será a concentração de hidroxônio. Em outras palavras, uma solução em que $[H_3O^+]$ é igual a $1,0 \times 10^{-2}$ é mais ácida que uma solução em que $[H_3O^+]$ é igual a $1,0 \times 10^{-7}$. A escala do pH, uma escala baseada no $[H_3O^+]$, foi desenvolvida para mostrar mais rapidamente a acidez relativa de uma solução. O pH é definido como o logaritmo (abreviado como log) negativo do $[H_3O^+]$. Matematicamente, fica assim:

$$pH = -\log [H_3O^+]$$

Baseado na constante de dissociação da água, K_w (veja "Se ligue: Água anfótera", neste Capítulo), em água pura o $[H_3O^+]$ é igual a 1.0×10^{-7}. Usando essa relação matemática você pode calcular o pH da água pura:

$$pH = -\log [H_3O^+]$$
$$pH = -\log [1.0 \times 10^{-7}]$$
$$pH = -[-7]$$
$$pH = 7$$

O pH da água pura é 7. Os químicos chamam esse ponto na escala de pH de neutro. Uma solução é considerada ácida se tiver um $[H_3O^+]$ maior que a água e um pH menor que 7. Uma solução básica tem um $[H_3O^+]$ menor que a água e um pH maior que 7. A escala de pH realmente não tem fim. Você pode ter uma solução com pH menor que 0 (uma solução de HCl a 10 M, por exemplo, possui um pH de -1). No entanto, a escala de 0 a 14 é conveniente para se usar com ácidos e bases fracos e com soluções diluídas de ácidos e bases fortes. A figura 12-3 mostra a escala do pH:

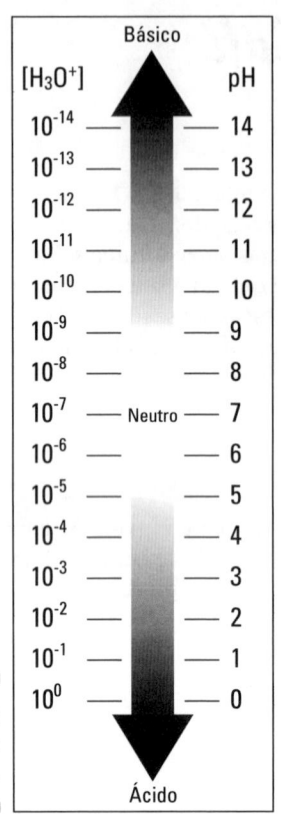

Figura 12-3: A escala do pH.

```
              Básico
    [H₃O⁺]      ↑        pH
    10⁻¹⁴      —        14
    10⁻¹³      —        13
    10⁻¹²      —        12
    10⁻¹¹      —        11
    10⁻¹⁰      —        10
    10⁻⁹       —         9
    10⁻⁸       —         8
    10⁻⁷  — Neutro —    7
    10⁻⁶       —         6
    10⁻⁵       —         5
    10⁻⁴       —         4
    10⁻³       —         3
    10⁻²       —         2
    10⁻¹       —         1
    10⁰        —         0
              ↓
              Ácido
```

O $[H_3O^+]$ de uma solução de ácido acético a 2,0 M é $6,0 \times 10^{-3}$. Olhando na escala do pH você verá que essa solução é ácida. Calcule o pH dessa solução:

$$pH = -\log [H_3O^+]$$

$$pH = -\log [6,0 \times 10^{-3}]$$

$$pH = -[-2,22]$$

$$pH = 2,22$$

No tópico "Se ligue: Água anfótera", eu mostro que a constante K_w possibilita o cálculo do $[H_3O^+]$ se você souber a $[OH^-]$. Outra equação, chamada pOH, pode ser útil no cálculo do pH de uma solução. O *pOH* é o logaritmo negativo da $[OH^-]$. Você pode calcular o pOH de uma solução do mesmo modo que o pH, pegando o logaritmo negativo da concentração da hidroxila. Se você utilizar a constante K_w e pegar o log negativo dos dois lados, obterá 14 = pH + pOH. Essa equação torna fácil o caminho do pH para o pOH.

Assim como você pode converter o $[H_3O^+]$ em pH pode converter o pH em $[H_3O^+]$. Para fazer isso você usa o que é chamado de *relação antilog*, que é:

$$[H_3O^+] = 10^{-pH}$$

Sangue humano, por exemplo, tem pH igual a 7,3. Para calcular a [H_3O^+] através do PH do sangue:

$[H_3O^+] = 10^{-pH}$

$[H_3O^+] = 10^{-7.3}$

$[H_3O^+] = 5.01 \times 10^{-8}$

O mesmo procedimento pode ser usado para calcular a [OH^-] do pOH.

Substâncias comumente encontradas em nossas vidas cobrem uma grande gama de valores de pH. A tabela 12-4 lista algumas substâncias comuns e seus valores de pH.

Tabela 12-4	Valores médios do pH de algumas substâncias comuns
Substância	*PH*
Limpador de forno	13,8
Removedor de cabelos	12,8
Amônia caseira	11,0
Leite de magnésia	10,5
Alvejante	9,5
Água do mar	8,0
Sangue humano	7,3
Água pura	7,0
Leite	6,5
Café	5,5
Refrigerante	3,5
Aspirina	2,9
Vinagre	2,8
Suco de limão	2,3
Ácido de bateria automotiva	0,8

O sangue humano possui um pH em torno de 7,3. Existe uma margem muito pequena para a variação do sangue com a manutenção da vida, aproximadamente 0,2 unidades de pH. Muitas coisas em nosso ambiente podem modificar o pH de nosso sangue, como comida e hiperventilação. As soluções tampão ajudam a regular o pH do sangue mantendo o pH entre 7,1 e 7,5.

Soluções Tampão: Controlando o pH

As soluções tampão resistem a modificação do pH causadas pela adição de ácidos ou bases. Obviamente, a solução tampão deve possuir algo que reaja com um ácido — uma base. Algo mais em uma solução tampão reage com uma base — um ácido. Existem, normalmente, dois tipos de tampões:

- ✔ Mistura de ácidos fracos e bases
- ✔ Espécies anotéricas

A mistura de ácidos fracos e bases pode ser de pares conjugados ácido-base (como H_2CO_3/HCO_3^-) ou de pares não conjugados (como NH_4^+/CH_3COO^-). (Para mais detalhes sobre pares ácido-base conjugados, veja "Me dê aquele próton: Teoria ácido base de Bronsted-Lowery", neste Capítulo).

No corpo humano, os pares ácido-base são mais comuns. No sangue, por exemplo, o par ácido carbônico/bicarbonato ajuda a controlar o pH. Este tampão pode ser subjugado e podem aparecer alguns efeitos potencialmente perigosos. Se uma pessoa faz exercícios demais o ácido lático é liberado na corrente sanguínea. Se não houver bicarbonato suficiente para neutralizar o ácido lático, o pH do sangue cai e diz-se que a pessoa está com acidose. A diabetes também pode causar acidose. Por outro lado, se a pessoa hiperventila (respira muito rápido), expira muito dióxido de carbono. O nível do ácido carbônico no sangue é reduzido, tornando o sangue muito básico. Essa condição, chamada de alcalose, pode ser muito grave.

Anfotéricos também podem atuar como tampões reagindo com um ácido ou uma base. (Para exemplos de tipos anfotéricos veja "Se ligue: Água anfotérica", neste Capítulo). O íon do bicarbonato (HCO_3^-) e o monohidrogênio fosfato (HPO_4^-) são tipos anfotéricos que neutralizam tanto ácidos como bases. Os dois íons são importantes, também, para controlar o pH do sangue.

Antiácidos: Boa Química Básica

Vá a qualquer farmácia e veja as pilhas de antiácidos. Eles representam a química ácido-base em ação!

O estômago produz ácido hidroclorídrico para ativar certas enzimas (catalisadores biológicos) no processo digestivo. Mas algumas vezes o estômago produz muito ácido ou o ácido sobe pelo esôfago (levando à azia), tornando necessário neutralizar o excesso de ácido com – você adivinhou – uma base. As substâncias que são vendidas para neutralizar esse ácido são chamadas de antiácidos. Os antiácidos incluem os seguintes compostos como princípios ativos:

- ✔ **Bicarbonatos** — $NaHCO_3$ E $KHCO_3$
- ✔ **Carbonatos** — $CaCO_3$ E $MgCO_3$
- ✔ **Hidróxidos** — $Al(OH)_3$ E $Mg(OH)_2$

Ácidos mal falados: Uma introdução à chuva ácida

Nos últimos anos, a chuva ácida se tornou um dos grandes problemas ambientais. A chuva natural é um pouco ácida (pH 5,6) devido à absorção de dióxido de carbono da atmosfera e a produção de ácido carbônico. Mas quando a acidez da chuva está em torno de 3 a 3,5 é que se torna notícia na imprensa.

As duas maiores causas da chuva ácida são a poluição automotiva e industrial. Na combustão interna dos automóveis, o nitrogênio no ar é transformado em vários óxidos de nitrogênio. Esses óxidos de nitrogênio, quando liberados na atmosfera, reagem com o vapor da água formando o ácido nítrico (HNO_3). Em fábricas de combustível fóssil, óxidos de enxofre são formados na queima das impurezas sulfúricas encontradas normalmente no carvão e no petróleo.

Esses óxidos de enxofre, se liberados na atmosfera, combinam-se com a água formando do ácido sulfúrico e ácido sulfuroso (H_2SO_4 e H_2SO_3). Óxidos de nitrogênio também são produzidos nessas fábricas. Esses ácidos caem na terra com a chuva provocando vários problemas. Eles dissolvem o carbonato de cálcio de estátuas de mármore e monumentos. Eles diminuem o pH da água dos rios ao ponto dos peixes não poderem mais viver neles. Causam a morte ou o definhamento de florestas inteiras. Reagem com os metais de carros e prédios.

O controle industrial tem conseguido reduzir este problema com alguma eficiência, mais ainda é um importante problema ambiental.

A escolha do "melhor" antiácido para o uso ocasional pode ser muito complicada. Certamente, o preço é um indicativo, mas a natureza química das bases também é um fator a ser considerado. Por exemplo, indivíduos com pressão alta devem evitar antiácidos que contenham bicarbonato de sódio, pois o íon de sódio tende a aumentar a pressão sanguínea. Indivíduos preocupados com a perda de cálcio dos ossos, ou osteoporose, podem querer usar um antiácido que contenha carbonato de cálcio. No entanto, o carbonato de cálcio e o hidróxido de alumínio podem causar constipação se usados em grandes doses. Por outro lado, grandes doses de carbonato de magnésio e hidróxido de magnésio podem atuar como laxativos. A escolha de um antiácido pode ser muito delicada.

Capítulo 13

Balões, Pneus e Tanques de Oxigênio: O Maravilhoso Mundo dos Gases

Neste capítulo
▶ Aceitando a Teoria Cinética dos Gases
▶ Entendendo a pressão
▶ Entendendo as leis dos gases

*O*s gases estão à sua volta. Como geralmente são invisíveis, você não pensa neles diretamente, mas certamente é consciente de suas propriedades. Você respira uma mistura de gases que chama de ar. Você verifica a calibragem dos pneus do seu carro, a pressão atmosférica para saber se uma tempestade está a caminho. Você queima gases em seu fogão e em seu isqueiro. Você enche balões em aniversários.

As propriedades dos gases e suas inter-relações são importantes para você. Meus pneus estão calibrados? Com que tamanho este balão vai ficar? Há gás suficiente em meu tanque de oxigênio? A lista não tem fim.

Nesse capítulo apresentarei os gases nos níveis microscópico e macroscópico. Mostrarei uma das teorias mais bem sucedidas da ciência — A Teoria Cinética dos Gases. E explicarei as propriedades macroscópicas dos gases e as importantes relações entre eles. Também mostrarei como essas relações entram em jogo com as reações estequiométricas. Este capítulo é um gás perfeito.

Visão Microscópica dos Gases: A Teoria Cinética dos Gases

Uma teoria é útil aos cientistas quando ela descreve o sistema físico que estão examinando e quando permite que saibam o que acontecerá se modificarem algumas variáveis. A Teoria Cinética dos Gases faz exatamente isso. Possui limitações — todas as teorias possuem — mas é uma das teorias mais úteis em química. Esta seção descreve os postulados básicos da teoria — suposições, hipóteses, axiomas (escolha sua palavra favorita) que você pode aceitar como verdade.

✔ **Primeiro postulado: Os gases são formados por partículas minúsculas, átomos ou moléculas.**

A não ser que você esteja trabalhando com matérias a elevadas temperaturas, as partículas conhecidas como gases são relativamente pequenas. As partículas mais volumosas se aglomeram para formarem líquidos ou sólidos. Os gases são normalmente compostos de minúsculas partículas com baixos pesos atômicos e moleculares.

✔ **Segundo postulado: As partículas de gás são tão pequenas, quando comparadas à distância que as separa, que o volume ocupado por elas é insignificante e assumidamente zero.**

Essas partículas de gás possuem algum volume — essa é uma das propriedades da matéria. Mas se as partículas de gás são pequenas (e elas são) e não existem muitas em um recipiente, o volume ocupado é insignificante quando comparado ao volume do recipiente ou o espaço entre as partículas de gás. Isso explica porque os gases podem ser comprimidas. Existe muito espaço entre as partículas de gás e elas podem ser comprimidos. Isso não é verdade para os sólidos e líquidos, onde as partículas estão muito mais próximas. (Se você quiser verificar as diferenças entre sólidos, líquidos e gases, o Capítulo 2 trata dos vários estados da matéria).

O conceito de uma quantidade *insignificante* é muito usado em química. Um exemplo está no Capítulo 12 quando uso a constante de acidez (K_a) de um ácido fraco, ignorando a quantidade de ácido fraco que ionizou em comparação a concentração inicial de ácido.

Gostaria de comparar esse conceito com a possibilidade de você encontrar uma nota de um real na rua. Se você não tiver dinheiro nenhum, então esta nota representará uma quantia considerável (talvez a próxima refeição). Mas se você for um milionário esta nota não representará grande coisa. Poderá até servir como papel de rascunho. Você pode até nem pegá-lo. (Eu realmente nem imagino tamanha riqueza). O valor deste real é insignificante em comparação com sua riqueza. É isso que estou dizendo sobre o volume das partículas de gás – é claro que possuem um volume, mas é tão pequeno que é insignificante em comparação com a distância entre as partículas e o volume do recipiente.

✔ **Terceiro postulado: As partículas de gás estão em constante movimento ao acaso, movendo-se em linhas retas e colidindo com as paredes internas do recipiente.**

As partículas de gás estão sempre movendo-se em linha reta. (Os gases possuem uma energia cinética superior – energia do movimento — se comparados aos sólidos e líquidos; veja o Capítulo 2). As partículas continuam se movendo em linhas retas até que colidam com algo — com as paredes do recipiente ou umas com as outras. As partículas também se movem em diferentes direções, então as colisões tendem a ser uniformemente distribuídas em toda superfície interna. Você pode observar essa uniformidade em um balão. O balão é esférico porque as partículas de gás estão batendo em todos os pontos das paredes internas dele. As colisões das partículas de gás com as paredes internas do recipiente são chamadas de pressão. A ideia do movimento das partículas de gás ser constante, aleatório e em linha reta explica a razão da mistura uniforme dos gases se colocados no mesmo recipiente. Também explica porque quando você deixa cair um vidro de perfume em um lado do quarto as pessoas que estão do outro lado, também, sentem o cheiro imediatamente.

✔ **Quarto postulado: Assume-se que as partículas de gás possuem força atrativa ou repulsiva insignificante.**

Em outras palavras, as partículas de gás são independentes, nem atraem nem repelem umas as outras. Tendo isso dito, é hora da crítica. Essa declaração é falsa; se fosse verdade os químicos jamais poderiam liquefazer um gás, o que podem. Mas a razão de se aceitar essa declaração é que as forças atrativas e repulsivas são tão pequenas que podem ser ignoradas com segurança. Isso é mais válido para gases não-polares, como o hidrogênio e o nitrogênio, porque as forças atrativas envolvidas são as forças de London. No entanto, se o gás possui moléculas polares, como a água e HCl, isto se torna um problema. (Vá ao Capítulo 7 para descobrir sobre as forças de London e materiais polares — relacionados à atração entre as moléculas).

✔ **Quinto postulado: As partículas dos gases podem colidir. Assume-se que essas colisões sejam elásticas, com a quantidade total de energia cinética das duas partículas permanecendo a mesma.**

As partículas dos gases não colidem somente com as paredes internas do recipiente, mas também entre si. Se colidem umas com as outras nenhuma energia cinética é perdida, a energia cinética é transferida de uma partícula de gás para a outra. Por exemplo, imagine duas partículas de gás — uma se movendo rapidamente e outra se movendo vagarosamente — colidindo. A energia cinética é transferida da partícula rápida para a lenta. A que se movia lentamente passa a se mover mais rápido e a que se movia rapidamente passa a se mover mais lentamente. A quantidade total de energia cinética permanece a mesma, mas uma partícula de gás perde energia e a outra ganha. Esse é o princípio da sinuca — você transfere energia cinética do taco para a bola branca, para a bola que pretende atingir.

✔ **Sexto postulado: A temperatura Kelvin é diretamente proporcional à *média* de energia cinética das partículas de gás.**

As partículas de gás não estão se movendo com a mesma quantidade de energia cinética. Algumas estão se movendo lentamente e outras rapidamente, mas a maioria está entre esses dois extremos. A temperatura, se é medida na escala kelvin, é diretamente relacionada à média de energia cinética do gás. Se você aquecer o gás de tal forma que aumente a temperatura kelvin (K), a média da energia cinética do gás também aumenta. (Para calcular a temperatura Kelvin acrescente 273 à temperatura Celsius: K = °C + 273. Escalas de temperatura e média de energia cinética são explicadas claramente no Capítulo 2).

Um gás que obedeça a todos os postulados da Teoria Cinética dos Gases é chamado de *gás perfeito*. Obviamente, nenhum gás obedece ao segundo e ao quarto postulados *exatamente*. Mas um gás não-polar em elevada temperatura e baixa pressão (concentração) se aproxima do comportamento de um gás perfeito.

Estou Sob Pressão — Pressão Atmosférica, ou Seja

Apesar de você não estar em um recipiente, as moléculas de gás da atmosfera estão constantemente batendo em você, em seus livros, em seu computador e em tudo, exercendo uma força chamada pressão atmosférica. A pressão atmosférica é medida com um instrumento chamado barômetro.

Medindo a pressão atmosférica: O barômetro

Se você obtiver um boletim meteorológico completo, a pressão atmosférica normalmente estará presente. Você pode ter uma ideia sobre as mudanças do clima observando se a pressão atmosférica está subindo ou descendo. A pressão atmosférica é medida utilizando um barômetro e a figura 13-1 mostra os componentes de um.

Um barômetro é composto de um longo tubo de vidro fechado em um dos lados e totalmente preenchido com líquido. Você poderia usar a água, mas o tubo teria que ser bem longo (quase 11 metros), o que seria bastante inconveniente. Por isso faz mais sentido utilizar mercúrio, por ser um líquido muito denso. O tubo preenchido com mercúrio é colocado invertido em um recipiente aberto, com mercúrio, de modo que a ponta aberta do tubo fique sob a superfície do mercúrio no recipiente. Algumas coisas entram em jogo agora. A força da gravidade puxa o mercúrio do tubo fazendo com que escorra para o recipiente. O peso dos gases na atmosfera força para baixo o mercúrio do recipiente e o força para dentro do tubo. Cedo ou tarde o equilíbrio dessas forças será atingido, e o mercúrio do tubo permanecerá em uma altura específica. Quanto maior a pressão da atmosfera, maior será a coluna de mercúrio que poderá ser medida no tubo; quanto menor a pressão da atmosfera (por exemplo, no topo de uma montanha), menor será a coluna. Ao nível do mar, a coluna tem 760 milímetros de altura, conhecida como pressão atmosférica normal.

Capítulo 13: Balões, Pneus e Tanques de Oxigênio

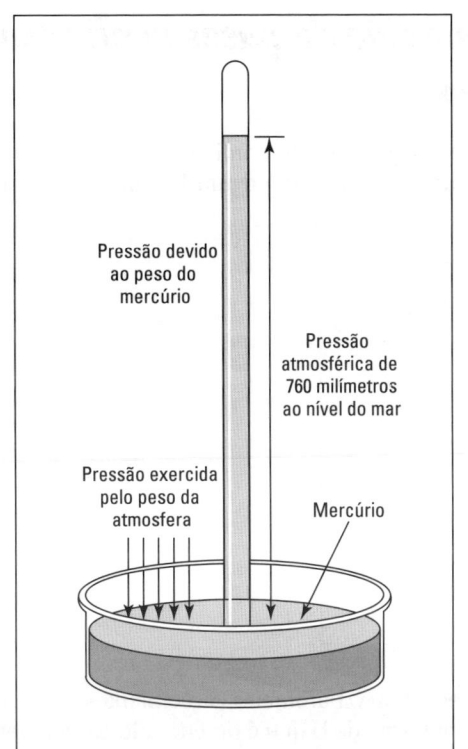

Figura 13-1: Um barômetro

Labels in figure:
- Pressão devido ao peso do mercúrio
- Pressão atmosférica de 760 milímetros ao nível do mar
- Pressão exercida pelo peso da atmosfera
- Mercúrio

A pressão atmosférica pode ser expressa de várias maneiras diferentes. Pode ser mostrada em milímetros de mercúrio (mm Hg); atmosferas (atm), uma unidade de pressão em que 1 representa a pressão ao nível do mar; torr, uma unidade de pressão em que 1 torr (13,5955 g/cm^3) é igual a 1 milímetro de mercúrio; libras por polegada quadrada (psi); pascal (Pa), uma unidade de pressão em que 1 pascal é igual a 1 newton por polegada quadrada (não se preocupe com o que é um newton; só acredite que essa é uma maneira de expressar a pressão); ou kilopascal (kPa), onde 1 kPa é igual a 1.000 pascals.

Então você pode expressar a pressão atmosférica ao nível do mar como:

760 mmHg = 1 atm = 760 torr = 14.69 psi = 101,325 Pa = 101.325 kPa

Observe que algumas vezes você também poderá ouvir a pressão atmosférica sendo especificada em polegadas de mercúrio (1 atm = 29.921 em Hg). Neste livro eu uso preferencialmente atmosferas e torr, às vezes milímetros de mercúrio. A variedade é o tempero da vida.

Medindo a pressão de gases confinados
O manômetro

Você pode medir a pressão de um gás confinado em um recipiente utilizando um aparato chamado manômetro. A figura 13-2 mostra os componentes de um manômetro.

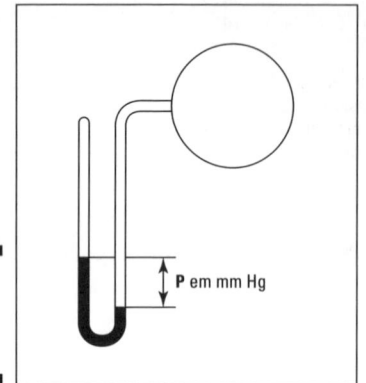

Figura 13-2: O manômetro.

P em mm Hg

O manômetro se parece com o barômetro. O recipiente de gás é acoplado a um tubo de vidro em forma de U que é preenchido parcialmente com mercúrio e fechado do outro lado. A gravidade puxa a coluna de mercúrio para o lado fechado do tubo. O mercúrio é balanceado pela pressão do gás no recipiente. A diferença nos dois níveis do mercúrio representa a pressão do gás.

Os Gases Também Obedecem Leis — Leis dos Gases

Várias leis científicas descrevem as relações entre as quatro importantes propriedades físicas dos gases:

- Volume
- Pressão
- Temperatura
- Quantidade

Esta seção mostrará essas várias leis. As leis de Boyle, Charles e Gay-Lussac cada uma descrevendo as relações entre duas propriedades enquanto mantém as outras duas propriedades constantes. (Em outras palavras, você pega duas propriedades, modifica uma e vê o efeito na segunda — enquanto mantém as restantes constantes). Outra lei — uma combinação das leis individuais de Boyle, Charles e Gay-Lussac – permite que seja modificada mais do que uma propriedade por vez.

Mas essa lei combinada não permite que seja modificada a propriedade física da quantidade. A lei de Avogrado permite. E existe também a lei perfeita dos gases, que possibilita a variação das quatro propriedades físicas.

Sim, esta seção está lotada de leis, você provavelmente vai ficar atolado só tentando digeri-las.

Lei de Boyle: Nada a ver com ferver

A lei de Boyle, que recebe esse nome em homenagem a Robert Boyle um cientista inglês do século dezessete, descreve a relação entre a pressão e o volume dos gases se a temperatura e a quantidade são mantidas constantes. A figura 13-3 ilustra a relação da pressão com o volume usando a Teoria Cinética dos Gases.

Figura 13-3: Relação pressão-volume dos gases — Lei de Boyle.

Diminuição do volume, aumento da pressão

O cilindro da esquerda na figura contém certo volume de gás a certa pressão. (Pressão é a colisão das partículas de gás com as paredes internas do recipiente). Quando o volume é diminuído, o mesmo número de partículas de gás passará a ocupar um volume menor e o número de colisões aumenta significativamente. Então, a pressão é maior.

A lei de Boyle estabelece uma relação inversa entre o volume e a pressão. Quando o volume diminui, a pressão aumenta e vice-versa.

Boyle determinou que o produto da pressão e do volume é uma constante (k):

$$PV = k$$

Agora considere um caso em que você possui um gás a certa pressão (P_1) e volume (V_1). Se você modificar o volume (V_2), a pressão também muda (P_2). Você pode utilizar a lei de Boyle nos dois casos:

$$P_1 V_1 = k$$
$$P_2 V_2 = k$$

A constante, k, será a mesma nos dois casos. Então você pode dizer:

$$P_1 V_1 = P_2 V_2 \quad \text{(Com a temperatura e a quantidade constantes)}$$

Essa equação é outra declaração da lei de Boyle — e realmente é a mais útil, pois normalmente você trabalhará com mudanças na pressão e no volume. Se você souber três das quatro incógnitas anteriores, poderá calcular a quarta. Por exemplo, suponhamos que você possua 5,00 litros de um gás a uma pressão de 1 atm, e aí você diminua o volume para 2,00 litros. Qual a nova pressão?

Para encontrar a resposta use a equação:

$$P_1 V_1 = P_2 V_2$$

Substituindo 1,00 atm por P_1, 5,00 litros por V_1 e 2,00 litros por V_2, você obterá:

$$(1,00 \text{ atm})(5,00 \text{ litros}) = P_2 (2,00 \text{ litros})$$

Agora encontre P_2:

$$(1,00 \text{ atm})(5,00 \text{ litros}) / (2,00 \text{ litros}) = P_2 = 2,50 \text{ atm}$$

A resposta faz sentido, você diminuiu o volume e a pressão aumentou, que é exatamente o que a lei de Boyle declara.

Lei de Charles: Não me chame de Chuck

A lei de Charles, em homenagem a Jacques Charles, um químico francês do século dezenove, trata da relação entre o volume e a temperatura, mantendo a pressão e a quantidade constantes. Essa relação é encontrada no dia a dia, especialmente se falarmos sobre o aquecimento e o resfriamento de balões.

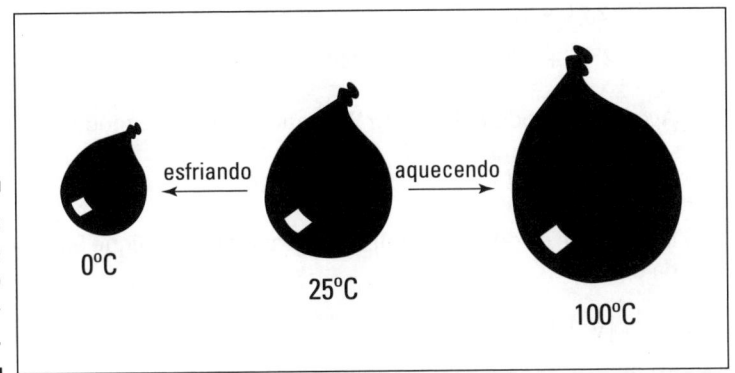

A Figura 13-4 mostra a relação temperatura-volume.

A figura 13-4: mostra a relação temperatura-volume.

[Figura 13-4: três balões mostrando esfriando ← 0°C, 25°C, → aquecendo 100°C]

Olhe para o balão do meio da figura 13-4. O que você acha que aconteceria se o balão fosse colocado no freezer? Ficaria menor. Dentro do freezer a pressão externa ou pressão atmosférica é a mesma, mas as partículas de gás dentro do balão não se movem mais tão rapidamente, então o volume é comprimido para manter a pressão constante. Se o balão for aquecido, o balão expande e o volume aumenta. Essa é uma relação direta — a temperatura aumenta, o volume aumenta e vice-versa.

Jacques Charles revelou a relação matemática entre a temperatura e o volume. Ele também descobriu que se deve usar a temperatura kelvin (K) quando se trabalha com expressões das leis dos gases.

LEMBRE-SE

Em cálculos das leis dos gases a temperatura Kelvin deve ser usada.

A lei de Charles diz que o volume é diretamente proporcional a temperatura Kelvin. Matematicamente, a lei é assim:

$V = bT$ ou $V/T = b$ (onde b é a constante)

Se a temperatura de um gás com certo volume (V_1) e a temperatura Kelvin (T_1) for modificada (T_2), o volume também muda (V_2).

$V_1/T_1 = b$ $V_2/T_2 = b$

A constante, b, é a mesma então:

$V_1/T_1 = V_2/T_2$ (com a pressão e a quantidade constantes e a temperatura expressa em K).

Se você souber três das quatro incógnitas anteriores poderá calcular a quarta. Por exemplo, suponhamos que você viva no Alaska e está no meio da neve no inverno, onde a temperatura é -23 graus Celsius. Você enche um balão até que alcance um volume de 1 litro. Você leva esse balão para dentro de sua casa onde a temperatura é de 27 graus Celsius. Qual será o novo volume do balão?

Primeiro, converta a temperatura Celsius em Kelvin acrescentando 273:

-23°C + 273 = 250 K   (fora de casa)
27°C + 273 = 300 K   (dentro de casa)

Agora, você poderá descobrir V_2, usando o seguinte modelo:

$$V_1/T_1 = V_2/T_2$$

Multiplique os dois lados por T_2 de forma que o V_2 fique em um dos lados da equação:

$$[V_1 T_2]/T_1 = V_2$$

Agora, substitua os valores e encontre a resposta:

$$[(1,00 \text{ litro})(300 \text{ K})]/250 \text{ K} = V_2 = 1,20 \text{ litros}$$

É uma resposta razoável, pois a lei de Charles diz que se à temperatura Kelvin é aumentada, o volume aumenta.

Lei de Gay-Lussac

A lei de Gay-Lussac, em homenagem ao cientista francês do século dezenove Joseph-Louis-Gay-Lussac trata da relação entre a pressão e a temperatura de um gás se seu volume e quantidade são constantes. Imagine, por exemplo, que você possui um tanque de gás de metal. O tanque possui certo volume e o gás que está dentro certa pressão. Se o tanque for aquecido, a energia cinética das partículas de gás aumentará. Agora se movem bem mais rápido, e não somente estão batendo mais nas paredes do tanque, como também com mais força. A pressão aumentou.

A lei de Gay-Lussac diz que a pressão é diretamente proporcional à temperatura Kelvin. A figura 13-5 mostra esta relação.

Figura 13-5: A relação pressão-temperatura dos gases — Lei de Gay-Lussac.

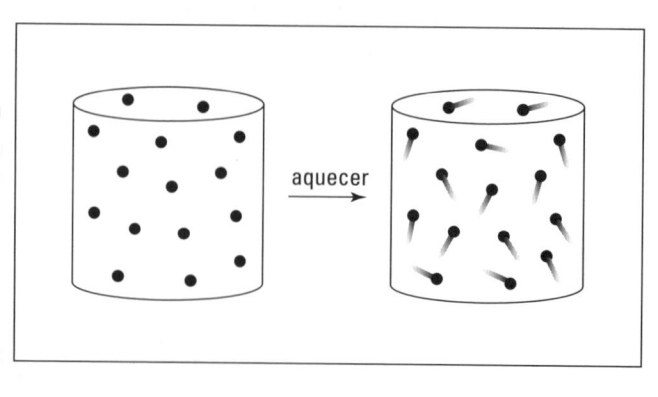

Matematicamente, a lei de Gay-Lussac fica assim:

$P = kT$ (ou $P/T = k$ com volume e quantidade mantidos)

Considere um gás a uma determinada temperatura em Kelvin e a uma determinada pressão (T1 e P1), e as condições sendo alteradas para uma nova temperatura e uma nova pressão (T2 e P2):

$P_1 T_1 = P_2/t_2$

Se você tiver um tanque de gás com pressão de 800 torr e temperatura de 250 Kelvins, que for aquecido a 400 Kelvins, qual será a nova pressão?

Começando com $P_1/T_1 = P_2/T_2$, multiplique os dois lados por T_2 para que possa descobrir P_2:

$[P_1 T_2]/T_1 = P_2$

Agora, substitua os valores conhecidos e descubra a resposta:

$[(800 \text{ torr})(400 \text{ K})]/250 \text{ K} = P_2 = 1.280$ torr

A resposta está correta, pois se o tanque for aquecido a pressão deve aumentar.

A Lei Combinada dos Gases

Todos os exemplos anteriores assumem que duas propriedades se mantenham constantes e uma propriedade seja modificada para que se veja seu efeito na quarta propriedade. Mas a vida raramente é tão simples. Como lidar com situações em que duas ou mesmo três propriedades se modificam? Você poderia tratar cada uma isoladamente, mas seria realmente muito bom se fosse possível combinar todas.

Atualmente, existe um modo. Você pode combinar a lei de Boyle, a lei de Charles e a lei de Gay-Lussac em uma equação. Acredite em mim, você não quer que eu mostre exatamente como é feito, mas o resultado final é chamado de Lei Combinada dos Gases:

$P_1 V_1/T_1 = P_2 V_2/T_2$

Assim como nos exemplos anteriores, P é a pressão do gás (em atm, mm Hg, torr, etc.), V é o volume do gás (em unidades apropriadas) e T é a temperatura (em Kelvins). Os números 1 e 2 representam as condições iniciais e finais. A quantidade ainda é mantida constante: Nenhum gás é acrescentado e o gás existente não escapa. Existem seis incógnitas envolvidas nessa Lei Combinada dos Gases; conhecendo cinco pode-se calcular a sexta.

Por exemplo, suponhamos que um balão meteorológico com um volume de 25,0 litros a uma pressão de 1,00 atm e uma temperatura de 27 graus Celsius se eleva até uma altitude onde a pressão é de 0,500 atm e a temperatura é de -33 graus Celsius. Qual será o novo volume do balão?

Antes que eu mostre como resolver o problema, use a cabeça um pouco. A temperatura está diminuindo, o volume também diminuirá (lei de Charles). A pressão também está diminuindo o que faria o balão expandir (lei de Boyle). Esses dois fatores estão em conflito, até este ponto você não sabe qual deles vencerá.

Você está procurando o novo volume (V_2), então organize a Lei Combinada dos Gases para obter a seguinte equação (multiplicando cada lado por T_2 e dividindo cada lado por P_2, o que manterá V_2 isolado):

$$[P_1 V_1 T_2] / [P_2 T_1] = V_2$$

Agora, defina as incógnitas:

$P1 = 1,00$ atm; $V_1 = 25,0$ litros; $T_1 = 27°C + 273 = 300$ K
$P2 = 0,500$ atm; $T_2 = -33°C + 273 = 240$ K

Substitua os valores e encontre a resposta:

$$[(1,00 \text{ atm})(25,0 \text{ litros})(240 \text{ K})] / [(0,500 \text{ atm})(300 \text{K})] = V_2 = 40,0 \text{ litros}$$

Como o volume aumentou nesse caso, a lei de Boyle teve um efeito maior que a de Charles.

Lei de Avogrado

A equação combinada dos gases tornou possível o cálculo das mudanças ocorridas na pressão, no volume e na temperatura. Mas ainda resta a quantidade. Para trabalhar com mudanças de quantidade você precisa de outra lei. Amedeo Avogrado (o mesmo Avogrado que nos deu seu famoso número de partículas por mol — veja no Capítulo 10) determinou que igual volume de gases sob mesma temperatura e pressão, contém números iguais de partículas. A lei de Avogrado diz que o volume de um gás é diretamente proporcional ao número de mols do gás (número de partículas de gás) em temperatura e pressão constantes. Matematicamente, a lei de Avogrado é:

$V = kn$ (sob constante temperatura e pressão)

Nessa equação, k é uma constante e n é o número de mols do gás. Se você souber o número de mols de um gás (n_1), em um volume (V_1) e haja uma mudança nos mols devido a uma reação (n_2) o volume também mudará (V_2), fornecendo esta equação:

$V_1 / n_1 = V_2 / n_2$

Não resolverei nenhum problema com essa lei porque é basicamente a mesma ideia das outras leis tratadas neste capítulo.

Capítulo 13: Balões, Pneus e Tanques de Oxigênio 219

Uma consequência muito útil da lei de Avogrado é que o volume de um mol do gás pode ser calculado em qualquer temperatura e pressão. Uma fórmula extremamente útil para calcular o volume de um mol de gás é: *1 mol de qualquer gás a CNTP ocupa 22,4 litros*. CNTP nesse caso não é nenhum óleo ou aditivo de combustível. Representa Condições Normais de Temperatura e Pressão.

- **Pressão padrão:** 1,00 atm (760 torr ou mm Hg)
- **Temperatura padrão:** 273 K

Essa relação entre mols de gás e litros apresenta um modo para converter a massa de um gás em volume. Por exemplo, suponhamos que você tenha 50,0 gramas do gás oxigênio (O_2) e você queira saber seu volume a CNTP. Você pode descrever o problema assim (veja nos Capítulos 10 e 11, o feijão com arroz do uso de mols em equações químicas):

$$\frac{50,0 \text{ g } O_2}{1} \times \frac{1 \, mol \, O_2}{32,0 \text{ g}} \times \frac{22,4 L}{5 \, mol \, O_2} \times = 35,0 L$$

Agora você sabe que 50,0 gramas do gás oxigênio ocupam um volume de 35,0 litros a CNTP. Mas e se o gás não estiver na CNTP? Qual o volume de 50,0 gramas de oxigênio a 2,00 atm e 27 graus Celsius? Na próxima seção mostrarei uma maneira muito simples de resolver essa questão. Mas agora, como você sabe o volume em CNTP, você pode usar a Lei Combinada dos Gases.

$P_1V_1/T_1 = P_2V_2/T_2$

$P_1 = 1,00$ atm; $V_1 = 35,0$ litros; $T_1 = 273$ K

$P_2 = 2,00$ atm; $T_2 = 300$ K (27°C + 273)

Calculando V_2 você encontrará a seguinte resposta:

$[P_1V_1T_2]/[P_2T_1] = V_2$

$[(1,00 \text{ atm})(35,0 \text{ litros})(300 \text{ K})]/[(2,00 \text{ atm})(273 \text{ K})] = V_2 = 19,2$ litros

A equação perfeita dos gases

Se você pegar a lei de Boyle, a lei de Charles, a lei de Guy-Lussac e a lei de Avogrado e jogá-las em um liquidificador, deixar batendo por um minuto e depois retirar, você obterá a *equação perfeita dos gases* – um modo de trabalhar volume, temperatura, pressão e quantidade. A equação perfeita dos gases tem a seguinte fórmula:

PV = nRT

O *P* representa pressão em atmosferas (atm), o *V* representa o volume em litros (L), o n representa os mols do gás, o *T* representa a temperatura em

Kelvin (K) e o R representa a constante dos gases perfeitos, que é 0,0821 litros atm / K mol.

Usando o valor da constante dos gases perfeitos, a pressão deve ser representada em atm e o volume em litros. Você pode calcular outra constante dos gases perfeitos se realmente quiser usar torr e mililitros, mas por quê? É mais fácil memorizar um valor para R e depois não esquecer de representar a pressão e o volume com as unidades apropriadas. Naturalmente, você sempre representará a temperatura em Kelvin quando trabalhar com qualquer lei dos gases.

Agora, quero mostrar uma maneira simples para converter a massa de um gás em volume, se o gás não está na CNTP. Qual o volume de 50,0 gramas de oxigênio a 2,00 atm e 27 graus Celsius?

A primeira coisa a ser feita é converter os 50,0 gramas de oxigênio em mols usando a massa molecular do O_2:

(50,0 gramas)(1mol/32,0 gramas) = 1,562 mol

Agora use a equação perfeita dos gases:

PV = nRT

V = nRT/P

Substitua as quantidades conhecidas e calcule:

V = [(1,562mol)(0,0821 litros atm/Kmol)(300 K)]/2,00 atm = 19,2 litros

Essa é exatamente a mesma resposta obtida anteriormente, mas calculada de uma maneira bem mais simples.

Estequiometria e as Leis dos Gases

A equação perfeita dos gases (e até a equação combinada dos gases) permite que os químicos trabalhem com problemas estequiométricos que envolvam gases. (o Capítulo 10 é a chave para a estequiometria). Nessa seção, você usará a equação perfeita dos gases para resolver esse tipo de problema em um experimento clássico de química — a decomposição do clorato de potássio em cloreto de potássio e oxigênio, pelo calor:

2 $KClO_3$(s) → 2 KCl(s) + 3 O_2(g)

Sua missão é: Descobrir o volume de oxigênio produzido a 700 torr e 27 graus Celsius da decomposição de 25.0 gramas de $KClO_3$.

Primeiro, você tem que calcular o número de mols do gás oxigênio produzido:

$$\frac{50,0 g\, O_2}{1} \times \frac{50,0 g\, O_2}{1} \times \frac{3\, mol\, O_2}{1} = 0,3059\, mol\, O_2$$

Em seguida converta a temperatura em Kelvins e a pressão em atm:

27°C + 273 = 300 K

700 torr/760torr/atm = 0,9211 atm

Agora, coloque tudo na equação perfeita dos gases:

PV = nRT

V = nRT/P

V = [(0,3059mol)(0,0821 L atm/Kmol)(300 K)]/0,9211 atm = 8,18 litros

Missão cumprida.

Leis de Dalton e Graham

Esta seção mostrará algumas leis de gases que você deve ter algum conhecimento. Uma delas é relacionada à pressão parcial e a outra à efusão/difusão gasosa. Vamos nessa!

Lei de Dalton

A lei de Dalton sobre pressão parcial diz que em uma mistura de gases, a pressão total é a soma das pressões parciais de cada gás.

Se você tiver uma mistura de gases — gás A, gás B, gás C, etc.... — a pressão total do sistema é simplesmente a soma da pressão dos gases individuais. Matematicamente, a relação pode ser representada assim:

$$P_{Total} = P_A + P_B + P_C + ...$$

Quando se trabalha com problemas estequiométricos como o da seção anterior envolvendo a decomposição do clorato de potássio, o oxigênio é normalmente coletado por deslocamento e depois o volume é medido. Para se obter a pressão do oxigênio você tem que subtrair a pressão do vapor de água. Você tem que matematicamente "secar" o gás.

Suponhamos, por exemplo, que uma amostra de oxigênio é coletada, sobre a água, a uma pressão total de 755 torr e 20 graus Celsius. E suponha que seu trabalho, seu sortudo, é calcular a pressão do oxigênio.

Você sabe que a pressão total é de 755 torr. Sua primeira tarefa é consultar uma tabela de pressão de vapores de água versus temperatura. (Você pode encontrar uma tabela como esta em vários lugares). Depois de olhar na tabela descobrirá que a pressão parcial da água a 20 graus Celsius é de 17,5 torr. Agora você está pronto para calcular a pressão do oxigênio:

$$P_{Total} = P_{Oxigênio} + P_{Vapor\,de\,água}$$

$$755 \text{ torr} = P_{Oxigênio} + 17,5 \text{ torr}$$

$$P_{Oxigênio} = 755 \text{ torr} - 17,5 = 737,5 \text{ torr}$$

Conhecer a pressão parcial de gases como o oxigênio é importante em mergulhos profundos no mar e em hospitais.

Lei de Graham

Coloque algumas gotas de um perfume forte em uma mesa, de um lado do quarto, e logo as pessoas do outro lado do quarto poderão senti-lo. Esse processo é chamado de *difusão gasosa*, a mistura dos gases através de seu movimento molecular.

Coloque algumas gotas do mesmo perfume dentro de um balão de borracha e encha-o. Logo você será capaz de sentir o perfume fora do balão, assim que ele encontrar passagem pelos microscópicos poros da borracha. Esse processo é chamado de *efusão gasosa*, o movimento de um gás através de uma abertura minúscula. O mesmo processo de efusão é responsável pela perda rápida do hélio nos balões de borracha.

Thomas Graham determinou que a razão da difusão e da efusão dos gases é inversamente proporcional a raiz quadrada de sua massa molecular ou atômica. Essa é a lei de Graham. Em geral diz-se que quanto mais claro o gás mais rápido efundirá (ou difundirá). Matematicamente, a lei de Graham é:

$$\frac{V_1}{V_2} = \sqrt{\frac{M_2}{M_1}}$$

Suponhamos que você encha dois balões de borracha igualmente, um com hidrogênio (H_2) e o outro com oxigênio (O_2). O hidrogênio, sendo mais claro, efundirá através dos poros do balão mais rapidamente. Mas, quanto? Usando a lei de Graham você pode descobrir a resposta: ,

$$\frac{V_{H_2}}{V_{O_2}} = \sqrt{\frac{M_{O_2}}{M_{H_2}}}$$

$$\frac{V_{H_2}}{V_{O_2}} = \sqrt{\frac{32.0\,g/mol}{2.0\,g/mol}}$$

$$\frac{V_{H_2}}{V_{O_2}} = \sqrt{16}$$

$$\frac{V_{H_2}}{V_{O_2}} = 4$$

O hidrogênio efundirá quatro vezes mais rápido que o oxigênio.

Parte IV
Química no Cotidiano: Benefícios e Problemas

A 5ª Onda — de Rich Tennant

No verdadeiro bar dos químicos

Nossa! Olhe os protetores de bolso dela!

Nesta parte...

Química não é algo que se pratica somente no laboratório industrial ou acadêmico. Químicos profissionais não são os únicos a fazer química. Você também faz química. A química está presente em sua vida todos os dias.

A química nos oferece muitos benefícios, mas pode também nos dar muitos problemas. Nossa sociedade moderna é complexa. A química possui a responsabilidade de resolver muitos problemas sociais, tornando nossa vida mais fácil.

Nos capítulos desta parte mostrarei algumas aplicações da química. Mostrarei a química do carbono e suas aplicações no petróleo e na produção de gasolina. Mostrarei como, o mesmo petróleo, pode ser usado para produzir plástico e fibras sintéticas. Levarei você para casa e mostrarei a química por trás de detergentes, medicamentos e cosméticos de todo tipo. E mostrarei alguns problemas que a sociedade, a tecnologia e a ciência criaram — poluição do ar e da água.

Capítulo 14
A Química do Carbono: Química Orgânica

Neste capítulo:
▶ Dando uma olhada nos hidrocarbonetos
▶ Descobrindo como nomear alguns hidrocarbonetos simples
▶ Conferindo os diferentes grupos funcionais
▶ Descobrindo o lugar da química orgânica na sociedade

A maior e mais sistemática área da química é a química orgânica, a química do carbono. Dentre os 11 ou 12 milhões de compostos químicos conhecidos, cerca de 90 por cento são compostos orgânicos. Nós queimamos compostos orgânicos como combustíveis. Nós comemos compostos orgânicos. Nós vestimos compostos orgânicos. Somos feitos de compostos orgânicos. Todo o nosso mundo é construído com compostos orgânicos.

Neste capítulo, apresentarei uma breve introdução à química orgânica. Gastarei algum tempo mostrando os hidrocarbonetos, compostos de carbono e hidrogênio, assim como outras classes de compostos orgânicos e seu uso na vida diária. Enquanto lê este capítulo, descobrirá que muito da química pode ser encontrada no carbono.

Síntese orgânica: Onde tudo começou

Nos primeiros anos da química se pensava que os compostos orgânicos só poderiam ser produzidos por organismos vivos. As pessoas pensavam que deveria haver uma "força vital" envolvida. Mas em 1828, o cientista alemão Friedrich Wohler modificou o campo da química para sempre desenvolvendo um composto químico, a uréia, acidentalmente enquanto tentava produzir um composto inorgânico. Esse foi o começo de nosso moderno campo da síntese orgânica.

Hidrocarbonetos: Do Simples ao Complexo

Um questionamento comum, feito por estudantes de química é "Por que existem tantos compostos de carbono?" A resposta: O carbono contém quatro elétrons de valência, portanto pode formar quatro ligações covalentes com outros carbonos ou elementos. (Um erro comum dos estudantes de química orgânica quando desenham as estruturas é não se certificar que cada carbono tenha quatro ligações). As ligações formadas pelo carbono são fortes ligações covalentes. (O Capítulo 7 explica as ligações covalentes), e o carbono possui a habilidade de produzir longas cadeias e anéis de carbono. Ele pode formar ligações duplas ou triplas com outro carbono ou outro elemento. Nenhum outro elemento, com exceção do silicone, possui essa habilidade. (E as ligações feitas pelo silicone não são tão fortes quanto as que são feitas pelo carbono). Essas propriedades habilitam o carbono a formar os múltiplos compostos necessários para produzir uma ameba, uma borboleta ou um bebê.

Os compostos orgânicos simples são chamados de hidrocarbonetos, compostos de carbono e hidrogênio. Economicamente, os hidrocarbonetos são extremamente importantes para nós — principalmente como combustíveis. A gasolina é uma mistura de hidrocarbonetos. Nós usamos metano (gás natural), propano e butano, que são hidrocarbonetos, por sua habilidade de liberar grande quantidade de energia quando queimados. Os hidrocarbonetos podem possuir ligações simples (os alcanos), ligações duplas (os alcenos) ou ligações triplas (os alcinos). E podem formar anéis contendo ligações simples ou duplas (cicloalcanos, cicloalcenos e aromáticos).

Até mesmo compostos contendo somente carbono e hidrogênio são muito variados; imagine o que pode acontecer quando alguns outros elementos são misturados!

Do gás de cozinha à gasolina: Alcanos

Os hidrocarbonetos mais simples são os alcanos. Os alcanos são chamados de hidrocarbonetos saturados — cada carbono é ligado a outros quatro átomos. O carbono pode formar quatro ligações covalentes, no máximo. Se essas quatro ligações covalentes forem feitas com átomos diferentes os químicos dizem que o carbono está saturado. Não existem ligações duplas ou triplas nos alcanos.

Os alcanos possuem a fórmula geral de C_nH_{2n+2}, onde n é um número inteiro. Se n = 1 haverá quatro átomos de hidrogênio, e o resultado será CH_4, metano.

A tabela 14-1 lista os nomes dos dez primeiros alcanos *normais* ou *cadeia ramificada*. Eles não são ramificados na realidade; é só como são chamados. Quando eu desenho as estruturas, geralmente os mostro em linha reta. (Tecnicamente, é uma ligação de carbono em forma tetraédrica com ângulos de ligação de 109,5 graus. Veja no Capítulo 7, sobre *geometria molecular*). Todos os carbonos, menos os do fim, são ligados a 2 outros carbonos.

A figura 14-1 mostra o modelo dos primeiros quatro da tabela.

Tabela 14-1   Os primeiros dez alcanos normais (CnH_{2n+2})

nº	Fórmula	Name
1	CH_4	Metano
2	C_2H_6	Etano
3	C_3H_8	Propano
4	C_4H_{10}	Butano
5	C_5H_{12}	Pentano
6	C_6H_{14}	Hexano
7	C_7H_{16}	Heptano
8	C_8H_{18}	Octano
9	C_9H_{20}	Nonano
10	$C_{10}H_{22}$	Decano

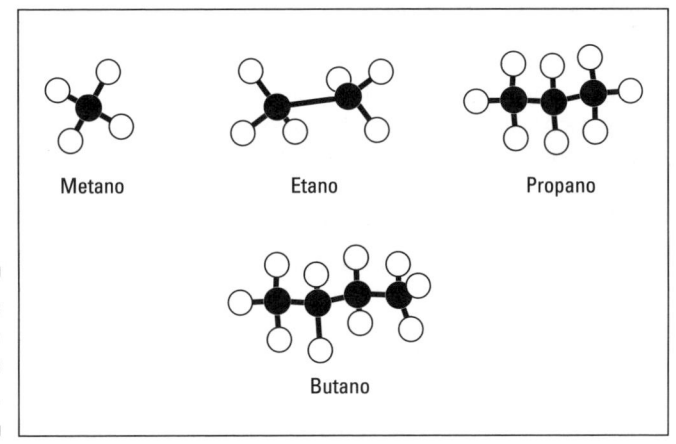

Figura 14-1:
Os quatro primeiros alcanos.

Fórmula molecular e estrutural

A tabela 14-1 mostra a fórmula molecular de alguns alcanos. A fórmula molecular mostra quais átomos estão presentes no composto e seu número real. Todos são hidrocarbonetos normais ou ramificados, mas o padrão de ligação pode ser mais bem ilustrado pela fórmula estrutural. A fórmula estrutural mostra os átomos presentes, o número e o padrão de ligação, ou o que está ligado no quê.

A fórmula estrutural pode ser representada de diferentes maneiras. Uma maneira é chamada de fórmula estrutural expandida, que representa cada ligação covalente como uma linha. Em compostos orgânicos como os hidrocarbonetos, se você pretende mostrar somente o modo que os carbonos são ligados, você pode omitir os átomos de hidrogênio na fórmula expandida e indicá-los somente pela linha da ligação covalente. Você também pode usar a forma condensada, que agrupa partes da molécula e indica o padrão da ligação. A forma condensada pode ser representada de várias maneiras. A figura 14-2 apresenta duas formas expandidas e três formas condensadas da fórmula estrutural do butano, C_4H_{10}.

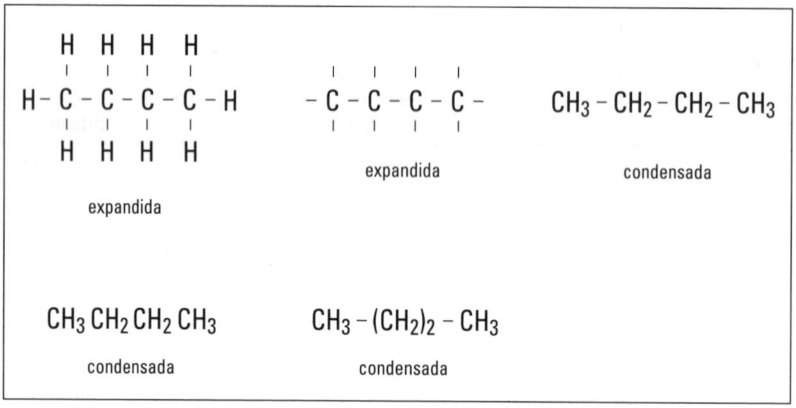

Figura 14-2: Fórmulas estruturais do butano.

$$H-C-C-C-C-H \quad \text{expandida}$$
$$-C-C-C-C- \quad \text{expandida}$$
$$CH_3-CH_2-CH_2-CH_3 \quad \text{condensada}$$
$$CH_3\,CH_2\,CH_2\,CH_3 \quad \text{condensada}$$
$$CH_3-(CH_2)_2-CH_3 \quad \text{condensada}$$

Nomeando problemas

Algumas vezes, dois compostos completamente diferentes - com dois conjuntos totalmente diferentes de propriedades - possuem a mesma estrutura molecular. A diferença está no modo como estão ligados os átomos - o que está ligado a quem. Esses tipos de compostos são chamados de isômeros, compostos que possuem a mesma fórmula molecular e diferentes fórmulas estruturais. Conhecer a fórmula molecular não é suficiente para diferenciá-los.

Um isômero do butano, por exemplo, possui a mesma fórmula molecular da cadeia do composto mostrada na figura 14-2, C_4H_{10}, mas um diferente padrão de ligação. Esse isômero é conhecido como isobutano e é o que chamo de um hidrocarboneto ramificado. Veja na figura 14-3 mostrado de várias formas.

Então como saber qual butano é representado pela fórmula C_4H_{10}? Use um nome específico para o composto. Para o composto em cadeia, você pode dizer butano ou butano normal ou, melhor ainda, n-butano. O n- deixa perfeitamente claro para o químico que você está falando do isômero de cadeia direta.

Mas e o outro isômero, isobutano? Você pode usar o nome comum, mas ele não é aceito em todos os lugares. Os químicos em todo mundo devem concordar com o nome para facilitar a comunicação entre os cientistas de todas as nações.

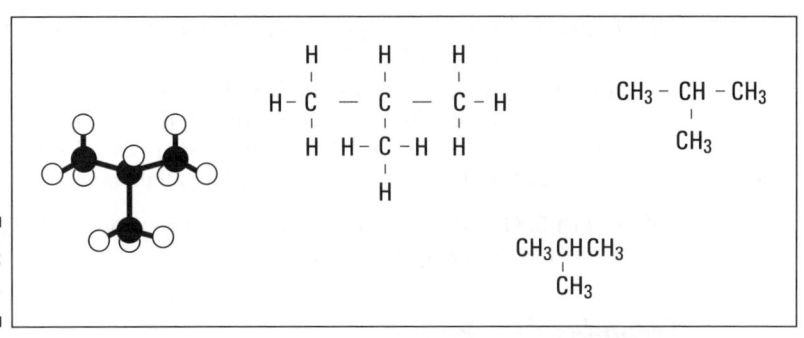

Capítulo 14: Química do Carbono: Química Orgânica 229

```
        H   H   H
        |   |   |
    H - C - C - C - H        CH₃ - CH - CH₃
        |   |   |                  |
        H   H-C-H   H              CH₃
            |
            H
                             CH₃ CH CH₃
                                 |
                                 CH₃
```

Figura 14-3: Isobutano.

Um grupo internacional de químicos estabelece regras para a nomeação dos compostos orgânicos. Esse grupo é chamado de IUPAC, *União Internacional de Química Pura e Aplicada (International Union of Pure and Applied Chemistry)*. Esses químicos desenvolveram um sistemático código de regras para a nomeação dos compostos e se encontram regularmente para decidir como nomear novos tipos de compostos descobertos na natureza ou produzidos em laboratório.

Para nomear sistematicamente todos os vários tipos de compostos orgânicos seria necessário outro livro, IUPAC Nomenclatura para Leigos. Aqui mostrarei as regras da nomeação dos alcanos simples:

✔ **Regra 1:** Identifique a mais longa cadeia contínua de carbono no alcano (*mais longa* significa maior número de átomos de carbono e *contínua* significa começando em uma ponta da cadeia e conectando os carbonos sem levantar a caneta). O hidrocarboneto de cadeia reta que possuir o maior número de carbonos será o principal ou a base do nome do alcano.

✔ **Regra 2:** O nome básico é modificado acrescentando-se os nomes dos grupos substitutos que estão conectados em ramificações do composto básico. *Grupos substitutos* são aqueles grupos que foram substituídos por um átomo de hidrogênio no alcano básico. Nos alcanos esses grupos substitutos são ramificações que se ligam ao básico. Eles são nomeados utilizando o nome do alcano, trocando o sufixo *-ano* pelo *-il*. Então o metano, por exemplo, se torna metil, etano se torna etil e assim por diante.

✔ **Regra 3:** A posição de um grupo substituto particular na cadeia de carbono básica é indicada por números de localização. Os números são escolhidos numerando os carbonos da cadeia básica, sequencialmente, partindo-se de uma extremidade; a extremidade a ser escolhida é aquela que traz as ramificações com o menor número possível. (Se isso não faz nenhum sentido — e eu sinto que você está sofrendo aqui — veja "Exemplos de nomes" para alguns exemplos. Eles tornam essa matéria bem simples). O número de localização do carbono que o grupo está conectado é colocado na frente do nome do grupo substituto e separado do nome por um hífen.

✔ **Regra 4:** Os nomes dos grupos substitutos são colocados na frente do nome básico, em ordem alfabética. Se houver um número de grupos substitutos idênticos o número de todos os carbonos a que esses grupos estão conectados - separados por vírgulas — são usados com o prefixo grego comum — como *di-, tri-, tetra-, penta-*. Esses prefixos não são considerados na definição da ordem alfabética.

✔ **Regra 5:** O último grupo alquila substituto é usado como prefixo no nome básico do alcano.

Exemplos de nomes

Certo. Você está pronto para largar este livro com desgosto, não está? Eu sei que o sistema de nomeação dos alcanos parece ridículo, mas é realmente muito mais fácil do que parece. Na verdade a maioria de meus estudantes acha que a nomeação dos compostos orgânicos é uma das coisas mais divertidas na química orgânica.

Para mostrar o quanto é fácil descreverei o processo da nomeação do composto mostrado na figura 14-4.

$$CH_3 - CH_2 - CH - CH_2 - CH - CH_3$$
$$|\qquad\qquad\quad|$$
$$CH_2\qquad\quad CH_3$$
$$|$$
$$CH_3$$

$$\underset{6}{CH_3} - \underset{5}{CH_2} - \underset{4}{CH} - \underset{3}{CH_2} - \underset{2}{CH} - \underset{1}{CH_3}\quad \leftarrow \text{hexano}$$

Grupo etil ⟶ CH_2 CH_3 ⟵ grupo metil
                    CH_3

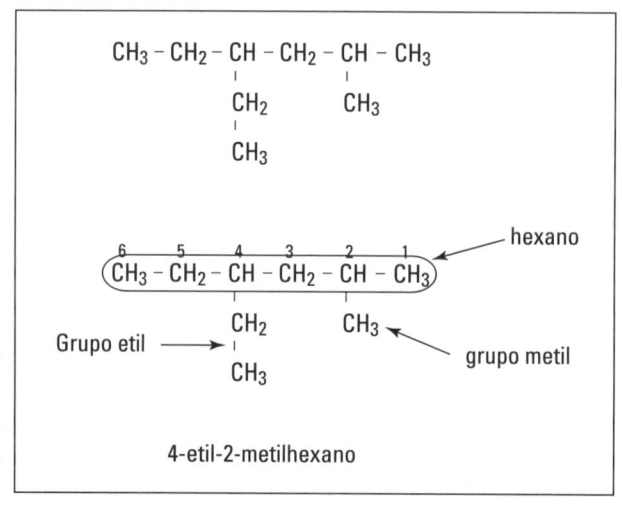

Figura 14-4: Nomeando um alcano.

4-etil-2-metilhexano

Usando a forma condensada da fórmula estrutural, a maior cadeia contínua de carbonos é composta de seis carbonos. Três diferentes cadeias de 6 carbonos podem ser usadas (às vezes com o mesmo nome), mas comece com a horizontal. A cadeia possui seis carbonos, então o nome básico é hexano (Regra 1). Existem dois grupos substitutos, um composto por dois carbonos (etil) e outro com um carbono (metil) (Regra 2). Numere a cadeia básica da direita para a esquerda, você encontrará grupos alquilas nos carbonos 2 e 4 (somando 6). Agora faça o mesmo da esquerda para direita na cadeia básica, você encontrará grupos nos carbonos 3 e 5 (somando 8). Compare a soma direita-esquerda com a esquerda-direita e escolha a de menor soma. Você terá um 4-etil e um 2-metil (Regra 3). Ordene alfabeticamente e use o último grupo alquila substituto como prefixo no nome do alcano básico, o resultado será 4-etil-2-metilhexano (Regras 4 e 5).

Pegou?

Agora tente você: Nomeie o alcano mostrado na figura 14-5.

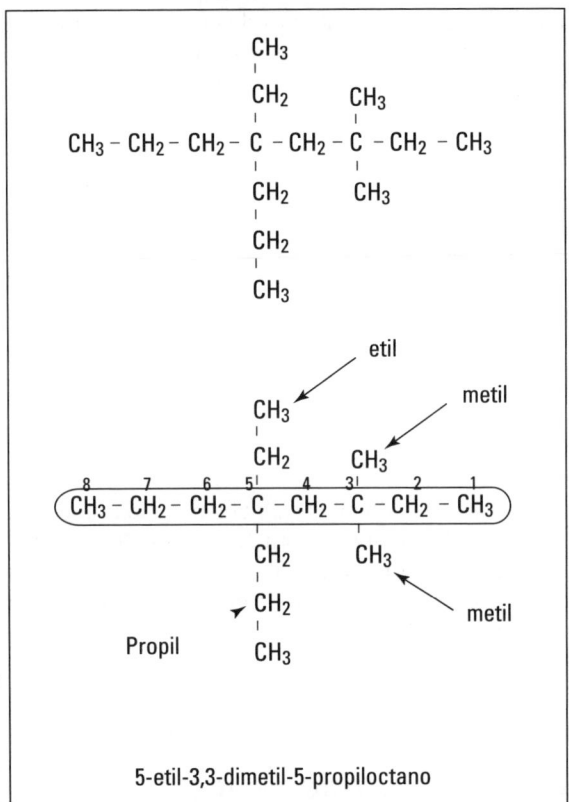

Figura 14-5: Nomeando outro alcano.

5-etil-3,3-dimetil-5-propiloctano

A mais longa cadeia de carbono possui oito átomos de carbono, então o nome básico é octano. Você possui dois grupos metil (dimetil), um grupo etil e um grupo propil. Outra vez, numere da direita para esquerda (3+3+5+5=16) ao invés da esquerda para direita (4+4+6+6=20) e você terá 3,3-dimetil (lembre-se que se houver grupos substitutos idênticos você inclui o número de todos os carbonos a que esses grupos estão ligados, separados por vírgulas), 5-etil e 5-propil. Organize alfabeticamente, lembrando que o *di-* de dimetil não conta: 5-etil-3,3-dimetil-5-propiloctano.

Isso não foi tão difícil como você pensou que seria, foi?

Como você deve ter notado, quanto mais carbonos existirem maior a possibilidade de isômeros.

Em um alcano com a fórmula $C_{20}H_{42}$ existem mais de 300.000 possíveis isômeros e para $C_{40}H_{82}$ existem aproximadamente *62 trilhões* de isômeros possíveis.

Anéis nos cicloalcanos

Os alcanos também podem formar sistemas de anéis produzindo compostos chamados *cicloalcanos*. A nomeação destes compostos é bastante similar a dos alcanos ramificados com a simples diferença que o prefixo *ciclo-* é usado no nome básico. Na fórmula estrutural condensada o anel é desenhado com linhas retas, e onde duas linhas retas se encontram está um átomo de carbono, os átomos de hidrogênio não são mostrados. A figura 14-6 mostram a forma condensada e a expandida do 1,3-dimetil ciclohexano.

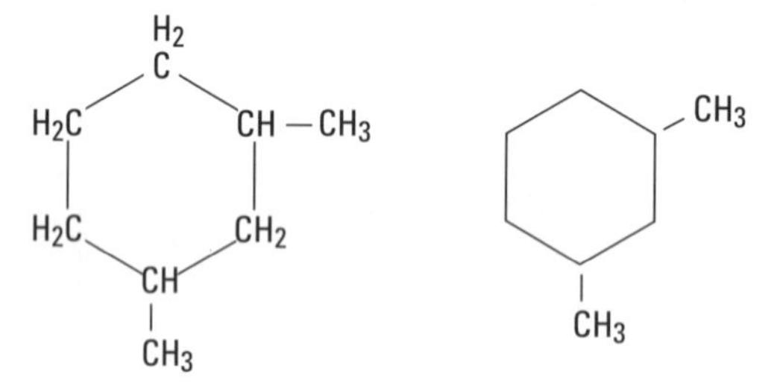

Figura 14-6: 1,3-dimetil ciclohexano.

Alcanos de cadeias retas e alguns cicloalcanos são usados principalmente como combustíveis. O metano é o principal componente do gás natural e, como a maioria dos hidrocarbonetos, é inodoro. As indústrias de gás adicionam um composto orgânico fedorento contendo enxofre, chamado *mercaptano* (tiol), ao gás natural para que se perceba o vazamento. O butano é usado em isqueiros e o propano em fogões. Alguns dos mais pesados hidrocarbonetos são encontrados no petróleo. A combustão é a principal reação dos alcanos.

Diga olá para os hidrocarbonetos halogenados

Os *hidrocarbonetos halogenados* são hidrocarbonetos, incluindo os alcanos, em que um ou mais átomos de hidrogênio foram substituídos por algum halogênio — normalmente cloro ou bromo. Halogênios substitutos são nomeados como *cloro-, bromo-*, e assim por diante. Membros dessa classe de compostos incluem o clorofórmio, que já foi usado como anestésico; tetracloreto de carbono, usado como solvente de limpeza a seco; e freons (clorofluorcarbonos, CFC), elementos que desempenharam um papel importante na destruição da camada de ozônio. Veja no Capítulo 18 uma discussão sobre o CFC e o ozônio.

Hidrocarbonetos insaturados: Alcenos

Os alcenos são hidrocarbonetos que possuem pelo menos uma ligação dupla carbono-carbono (C=C). Alcenos que possuem somente uma ligação dupla tem a fórmula geral C_nH_{2n}. Para cada ligação dupla adicional subtraia dois átomos de hidrogênio.

Esses compostos são chamados de *hidrocarbonetos insaturados* porque não possuem o número máximo de átomos de hidrogênio ligados aos átomos de carbono. (Tenho certeza de que você já ouviu os termos saturado e insaturado usados em discussões sobre gorduras e óleos. Significam a mesma coisa — gorduras saturadas não possuem nenhuma ligação dupla carbono-carbono, gorduras e óleos insaturados possuem e gorduras e óleos polinsaturados possuêm mais que um C=C por molécula).

Nomeando alcenos

Os alcenos possuem um nome básico terminando com o sufixo *-eno*. Você encontra a maior cadeia de carbono contendo a ligação dupla e numera de forma que os átomos de carbono envolvidos na ligação dupla possuam o menor número de localização.

Eteno, descrito como $H_2C=CH_2$ ou $CH_2=CH_2$, e *propeno*, $CH_3CH=CH_2$, são os dois primeiros membros da família dos alcenos. Esses dois alcenos são muitas vezes conhecidos por seus nomes comuns, etileno e propileno, respectivamente. São duas das mais importantes substâncias químicas produzidas pela indústria química dos Estados Unidos. O etileno é utilizado na produção do *polietileno*, um dos mais úteis plásticos produzidos, e na produção do *etilenoglicol*, o principal ingrediente na maioria dos anticongelantes. O propileno é usado na produção do álcool isopropílico e de alguns plásticos. A figura 14-7 mostra duas maneiras de representar a fórmula estrutural do eteno (*etileno*).

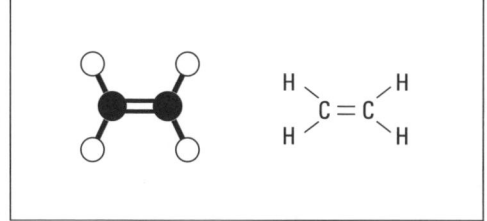

Figura 14-7: Eteno.

Reações dos alcenos

Apesar dos alcenos sofrerem combustão facilmente, sua principal reação é a *reação de adição*. Uma ligação dupla é muito reativa. Uma das ligações pode facilmente ser quebrada e os dois carbonos podem formar novas ligações simples com outros átomos. Uma das reações de adição mais importantes economicamente é o processo de *hidrogenação*, em que o hidrogênio é adicionado através da ligação dupla. Aqui está a hidrogenação do propeno: $CH_3CH=CH_2 + H_2 \rightarrow CH_3CH_2CH_3$.

Essa reação de hidrogenação é usada na indústria alimentícia para converter óleos vegetais insaturados em gorduras sólidas (óleo vegetal em margarina, por exemplo) e necessita de um catalisador de níquel.

Outra importante reação de adição do alceno é a *hidratação*, a adição de uma molécula de água através da ligação dupla, produzindo um álcool. Aqui está a hidratação do etileno que produz álcool etílico (note que mostro a molécula de água de forma diferente para que você possa ver onde termina o -OH):

$$H_2C=CH_2 + H\text{-}OH \rightarrow H_3C\text{-}CH_2OH$$

O álcool etílico produzido dessa maneira é idêntico ao álcool etílico produzido pelo processo de fermentação, mas, por lei não pode ser vendido para o consumo humano em bebidas alcoólicas.

Sem dúvida, a reação mais importante dos alcenos é a *polimerização*, em que as ligações duplas reagem para produzir longas cadeias dos antigos alcenos ligados. Esse é o processo usado na fabricação do plástico (veja o Capítulo 16).

Os alcinos são necessários para a construção do mundo

Os *alcinos* são hidrocarbonetos que possuem pelo menos uma ligação tripla carbono-carbono. Esses compostos possuem o sufixo *-ino* (IUPAC). Hidrocarbonetos com apenas uma ligação tripla possuem a fórmula geral de CnH_{2n-2}. O alcino mais simples é o etino, comumente chamado de acetileno. A figura 14-8 mostra a estrutura do acetileno.

Figura 14-8: Etino (Acetileno).

$$H - C \equiv C - H$$

O acetileno é produzido de várias formas diferentes. Uma maneira é provocar a reação do carvão com óxido de cálcio para produzir o carbeto de cálcio, C_aC_2. Em seguida provoca-se a reação do carbeto de cálcio com água para produzir o acetileno. As lanternas dos mineradores costumam ser alimentadas por essa reação. A água é gotejada no carbeto de cálcio e o acetileno queimado para produzir luz. Hoje, a maioria do acetileno produzido é para se usar no maçarico de oxicorte (soldagem) ou na produção de vários polímeros (plásticos).

Compostos aromáticos: Benzeno e outros compostos fedorentos

Hidrocarbonetos aromáticos são hidrocarbonetos que contém um tipo de anel ciclohexano que possui ligações simples e duplas alternadas. O composto aromático mais simples é o benzeno, C_6H_6. O benzeno é muito menos reativo do que você poderia imaginar, possuindo essas três ligações duplas. No modelo atual do benzeno, seis elétrons, dois de cada uma das três ligações duplas, são doados para uma nuvem de elétrons associada com a molécula inteira do benzeno. Esses elétrons estão deslocados do anel ao invés de simplesmente se localizarem entre dois átomos de carbono. Essa nuvem de elétrons está acima e abaixo do sistema plano do anel. A figura 14-9 mostra duas maneiras tradicionais de representar a molécula de benzeno e duas maneiras de representar a estrutura deslocalizada.

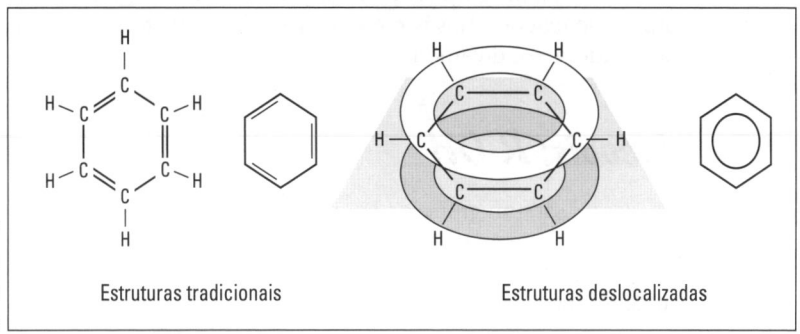

Figura 14-9: Benzeno

Estruturas tradicionais   Estruturas deslocalizadas

Muitos grupos podem ser ligados a esse anel de benzeno, produzindo muitos novos compostos aromáticos. Por exemplo, um -OH pode substituir um átomo de hidrogênio. O composto resultante é chamado de fenol. O fenol é usado como desinfetante e na produção de plásticos, medicamentos e tinturas. Dois anéis de benzeno fundidos produzem *naftalina*.

O benzeno e seus compostos correlatos queimam, mas queimam com uma chama fuliginosa. Também é demonstrado que o benzeno e alguns dos seus compostos podem ser carcinógenos.

Grupos Funcionais: Aquela Mancha Especial

A seção anterior trata de hidrocarbonetos ou compostos de carbono e hidrogênio. Você pode imaginar quantos novos compostos orgânicos podem ser gerados se um átomo de nitrogênio, halogênio, enxofre ou algum outro elemento for acrescentado?

Considere alguns alcoóis. Álcool etílico (álcool de bebidas), álcool metílico (de madeira) e álcool isopropílico (usado na limpeza de equipamentos eletrônicos) são bastante diferentes e ainda assim notavelmente iguais no que diz respeito às reações químicas que sofrem. Todas as reações envolvem o grupo -OH na molécula, a parte da molécula que define a identidade de um álcool, assim como a ligação dupla define um alceno. Em muitos casos não interessa o que constitui o resto da molécula. Em reações um álcool é o mesmo que outro.

O átomo ou grupo de átomos que define a reatividade da molécula é chamado de grupo funcional. Nos álcoois, é o -OH; nos alcenos, é o C=C; e assim por diante. Isso torna muito mais fácil estudar e classificar as propriedades dos compostos. Você pode aprender as propriedades gerais de todos os álcoois ao invés de aprender as propriedades de cada um, por exemplo. O uso de grupos funcionais torna o estudo da química orgânica muito mais fácil.

Essa seção ilumina em alguns grupos funcionais. O que pode tornar as coisas realmente complexas no laboratório é que uma molécula pode ter dois, três ou mais grupos funcionais presentes, o que leva a uma ampla ordem de reações. Mas isso é uma das coisas que torna a química orgânica desafiadora — e divertida.

Álcoois: R-OH

Os *álcoois* são um grupo de compostos orgânicos que contém o grupo funcional -OH. Na verdade, os álcoois são generalizados como R-OH, onde o R significa o Resto da molécula. Os álcoois são nomeados usando o sufixo *-ol* substituindo o *-ano* dos alcanos.

O *metanol*, álcool metílico, é algumas vezes chamado de álcool da madeira porque anos atrás seu preparo envolvia a queima da madeira na ausência de ar. O método mais comum de se sintetizar o metanol envolve a reação do monóxido de carbono com o hidrogênio e um catalisador especial sob elevadas temperaturas:

$$CO(g) + 2\ H_2(g) \rightarrow CH_3OH(l)$$

Metade do metanol produzido nos Estados Unidos é usado na produção de *formaldeído*, que é usado como fluído embalsamador e na indústria plástica. Algumas vezes também é acrescentado ao etanol para torná-lo impróprio para o consumo humano, um processo chamado *desnaturação*. O metanol também tem sido considerado um substituto da gasolina, mas alguns problemas ainda precisam ser resolvidos. Um processo que usa metanol na produção de gasolina já existe. A Nova Zelândia possui uma planta que produz um terço de sua gasolina.

O *etanol*, álcool etílico, é produzido de duas maneiras. Se o etanol for usado em bebidas alcoólicas, é produzido pela fermentação de carboidratos e açúcares pela enzima do fermento:

$$C_6H_{12}O_6\ (aq) \rightarrow 2\ CH_3CH_2OH(l) + CO_2(g)$$

Se o etanol for usado em indústrias, como um solvente de perfumes e medicamentos ou como um aditivo para a gasolina, é produzido pela hidratação do etileno usando um catalisador ácido:

$$H_2C=CH_2 + H_2O \rightarrow CH_3\text{-}CH_2\text{-}OH$$

Ácidos carboxílicos (coisas fedorentas): R-COOH

A figura 14-10 mostra a estrutura do grupo funcional do ácido carboxílico.

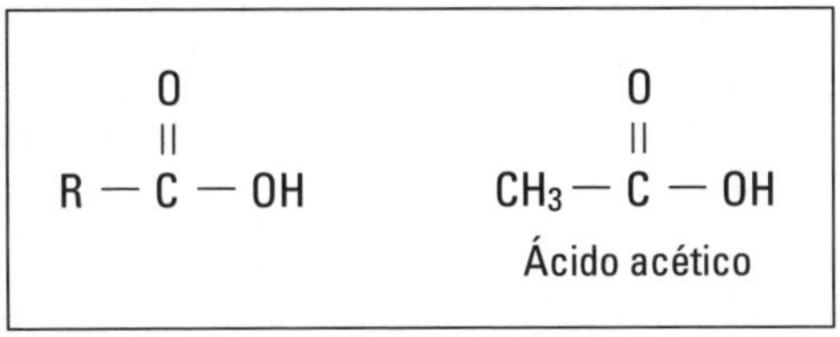

Figura 14-10: O grupo funcional do ácido carboxílico e ácido acético.

$$R - \underset{\underset{O}{\|}}{C} - OH \qquad CH_3 - \underset{\underset{O}{\|}}{C} - OH$$
$$\text{Ácido acético}$$

Os químicos indicam esse grupo funcional por -COOH ou -CO$_2$H. Esses compostos são nomeados com o sufixo *-ico*. O ácido acético mostrado na figura 14-10 é também conhecido como *ácido etanóico*.

Os ácidos carboxílicos podem ser preparados pela oxidação de um álcool. Por exemplo, deixe uma garrafa de vinho em contato com o ar ou algum outro agente oxidante e o etanol se tornará ácido acético por oxidação:

$$CH_3CH_2OH(l) + O_2(g) \rightarrow CH_3COOH(l) + H_2O(l)$$

Isso me parte o coração, especialmente se paguei uma boa quantia por essa garrafa.

Ácido fórmico, ou ácido metanóico, pode ser isolado pela destilação de formigas. É o ácido fórmico que provoca o ardor da mordida da formiga. É por isso que a aplicação de alguma base, como o bicarbonato de sódio, ajuda a neutralizar o ácido a aliviar a dor. (O Capítulo 12 é uma animada leitura sobre ácidos e bases, se você estiver interessado).

Muitos desses ácidos orgânicos possuem um cheiro específico associado. Tenho certeza que está familiarizado com o cheiro do vinagre, ou do ácido acético, mas outros ácidos possuem cheiros específicos, como os que são mostrados na tabela 14-2.

Tabela 14-2	Cheiros ruins e o que são	
CH$_3$(CH$_2$)$_2$COOH	ácido butírico	Cheiro de manteiga rançosa
CH$_3$(CH$_2$)$_3$COOH	ácido valérico	Cheiro de esterco
CH$_3$(CH$_2$)$_4$COOH	ácido capróico	Cheiro de cabra

Ésteres (mais coisas fedorentas, mas a maioria bons odores): R-COOR

O grupo funcional dos ésteres é bastante parecido com o grupo funcional do ácido carboxílico com a diferença que o outro grupo -R substituiu o átomo de hidrogênio. Os ésteres são produzidos pela reação do ácido carboxílico com um álcool, produzindo um éster e água. A figura 14-11 mostra a síntese de um éster.

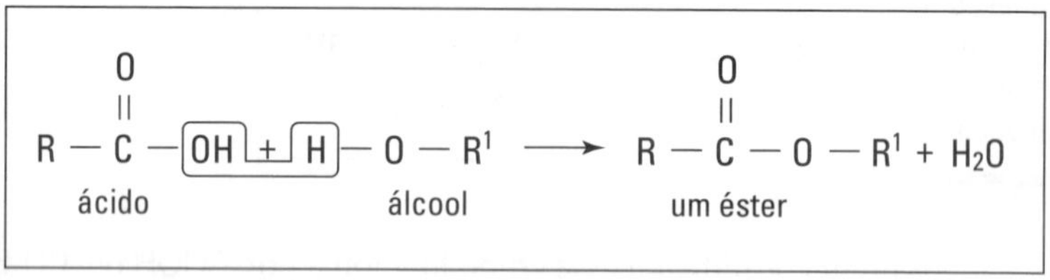

Figura 14-11: Síntese de um éster.

$$R-\overset{\overset{O}{\|}}{C}-\boxed{OH + H}-O-R^1 \longrightarrow R-\overset{\overset{O}{\|}}{C}-O-R^1 + H_2O$$

ácido   álcool   um éster

Apesar de muitos ácidos carboxílicos, de que os ésteres são produzidos, possuírem um cheiro ruim, muitos ésteres tem cheiro agradável. O salicilato de metila é um éster. Outros ésteres possuem o cheiro de bananas, maçãs, rum, rosas e abacaxis. Os ésteres são muito usados nos condimentos e na indústria de perfumes.

Aldeídos e Cetonas: Relacionados com os álcoois

Os aldeídos e cetonas são produzidos pela oxidação de álcoois. Estes grupos funcionais são mostrados na figura 14-12.

Eca — que cheiro é esse?

Eu gostava de química orgânica quando estava na faculdade, e gostava muito dos experimentos em laboratório – principalmente no laboratório de sínteses, onde eu podia construir moléculas complexas a partir das mais simples. No entanto, eu não era muito fã dos odores. A química organica é uma das razões principais pelas quais a química tem reputação de ser fedorenta.

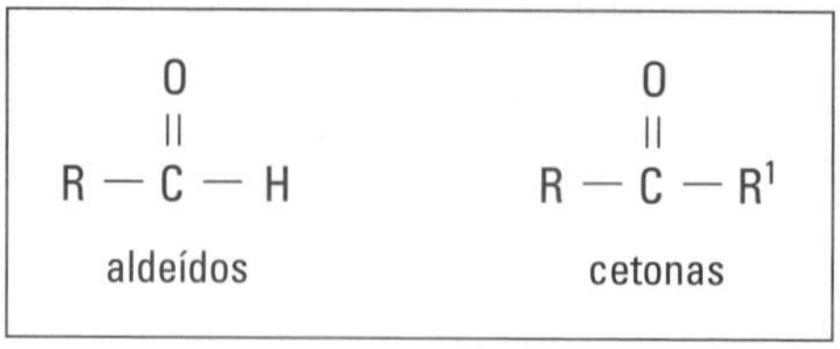

Figura 14-12: Grupos funcionais dos aldeídos e cetonas.

$$R-\overset{\overset{O}{\|}}{C}-H \qquad R-\overset{\overset{O}{\|}}{C}-R^1$$

aldeídos   cetonas

O formaldeído, HCHO, é um aldeído importante economicamente. É usado como solvente e na preservação de espécimes biológicas. O formaldeído também é usado na síntese de certos polímeros, como a *baquelita*. Outros aldeídos, especialmente os que têm anel de benzeno em sua estrutura, possuem um cheiro agradável e, como os ésteres, são usados nas indústrias de condimentos e perfumes.

A acetona, CH_3-CO-CH_3, é a cetona mais simples e é muito usada como solvente. Muitos de nós estamos familiarizados com a acetona como removedor de esmaltes. A metil-etil-cetona é o solvente usado em aeromodelismo.

Éteres (hora de dormir): R-O-R

Os éteres possuem um átomo de oxigênio ligado a dois grupos de hidrocarbonetos, R-O-R. O éter etílico foi muito usado como anestésico, mas sua alta inflamabilidade fez com que fosse substituído nas salas de operação. Como os éteres são razoavelmente não reativos (exceto para combustão), são comumente usados como solventes em reações orgânicas. Eles irão, no entanto, reagir lentamente com o oxigênio da atmosfera e formar compostos explosivos chamados de *peróxidos*.

Você pode sintetizar os éteres pela reação de álcoois com perda de água (uma *reação de desidratação*). O éter etílico pode ser produzido na reação do álcool etílico na presença de ácido sulfúrico:

$$2\ CH_3CH_2OH(l) \rightarrow CH_3CH_2\text{-O-}CH_2CH_3\ (l) + H_2O(l)$$

Se forem utilizados dois álcoois diferentes, você obterá o que é conhecido como éter misturado, em que os dois grupos R não são os mesmos.

Aminas e amidas: Bases orgânicas

As aminas e as amidas são derivadas da amônia e contêm nitrogênio em seus grupos funcionais. A figura 14-13 mostra o grupo funcional de aminas e amidas.

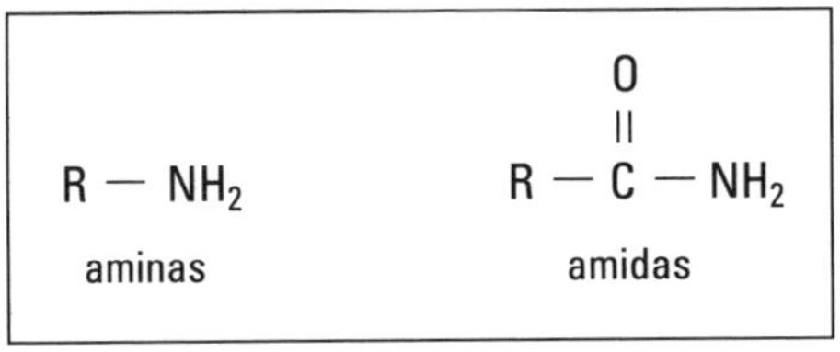

Figura 14-13: Grupos funcionais de aminas e amidas.

$$R - NH_2 \qquad R - \overset{\overset{\displaystyle O}{\|}}{C} - NH_2$$

aminas amidas

Dê outra olhada na figura. Qualquer átomo de hidrogênio ligado ao nitrogênio nos dois casos pode ser substituído por algum outro grupo R.

Aminas e amidas, como a amônia, tendem a ser bases fracas (veja Capítulo 12). Aminas são usadas na síntese de desinfetantes, inseticidas e tinturas. Elas estão em muitas drogas, ocorrendo naturalmente ou sintetizadas. Os *alcalóides* são ocorrências naturais de aminas encontradas em plantas. A maioria das anfetaminas são aminas.

Capítulo 15

Petróleo: Substâncias Químicas para Queimar ou Construir

Neste capítulo
▶ Descobrindo como o petróleo é refinado
▶ Dando uma olhada na gasolina

O petróleo é a base de nossa sociedade moderna. Nossos automóveis usam gasolina, que é produzida em parte pelo petróleo e muitas de nossas casas são aquecidas com petróleo. Ele oferece a matéria-prima para a expansiva indústria petroquímica. É usado na produção de plásticos, maquilagens, medicamentos, tecidos, herbicidas e pesticidas. A lista é praticamente sem fim. Todo ano os Estados Unidos consomem seis bilhões de barris de petróleo. Estados e nações prosperam graças ao petróleo.

Neste capítulo, mostrarei como o petróleo é refinado e convertido em produtos úteis. Falarei muito sobre a gasolina que é um dos produtos mais importantes do petróleo. Mostrarei alguns problemas causados por nossa confiança na combustão interna dos motores.

Não seja Cru, Refine-se

Petróleo, ou óleo cru (algumas vezes chamado de "Ouro Negro") como sai do chão, é uma mistura complexa de hidrocarbonetos (veja o Capítulo 14) com massas moleculares diferentes. Os hidrocarbonetos mais leves são gases dissolvidos na mistura líquida, os mais pesados são sólidos, com maior massa molecular, que também estão dissolvidos na mistura líquida. A mistura é formada pela deterioração de animais e plantas que estiveram na crosta da terra há muito tempo. Como demora muito para o petróleo se formar (milhões de anos), é chamado de *recurso não-renovável*. Antes da mistura de hidrocarbonetos ter algum valor econômico deve ser *refinada*, liberada das impurezas ou material não desejado. A mistura é separada em grupos de hidrocarbonetos e, em alguns casos, a estrutura molecular dos hidrocarbonetos é modificada. O refino ocorre em uma fábrica conhecida como *refinaria*, que produz as misturas refinadas e os compostos individuais que são usados na gasolina e como matéria-prima para a vasta indústria petroquímica. Vários processos ocorrem na refinaria, começando com a destilação fracionada do petróleo cru.

Destilação fracionada: Separando as substâncias químicas

Você provavelmente já ferveu no fogão algum líquido em uma panela tampada. E notou que quando levanta a tampa a água está dentro dela. O calor fez a água evaporar do líquido e o vapor condensou na tampa fria. Esse é o exemplo mais simples de um processo chamado de *destilação*.

No laboratório você pega uma mistura de líquidos e aquece com cuidado. O líquido com o menor ponto de ebulição ferve primeiro. Você pode então condensar esse líquido de novo e coletá-lo. A substância com o ponto de ebulição mais alto ferve na sequência, e assim por diante. Você pode usar esse processo de destilação como um meio para separar os componentes de uma mistura para depois purificá-los. A destilação é um importante procedimento da química orgânica, e é o primeiro passo no processo de refino. O processo de destilação comumente usado na indústria da refinaria é chamado de *destilação fracionada*. Nesse processo a mistura de petróleo é aquecida e diferentes *frações* (grupos de hidrocarbonetos com pontos de ebulição parecidos) são coletados. A figura 15-1 mostra a destilação fracionada do óleo cru.

O óleo cru chega na refinaria através de oleodutos e é aquecido inicialmente em um forno. Os vapores quentes entram em uma enorme coluna de destilação, chamada de *torre de destilação fracionada*. Os vapores contendo os hidrocarbonetos com menor massa molecular sobem para o topo da torre. Quanto maior a massa molecular dos hidrocarbonetos menor é o nível que atingem na torre. As várias frações são então coletadas assim que cada hidrocarboneto atinge seu distinto ponto de ebulição. Os hidrocarbonetos dentro de uma mesma fração são muito parecidos em tamanho e complexidade e podem ser usados para os mesmos propósitos na indústria química. Seis frações são normalmente coletadas:

✔ A primeira fração é composta dos hidrocarbonetos mais leves, que são gases com um ponto de ebulição menor que 40 graus Celsius. O componente principal dessa fração é o metano (CH_4), um gás que é chamado "gás dos pântanos" porque foi encontrado pela primeira vez nos pântanos. Seu principal uso é como combustível, *gás natural*. Propano (C_3H_8) e butano (C_4H_{10}) também são encontrados nessa fração. Esses dois gases são coletados e submetidos a uma grande pressão, um processo que os torna liquefeitos. São depois transportados em caminhões como gás liquefeito de petróleo (GLP) e usados como combustível. Essa fração também é usada como material inicial na síntese do plástico.

- A segunda fração é composta de hidrocarbonetos de pentano (C_5H_{12}) a dodecano ($C_{12}H_{26}$), com pontos de ebulição abaixo de 200 graus Celsius. Essa fração é normalmente chamada de *gasolina natural*, pois com mais um pequeno refino pode ser usada em motores de automóveis. Com cada barril (42 galões - 159,02 litros) de óleo crú que entra na torre, é produzido menos de um quarto de barril de gasolina natural.

- A terceira fração é composta de hidrocarbonetos de 12 a 16 átomos de carbono com ponto de ebulição entre 150 e 275 graus Celsius. Essa fração é usada como *querosene e combustível de avião*. Na próxima seção mostrarei como essa fração também é usada na produção de gasolina.

- A quarta fração é composta de hidrocarbonetos de 12 a 20 cadeias de átomos de carbono, com ponto de ebulição entre 250 e 400 graus Celsius. Essa fração é usada para o *combustível diesel*. Também pode ser usada na produção de gasolina

- A quinta fração é composta de hidrocarbonetos de 20 a 36 átomos de carbono, com ponto de ebulição entre 350 e 550 graus Celsius. São usados como *graxas, óleos lubrificantes e parafinas*.

- A sexta fração é composta de resíduos de materiais sólidos que possuem um ponto de ebulição acima de 550 graus Celsius. É usado como *asfalto e piche*.

Isso me quebra: Quebra catalítica

Um barril de óleo cru rende uma grande variedade de produtos, mas eles não tem o mesmo valor para nós. A gasolina é o produto do petróleo com a maior demanda. A fração de gasolina natural que vem diretamente do óleo cru não supre a demanda de gasolina.

Com a alta demanda da gasolina alguém teve a brilhante ideia de usar uma fração de hidrocarbonetos com maior peso molecular e quebrá-los em cadeias menores. Nascia a ideia do *craqueamento*.

Em uma fábrica de craqueamento, frações de 12 a 20 átomos de carbono são aquecidas na ausência de ar com um catalisador. Esse processo faz com que os longos *alcanos* (compostos de carbono e hidrogênio que só possuem ligações simples carbono-carbono, que são mostrados no Capítulo 14) se quebrem em alcanos menores e *alcenos* (hidrocarbonetos com, pelo menos, uma ligação dupla carbono-carbono, mostrados igualmente no Capítulo 14).

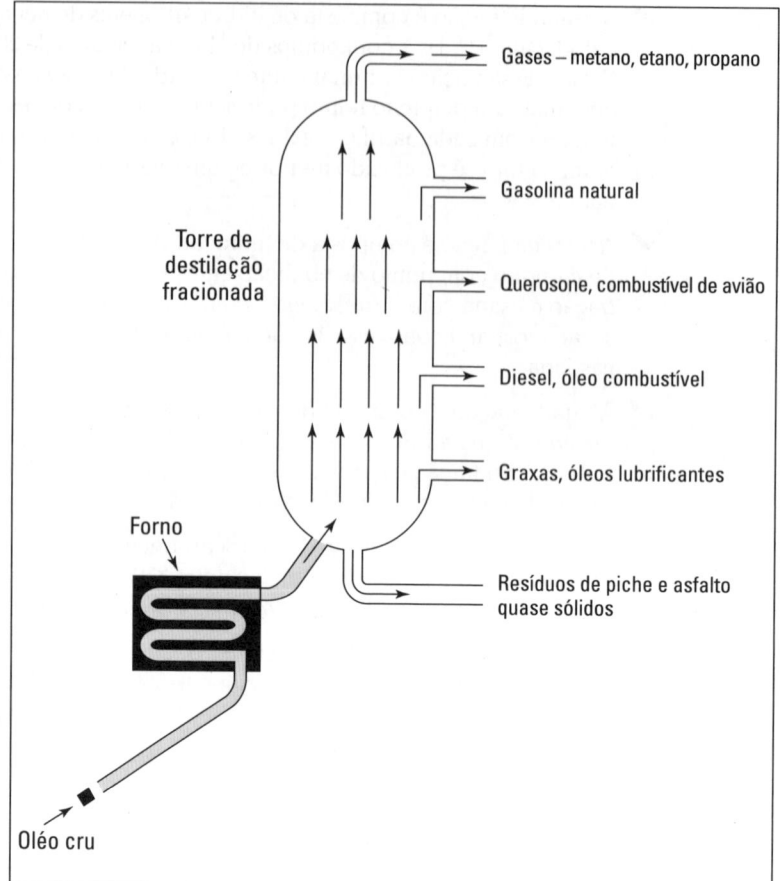

Figura 15-1: Destilação fracionada do petróleo

(Diagrama: Torre de destilação fracionada com saídas para Gases – metano, etano, propano; Gasolina natural; Querosone, combustível de avião; Diesel, óleo combustível; Graxas, óleos lubrificantes; Resíduos de piche e asfalto quase sólidos. Forno aquece o Óleo cru.)

Por exemplo, suponhamos que você pegue $C_{20}H_{42}$ e "craqueie":

$$CH_3\text{-}(CH_2)_{18}\text{-}CH_3 \rightarrow CH_3\text{-}(CH_2)_8\text{-}CH_3 + CH_2=CH\text{-}(CH_2)_7\text{-}CH_3$$

Esse processo rende hidrocarbonetos que são úteis na produção de gasolina. Na verdade, as ligações duplas conferem uma maior octanagem, como explicarei em "A história da gasolina", neste capítulo.

O craqueamento é feito na fração usada para o querosene. Mas para produzir ainda mais gasolina o craqueamento também é feito na fração do óleo combustível. Usar essa fração pode apresentar um problema, se um inverno severo aumentar a demanda por óleo combustível. As companhias de óleo acompanham as previsões do tempo de perto. No verão, quando a demanda por gasolina está alta, frações de óleo combustível são convertidas em gasolina. Quando o outono chega, as refinarias modificam sua produção. Reduzem a quantidade de gasolina que produzem e aumentam a quantidade de óleo combustível para que a demanda no inverno possa ser suprida. Mas as refinarias não gostam de produzir mais óleo combustível que o necessário e ter que armazená-lo em grandes quantidades, então se guiam pela previsão do tempo e produzem uma quantidade que, acreditam, será suficiente para a demanda.

Movendo partes da molécula: Reforma catalítica

Desde que a combustão interna ganhou popularidade como um modo de transporte, os químicos notaram que se a gasolina contivesse somente hidrocarbonetos em cadeia reta não queimaria apropriadamente. Descobriram que hidrocarbonetos com estrutura ramificada queimavam muito melhor. Para aumentar as ramificações na fração utilizada para a gasolina um processo chamado *reforma catalítica* foi desenvolvido. Nesse processo os vapores de hidrocarboneto passam por um catalisador metálico como a platina e a molécula é rearranjada em uma estrutura ramificada ou em uma estrutura cíclica. A figura 15-2 mostra a reforma catalítica do n-hexano em 2-metilpentano e em ciclohexano.

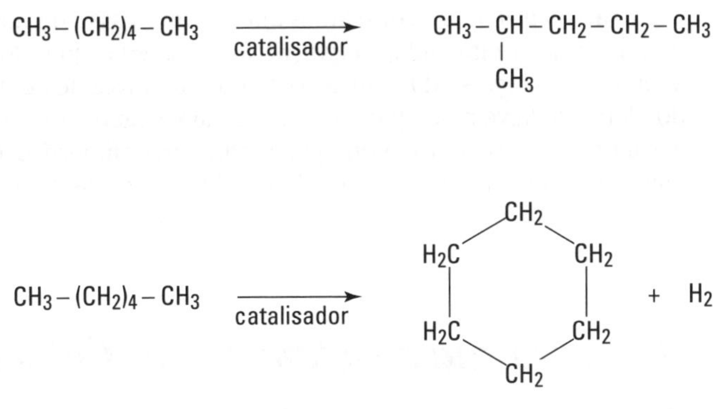

Figura 15-2: Reforma catalítica do n-hexano.

$$CH_3-(CH_2)_4-CH_3 \xrightarrow{catalisador} CH_3-CH-CH_2-CH_2-CH_3$$
$$| $$
$$CH_3$$

$$CH_3-(CH_2)_4-CH_3 \xrightarrow{catalisador} C_6H_{12} + H_2$$

Esse mesmo processo é usado extensivamente para produzir benzeno e outros compostos aromáticos para uso na fabricação de plásticos, remédios e materiais sintéticos (Veja no Capítulo 14 mais detalhes sobre compostos aromáticos e estruturas cíclicas e ramificadas).

A história da Gasolina

Para que você entenda melhor as propriedades da gasolina mostrarei como ela reage dentro de um motor de combustão. A gasolina é misturada com o ar (uma mistura de nitrogênio, oxigênio e assim por diante) e injetada no cilindro quando o pistão se move para a base do cilindro. O pistão começa a se mover para cima, comprimindo a mistura de ar e gasolina. No momento certo, a vela de ignição dispara, acendendo a mistura. Os hidrocarbonetos reagem com o oxigênio no cilindro produzindo vapor de água, dióxido de carbono e, infelizmente, grande quantidade de monóxido de carbono.

Essa reação é um exemplo da conversão do potencial energético contido nas ligações dos hidrocarbonetos, na energia cinética das moléculas do gás quente. O aumento do número de moléculas de gás eleva a pressão tremendamente, empurrando o pistão para baixo. O movimento linear é então convertido em movimento de rotação, que impulsiona as rodas. E você começa a passear!

A mistura de ar e gasolina deve ser acesa no momento correto, para que o motor opere apropriadamente. Esse processo é, em grande parte, uma propriedade da gasolina e não do motor (considerando que o tempo da ignição está correto, a vela está boa, a proporção da compressão correta e assim por diante). A *volatilidade* do hidrocarboneto combustível (a conversão em vapor) é importante. A volatilidade está relacionada ao ponto de ebulição do hidrocarboneto. Os fabricantes ajustam a mistura de hidrocarbonetos para que funcionem apropriadamente em diferentes climas (Eles não fazem isso no Texas onde é verão quase o ano todo). O gás no inverno é mais volátil do que o gás no verão. Alguns combustíveis tendem a falhar em um motor. Essa propensão pode ser resultado da *pré-ignição*, quando a ignição da gasolina ocorre antes que a compressão da mistura de ar e gasolina seja completada, ou *ignição inconsistente,* quando a combustão acontece em lugares diferentes no cilindro ao invés de acontecer em torno do eletrodo da vela de ignição. E mais uma vez, isso é uma propriedade da gasolina e não do motor. A energia contida no combustível é importante mas a eficiência da queima no cilindro é tão importante quanto. A escala de octanagem foi desenvolvida para classificar as características da queima da gasolina.

O quanto sua gasolina é boa: Octanagem

Nos primeiros estágios do desenvolvimento do motor de combustão interna os cientistas e engenheiros descobriram que certos hidrocarbonetos queimavam bem em um motor de combustão interna. Também descobriram que certos hidrocarbonetos não queimavam bem. Um hidrocarboneto que não queimava bem era o n-heptano (heptano em cadeia reta). Porém, 2,2,4-trimetilpentano (isooctano) possuía excelentes características. Esses dois compostos foram escolhidos para definir a *escala de octanagem*. O hidrocarboneto n-heptano foi utilizado como zero, enquanto o iso-octano recebeu o valor de 100. Misturas de gasolina são queimadas em um motor padrão e classificadas de acordo com essa escala. Por exemplo, se uma mistura particular de gasolina queima a 90 por cento do iso-octano, então recebe o valor de octanagem 90. A figura 15-3 mostra a escala de octanagem e o valor de certos compostos puros.

Observe cuidadosamente a figura 15-3. É importante que se notem algumas coisas sobre o sistema de octanagem e as estruturas químicas. O n-pentano possui um valor de 62. Seu valor pode ser aumentado para 91, introduzindo uma ligação dupla (transformando em 1-pentano) e convertendo-o em composto insaturado. O valor de octanagem aumentou quase 30 pontos com a introdução da ligação dupla.

O processo de reforma catalítica introduz cadeias e o craqueamento introduz as ligações duplas. Esse dois processos aumentam a produção de gasolina e sua qualidade. Saiba também que o benzeno, um composto aromático, possui um valor de octanagem de 106. Suas características de queima são melhores que as do iso-octano. Outros compostos aromáticos possuem um valor de octanagem de quase 120. Contudo, o benzeno e alguns compostos relacionados são nocivos à saúde e por isso não são usados.

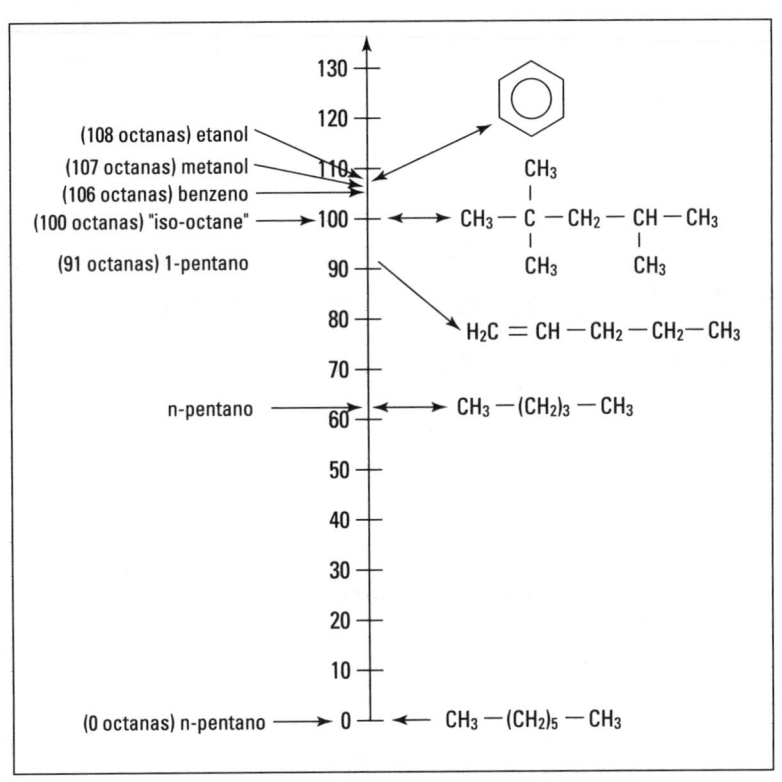

Figura 15-3:
A escala de octanagem

A avaliação das octanas colocada em bombas de gasolina é uma média de dois tipos de avaliação. O RON (em inglês-*Research octane rating*) avalia as características de queima do combustível em um motor frio. O MON (em inglês- *Motoring octane value*) avalia as mesmas características em um motor quente. Se você descobrir a média de RON e MON — (RON+MON)/2 — obterá a octanagem mostrada nas bombas de gasolina.

Aditivos: tirando e colocando chumbo

Os primeiros motores a gasolina possuíam uma compressão muito menor do que os motores dos automóveis de hoje e usavam gasolina de menor octanagem. Assim que os motores se tornaram mais poderosos, foi necessário uma gasolina de maior octanagem. O craqueamento e a reforma aumentaram significativamente o custo da gasolina. Procuraram por algo mais barato que pudesse ser acrescentado à gasolina para aumentar a octanagem. A substância tetraetilchumbo (chumbo tetraetila) foi encontrada.

Na década de 1920, os cientistas descobriram que acrescentando um pouco de tetraetilchumbo na gasolina (1 mililitro por litro de gasolina) aumentava a octanagem de 10 a 15 pontos.

O tetraetilchumbo é basicamente um átomo de chumbo ligado a quatro grupos etil. A figura 15-4 mostra a estrutura do tetraetilchumbo.

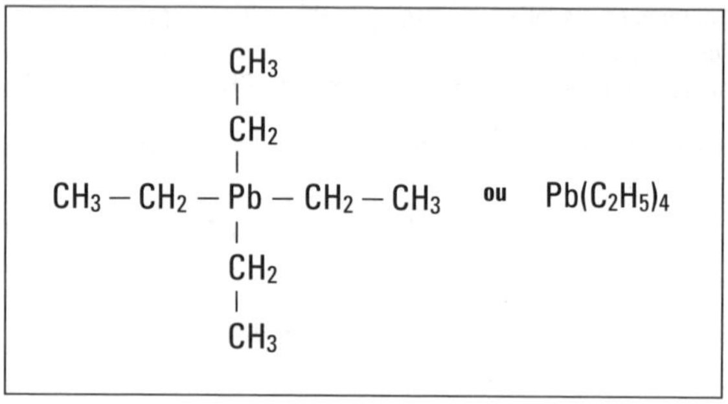

Figura 15-4: A composição do tetraetilchumbo.

$$CH_3-CH_2-Pb(CH_2CH_3)(CH_2CH_3)-CH_2-CH_3 \quad \text{ou} \quad Pb(C_2H_5)_4$$

Opa! Estamos poluindo o ar

Os hidrocarbonetos combustíveis queimam em cilindros dentro de motores de combustão interna. Durante esse processo nem todas as moléculas dos hidrocarbonetos são convertidas em água e CO/CO_2. Antes do Tratado da Pureza do Ar (The Clean Air Act) de 1970, hidrocarbonetos e óxidos de enxofre e nitrogênio eram liberados no meio ambiente pelos automóveis (juntamente com chumbo do tetraetilchumbo, descoberto como muito tóxico). Esses poluentes gasosos aumentaram dramaticamente a quantidade e gravidade da poluição do ar, dando origem ao smog fotoquímico (Veja poluição do ar no Capítulo 18).

Traga o conversor catalítico

Nos Estados Unidos o Tratado da Pureza do Ar (The Clean Air Act) de 1970 determinava a redução da emissão de poluentes dos automóveis. O meio mais efetivo encontrado para a redução das emissões foi o uso de um *con-*

versor catalítico (catalisador). Ele tem a forma de um silenciador e é conectado ao escapamento do carro. Possui dentro um catalisador sólido de paládio ou platina. Quando os gases passam pelo catalisador o conversor catalítico ajuda a completar a oxidação dos hidrocarbonetos e do monóxido de carbono produzindo dióxido de carbono e água. Em outras palavras, ajuda a transformar os gases perigosos da gasolina em produtos inofensivos.

Perdendo o chumbo

O conversor catalítico funciona bem na redução das emissões automotivas, desde que não haja chumbo no combustível. Mas se gasolina com chumbo fosse usada, entupiria o catalisador. Então houve um grande movimento do governo e de grupos ambientais para "retirar o chumbo". Agora é muito difícil encontrar gasolina com chumbo nos Estados Unidos, apesar de ainda estar disponível em alguns países.

Com o tetraetilchumbo indisponível, os químicos tentaram encontrar outro composto. Compostos aromáticos eram eficientes no aumento da octanagem, mas muito prejudiciais à saúde. Recentemente, álcool metílico, álcool terc-butílico e o éter metil-terc-butílico (MTBE) têm sido usados para aumentar a octanagem.

MTBE (veja figura 15-5) se apresentou como uma boa alternativa porque não somente aumentava a octanagem como também agia como um *oxigenador*, um composto contendo oxigênio que incrementa a eficiência da combustão dos hidrocarbonetos. Mas também foi retirado da gasolina devido ao aumento das evidências de sua participação em doenças respiratórias e na possibilidade de ser carcinogênico. Nenhum dos outros compostos é tão eficiente como o tetraetilchumbo e a modificação dos motores de combustão interna permitiu que se usasse um combustível com octanagem ligeiramente inferior.

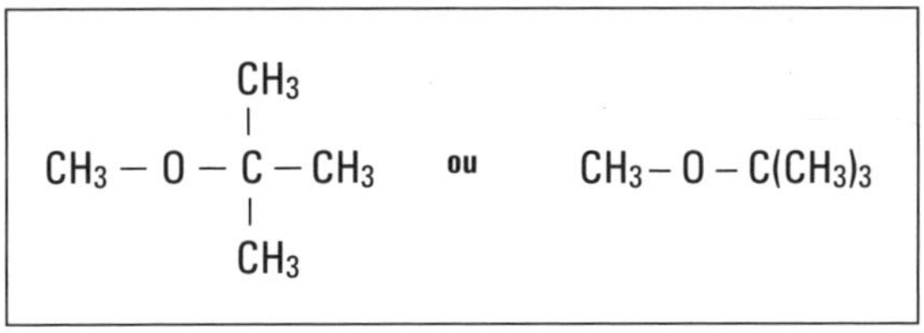

Figura 5-5: Éter metil-terc-butílico (MBTE).

$$CH_3 - O - \underset{\underset{CH_3}{|}}{\overset{\overset{CH_3}{|}}{C}} - CH_3 \quad \text{ou} \quad CH_3 - O - C(CH_3)_3$$

Capítulo 16

Polímeros: Transformando os Pequenos em Grandes

Neste capítulo
- Entendendo a polimerização
- Distinguindo os diferentes tipos de plásticos
- Conhecendo a reciclagem dos plásticos

*E*u já ouvi alguém dizendo que o homem nunca inventa algo novo; ele só copia a natureza. Não tenho certeza se acredito nisso, com todas as novas invenções desenvolvidas recentemente. Mas eu acho que isso é certamente uma verdade no caso dos polímeros. A natureza sempre construiu polímeros. Proteínas, algodão, lã e celulose são polímeros. Todos entram em uma classe de compostos chamados de *macromoléculas* — moléculas muito grandes. O homem aprendeu a fazer macromoléculas no laboratório, mudando o aspecto de nossa sociedade para sempre.

Quando eu era criança meu pai, um tradicionalista, dizia que queria coisas feitas de metal, não aqueles plásticos baratos importados. Uau, ele ficaria chocado com os dias de hoje. Eu estou cercado de tecidos sintéticos (casacos e carpetes, por exemplo), eu ando em carros que estão rapidamente se tornando casulos de plástico, minha casa é cheia de garrafas de plástico de todas as formas, tamanhos e durezas e tenho amigos com joelhos ou outras partes do corpo que foram substituídos ou melhorados com polímeros. Eu cozinho com uma frigideira que possui uma superfície antiaderente, uso uma espátula de nylon, assisto TV em uma caixa de plástico e vou dormir com um travesseiro de espuma. Nosso mundo é verdadeiramente parte da Era dos Plásticos.

Neste capítulo, mostrarei como o processo da polimerização acontece e como os químicos produzem polímeros com certas características desejadas. Também mostrarei alguns tipos diferentes de polímeros e como foram criados. E discutirei algumas formas de ficar livre dos plásticos antes que sejamos enterrados em uma montanha de caixas de leite e fraldas descartáveis. Bem-vindo ao maravilhoso mundo dos polímeros!

Monômeros Naturais e Polímeros

A natureza tem construído polímeros por um longo tempo. A celulose (madeira) e a goma são exemplos da ocorrência natural dos polímeros. Dê uma olhada na figura 16-1, que mostra as estruturas da celulose e da goma.

Notou alguma similaridade entre as duas estruturas na figura? Ambas são construídas com a repetição de unidades. A goma e a celulose são *macromoléculas* naturais (grandes moléculas), mas também são exemplos da ocorrência natural de *polímeros*, macromoléculas em que existe uma unidade que se repete chamada de *monômero*. (Polímero pode significar "muitos meros". O *mero* nesse caso é o monômero). No caso da goma e da celulose, o monômero é a unidade de glicose. A estrutura dos polímeros é semelhante a vários clipes de papel (monômero) ligados, formando uma longa corrente (polímero).

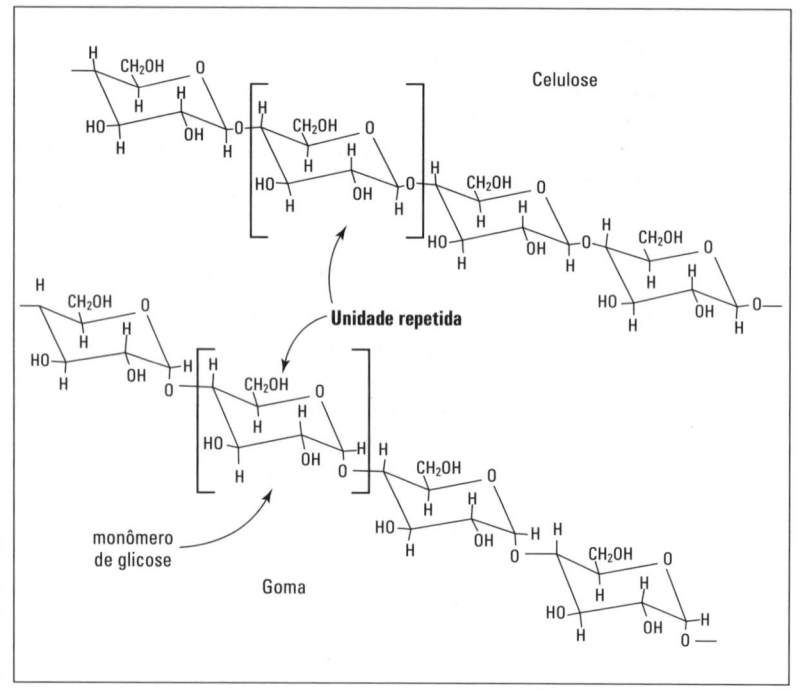

Figura 16-1: Goma e celulose

Note outra coisa sobre a goma e a celulose. A única diferença entre elas é a maneira que as unidades de glicose estão ligadas. Essa pequena mudança produz a diferença entre a batata e uma árvore. (Tudo bem, não é assim *tão* simples). Os seres humanos podem digerir (metabolizar) a goma mas não podem digerir a celulose. Um cupim pode digerir celulose muito bem. Nos polímeros naturais, ou nos sintéticos, uma pequena mudança faz uma grande diferença nas propriedades do polímero.

Classificando Monômeros e Polímeros Sintéticos

Os químicos pegaram a idéia da natureza de enganchar pequenas unidades e produzir unidades muito maiores e desenvolveram métodos diferentes para fazer isso no laboratório. Agora, existem muitos tipos diferentes de polímeros sintéticos. Nesta seção, mostrarei alguns deles com suas estruturas, propriedades e usos.

Como os químicos são bons no agrupamento de coisas, colocaram os polímeros em diferentes classes. Funcionou muito bem. O agrupamento ocupa os químicos e torna o conhecimento dos vários tipos de polímeros acessível para as pessoas normais.

Todos nós precisamos de um pouco de estrutura

Uma maneira de classificar os polímeros é pela estrutura. Alguns polímeros são *lineares*. São compostos de muitos fios longos unidos, como em uma corda. Polímeros *ramificados* possuem pequenos ramos saídos do principal fio do polímero. Imagine pegar longos pedaços de corda e amarrar pequenos pedaços de corda ao longo do comprimento. Polímeros de *ligação cruzada* possuem cadeias individuais de polímeros ligadas por correntes laterais. Imagine pegar aquelas peças de corda e fazer uma maca com elas.

Sinta o calor

Outra maneira de classificar os polímeros é através de seu comportamento térmico. Polímeros *termoplásticos* se tornam mais macios quando aquecidos. Polímeros desse tipo são compostos de longos fios lineares ou ramificados. Você alguma vez deixou seus óculos de sol ou um brinquedo de plástico infantil no painel do seu carro no sol forte? Esses plásticos ficam realmente macios. Como amolecem e derretem, podem ser remoldados várias vezes. Por isso os termoplásticos são facilmente reciclados. A grande maioria dos plásticos produzidos nos Estados Unidos são termoplásticos.

Polímeros *termofixos* não amolecem quando aquecidos e não podem ser remodelados. Durante a produção desse tipo de polímero, ligações cruzadas (pontes entre os fios do polímero) são criadas no plástico através do aquecimento. A baquelita é um bom exemplo de um plástico termofixo. É muito dura e não condutora. Essas propriedades a tornam ideal como isolante e para cabos de frigideira e torradeiras.

Usado e abusado

Uma terceira maneira de classificar polímeros é a finalidade.

Um *plástico* se refere a capacidade que possui para ser moldado. Esses polímeros, termoplásticos ou termofixos, são moldados durante o processo de produção. E são usados para fazer nossos pratos, brinquedos e assim por diante.

Fibras são fios lineares que permanecem unidos por forças intermoleculares como a ligação do hidrogênio entre os fios do polímero. Esses polímeros são normalmente chamados de tecidos. São usados para fazer nossas roupas e carpetes.

Elastômeros, chamados de borracha, são materiais termoplásticos que receberam uma ligeira ligação cruzada durante sua formação. A borracha natural (látex) é classificada como um elastômero junto com seus companheiros sintéticos. Esse tipo de polímero é usado em luvas de borracha e cintas ou bolas de borracha.

Processo químico

Uma das melhores maneiras para classificar os polímeros é pelo processo químico usado para criá-los. Esses processos normalmente caem em uma dessas duas categorias:

- Polimerização de adição
- Polimerização de condensação

Polimerização de adição

Muitos dos polímeros comuns que você entra em contato no dia a dia são chamados de *polímeros de adição* — polímeros que são formados em uma reação chamada *polimerização de adição*. Nesse tipo de reação, todos os átomos do monômero são incorporados na cadeia do polímero. Os monômeros envolvidos nesse tipo de polimerização normalmente possuem uma ligação dupla carbono-carbono que é parcialmente quebrada durante a polimerização. Essa ligação quebrada forma um radical que é um átomo altamente reativo que possui um elétron ímpar. Então o radical ganha um elétron se unindo com outro radical, e uma cadeia começa, que pode se tornar um polímero. Quebrando a cabeça? Olhar exemplos normalmente ajuda a entender os processos químicos, então aqui vão alguns exemplos de polimerização de adição.

Polietileno: Embalagem de amaciantes

O polietileno é o mais simples dos polímeros de adição. É também um dos mais importantes economicamente. O etano é submetido a alta temperatura na presença de um metal catalisador, como o paládio. O etano perde dois átomos de hidrogênio (que produzem gás hidrogênio) e forma uma ligação dupla:

$$CH_3\text{-}CH_3(g) + \text{calor e catalisador} \rightarrow CH_2\text{=}CH_2(g) + H_2(g)$$

O etileno (eteno) que é produzido aqui é o monômero usado na produção do polietileno. O etileno é então aquecido com um catalisador na ausência de ar. A alta temperatura e a ação do catalisador provocam uma quebra na ligação dupla carbono-carbono (C=C), um elétron indo para cada carbono. Os dois átomos de carbono possuem agora um elétron ímpar, então se tornam radicais. Os radicais são extremamente reativos e tentam ganhar um elétron. Na reação de polimerização os radicais podem ganhar um elétron se unindo com outro radical para formar uma ligação covalente. Isso acontece nas duas pontas da molécula, e a cadeia começa a crescer. Moléculas de polietileno até uma massa molecular de 1 milhão de gramas/mol podem ser produzidas deste modo (veja figura 16-2).

Diferentes catalisadores e pressões são usadas para controlar a estrutura do produto final. A polimerização do etileno pode render três tipos de polietileno:

- Polietileno de baixa densidade (PEBD)
- Polietileno de alta densidade (PEAD)
- Polietileno de ligação cruzada

O polietileno de baixa densidade (PEBD) possui algumas ramificações na cadeia de carbono e não se agrupa tão firmemente como o polímero linear. Forma uma rede enroscada de fios ramificados de polímeros. Esse tipo de polietileno é macio e flexível. Podem ser usados para embalar comida, como sacos de supermercado e sacos de lixo. E, como todos os tipos de polietileno, é resistente a substâncias químicas.

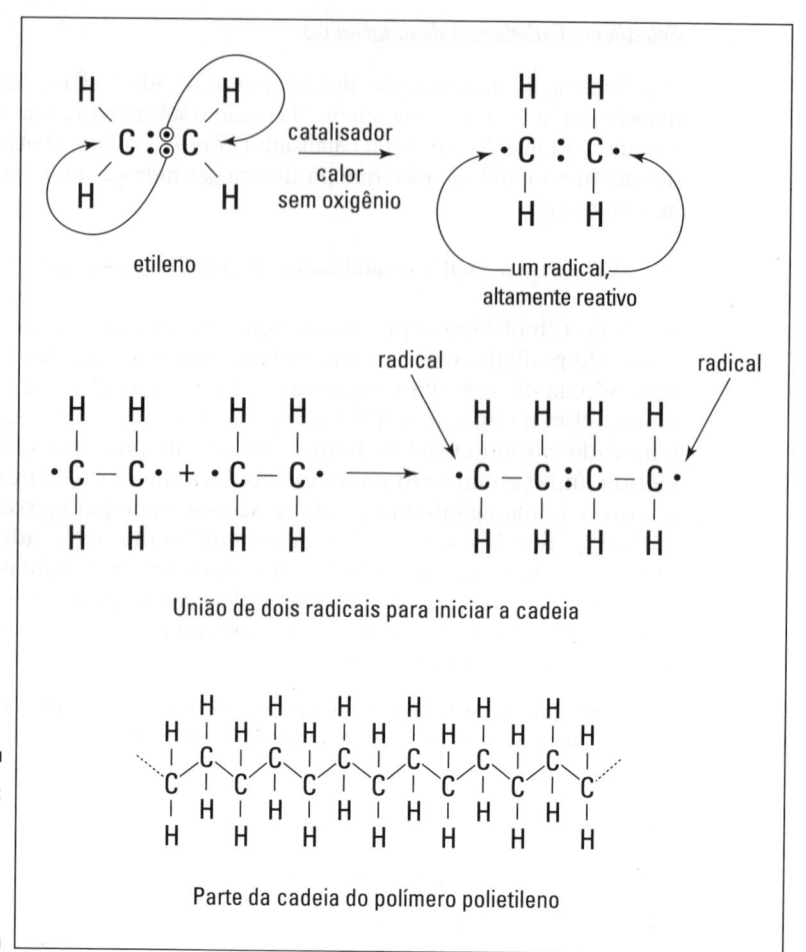

Figura 16-2: A polimerização de adição do etileno.

[etileno + catalisador, calor, sem oxigênio → um radical, altamente reativo]

União de dois radicais para iniciar a cadeia

Parte da cadeia do polímero polietileno

O polietileno de alta densidade (PEAD) é composto de cadeias lineares muito unidas. Esse tipo de polímero é rígido e consistente. Brinquedos e gabinetes de TV são feitos de PEAD. O bambolê foi um dos primeiros produtos a ser feito desse tipo de polietileno.

O polietileno de ligação cruzada possui ligações cruzadas entre os fios lineares de monômeros que estão unidos, produzindo um polímero que é extremamente resistente.

Polipropileno: Cordas de plástico

Se você substituir outro átomo por um átomo de hidrogênio no etileno produzirá um polímero diferente com propriedades diferentes. Se um grupo metil for substituído por um átomo de hidrogênio, você obterá o propileno. O propileno, assim como o etileno, possui uma ligação dupla e pode ser submetido a uma polimerização de adição como o etileno. O resultado é o polipropileno (Veja na figura 16-3).

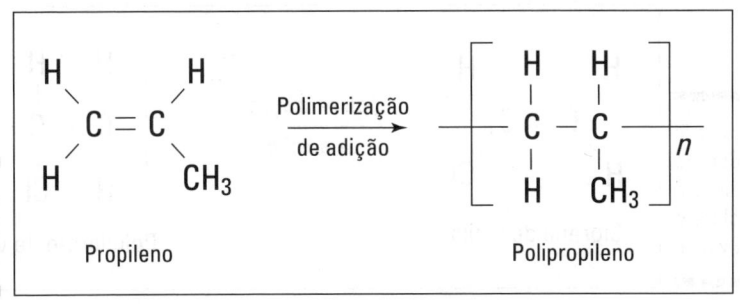

Figura 16-3:
Propileno e polipro-pileno.

$$\underset{\text{Propileno}}{\overset{H}{\underset{H}{>}}C=C\overset{H}{\underset{CH_3}{<}}} \xrightarrow{\text{Polimerização de adição}} \underset{\text{Polipropileno}}{\left[\begin{array}{cc} H & H \\ | & | \\ -C-C- \\ | & | \\ H & CH_3 \end{array}\right]_n}$$

O *n* na figura 16-3 indica que existe um número de unidades repetidas. Note que esse polímero possui uma cadeia lateral de grupo metil. Assim que a estrutura de uma molécula for modificada as propriedades da molécula se modificam. Ajustando cuidadosamente as condições da reação, os químicos podem construir polímeros que possuam a cadeia lateral no mesmo lado da molécula, em lados alternados ou distribuídas aleatoriamente. A posição dessas cadeias laterais modifica as propriedades do polímero, dando ao polipropileno uma grande variedade de propósitos, como no uso de carpetes, embalagens de bateria, cordas, garrafas.

Poliestireno: Copos de isopor

Se você substituir um anel de benzeno por um dos átomos de hidrogênio no etileno obterá estireno. A polimerização de adição produzirá o poliestireno, como mostrado na figura 16-4.

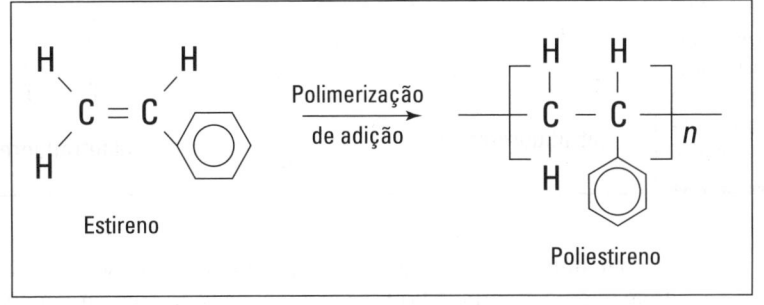

Figura 16-4:
Estireno e poliestireno.

$$\underset{\text{Estireno}}{\overset{H}{\underset{H}{>}}C=C\overset{H}{\underset{\bigcirc}{<}}} \xrightarrow{\text{Polimerização de adição}} \underset{\text{Poliestireno}}{\left[\begin{array}{cc} H & H \\ | & | \\ -C-C- \\ | & | \\ H & \bigcirc \end{array}\right]_n}$$

O poliestireno é um polímero rígido usado para fazer xícaras, caixa de ovos, copos rígidos e claros, materiais isolantes e embalagens. Ambientalistas têm criticado seu uso por ser mais difícil de reciclar do que outros tipos de plástico e ainda ser amplamente utilizado.

Policloreto de vinila: Tubos e couro sintético

Substituir um cloreto por um dos átomos de hidrogênio no etileno produz o monômero cloreto de vinila que pode ser polimerizado em policloreto de vinila (PVC), como mostrado na figura 16-5.

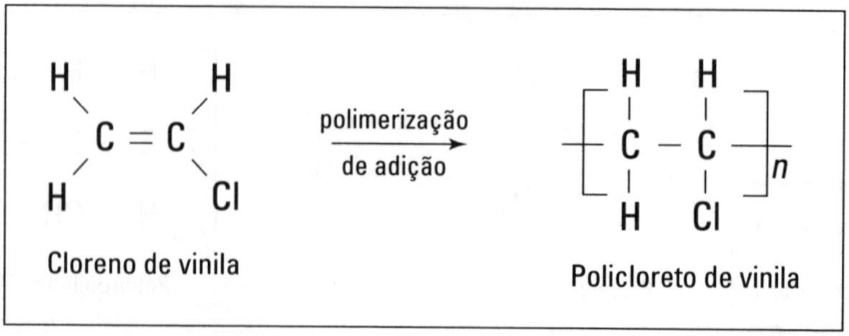

Figura 16-5: Cloreto de vinila e policloreto de vinila.

Cloreno de vinila → polimerização de adição → Policloreto de vinila

O PVC é um polímero muito resistente. Ele é usado extensivamente em tubos de todos os tipos, pisos, mangueiras de jardim e brinquedos. As folhas finas de PVC usadas como couro sintético se quebram facilmente, então um *plastificador* é acrescentado (um líquido que é misturado com os plásticos para amolecê-los). No entanto, depois de muitos anos os plastificadores evaporam do plástico que volta a ser quebradiço.

Politetrafluoretileno: Coisa escorregadia

Substitua todos os átomos de hidrogênio no etileno por átomos de flúor e você obterá tetrafluoretileno. O tetrafluoretileno pode ser polimerizado em politetrafluoretileno, como mostrado na figura 16-6.

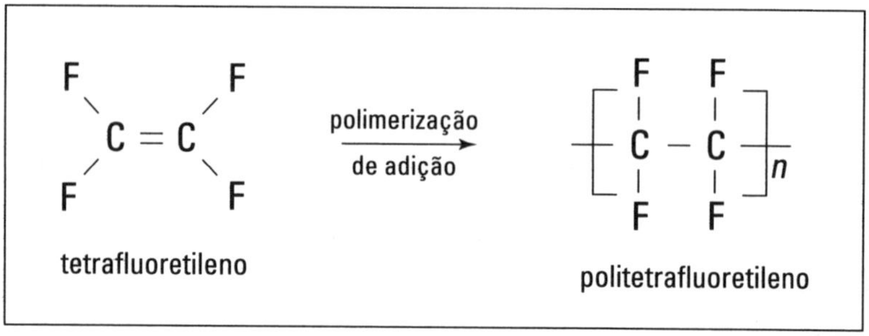

Figura 16-6: Tetrafluoretileno e politetrafluoretileno

tetrafluoretileno → polimerização de adição → politetrafluoretileno

O politetrafluoretileno é um material muito duro, resistente ao calor e extremamente escorregadio. Esse material é usado como rolamento e, (mais importante para mim), revestimento antiaderente para potes e panelas.

Você encontrará outros polímeros de adição na tabela 16-1.

Tabela 16-1b — Outros polímeros de adição

Manômero	Polímero	Uso
Acrilonitrila	Poliacrilonitrila	Perucas, tapetes, estames
Acetato de vinila	Acetato de polivinila	Adesivos, látex, goma de mascar, maquiagem
Metil propeonato de metila	Polimetil metacrilato	Lentes de contanto, pinos de boliche
Cloreto de viniledeno ($H_2C=CCl_2$)	Cloreto de poliviniledeno	embalagem de comida

Vamos eliminar algo: Polimerização de condensação

Uma reação em que dois elementos químicos se combinam, eliminando uma pequena molécula, se chama *polimerização de condensação*. Polímeros formados desta forma são conhecidos como *polímeros de condensação*. Diferentemente da polimerização de adição, nesse tipo de reação não é necessário uma ligação dupla.

Uma pequena molécula — normalmente água — é eliminada. Comumente uma molécula é um ácido orgânico e a outra é um álcool. Essas duas moléculas reagem eliminando a água e produzem um composto orgânico chamado éster. O encadeamento do éster forma o polímero poliéster.

Parte IV: Química no Cotidiano: Benefícios e Problemas

Agora, mostrarei alguns exemplos de polímeros de condensação. Esses exemplos envolvem uma linguagem técnica sobre grupos funcionais da química orgânica. Se você não está familiarizado com grupos funcionais ou com a nomeação dos compostos orgânicos, veja no capítulo 14 mais detalhes.

Poliéster: Garrafas de refrigerante

Se você pegar etilenoglicol, com seus grupos funcionais de álcool em ambos os carbonos e reagir com ácido tereftálico, com seus dois grupos funcionais de ácidos orgânicos, você eliminará a água e formará o polímero de condensação, politereftalato de etila (PET), um poliéster. A figura 16-7 mostra a síntese do PET.

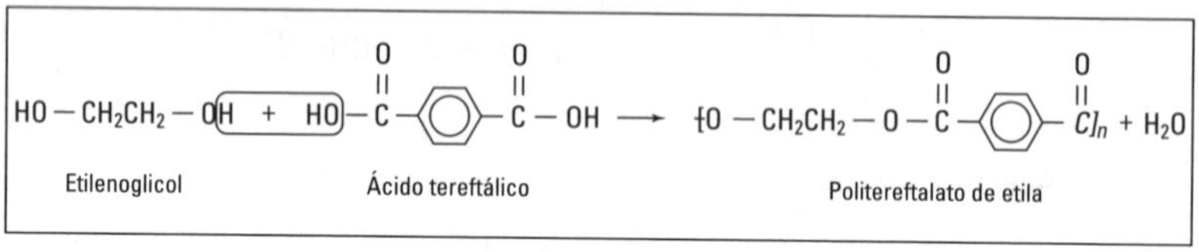

Figura 16-7: Síntese do PET.

$$HO-CH_2CH_2-OH + HO-\overset{O}{\underset{\parallel}{C}}-\bigcirc-\overset{O}{\underset{\parallel}{C}}-OH \longrightarrow \{O-CH_2CH_2-O-\overset{O}{\underset{\parallel}{C}}-\bigcirc-\overset{O}{\underset{\parallel}{C}}\}_n + H_2O$$

Etilenoglicol — Ácido tereftálico — Politereftalato de etila

Esse é o poliéster que você encontra em roupas, veias artificiais, películas de filme e garrafas de refrigerante.

Poliamida: Transparente para uma mulher e forte para um homem

Se um ácido orgânico reage com uma amina, perde-se a água e a amida é formada. Se você usar um diácido orgânico e uma diamina poderá polimerizar uma poliamida. A poliamida é conhecida como *nylon*. A figura 16-8 mostra a reação entre 1,6-hexanodiamina e ácido adípico para formar o Nylon 66 (o 66 indica que existem 6 átomos de carbono na amina e 6 no ácido orgânico).

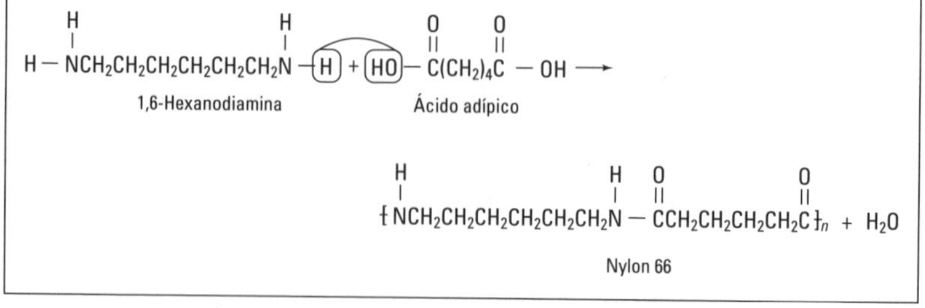

Figura 16-8: Síntese do Nylon 66.

$$H-N\overset{H}{\underset{}{}}CH_2CH_2CH_2CH_2CH_2N-H + HO-\overset{O}{\underset{\parallel}{C}}(CH_2)_4\overset{O}{\underset{\parallel}{C}}-OH \longrightarrow$$

1,6-Hexanodiamina — Ácido adípico

$$\{NCH_2CH_2CH_2CH_2CH_2CH_2N-\overset{O}{\underset{\parallel}{C}}CH_2CH_2CH_2CH_2\overset{O}{\underset{\parallel}{C}}\}_n + H_2O$$

Nylon 66

A síntese do nylon, em 1935, produziu um grande impacto na indústria têxtil. A meia-calça de nylon foi vendida pela primeira vez em 1939 e o nylon foi muito usado em pára-quedas durante a segunda guerra mundial. Faça uma pequena substituição em um dos átomos de carbono e obterá um material forte o suficiente para um colete à prova de balas.

Silicone: Maior e melhor

Como o silicone está na mesma família do carbono, os químicos podem produzir uma classe de polímeros que contenha silicone em sua estrutura. Esses polímeros são conhecidos como silicones. A figura 16-9 mostra a síntese de um silicone típico.

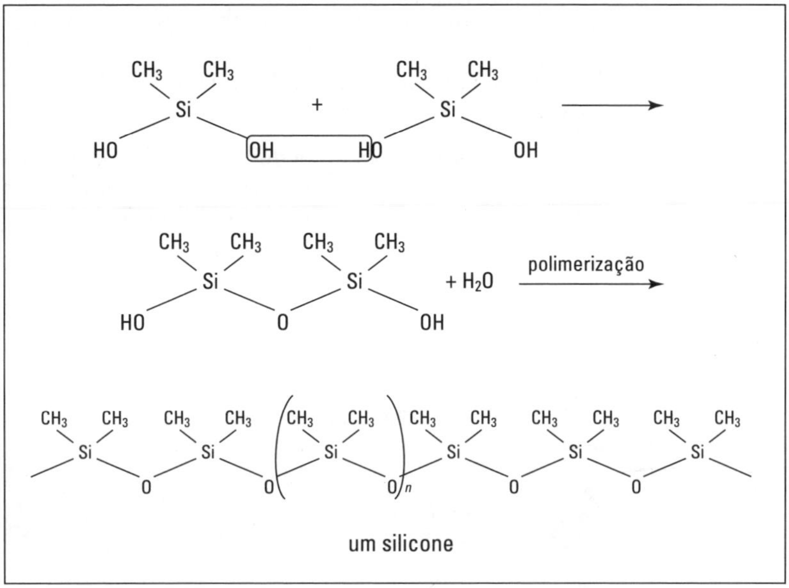

Figura 16-9: Síntese de um silicone.

[Diagrama da síntese de um silicone mostrando a reação de condensação entre moléculas de silanodiol, com liberação de H_2O e polimerização formando a cadeia $(-Si(CH_3)_2-O-)_n$]

Os polímeros de silicone se mantêm unidos pela poderosa ligação do silicone com o oxigênio e podem possuir massas moleculares na casa dos milhões. São usados como vedação e selos, são encontrados em graxas, polidores e implantes cirúrgicos. A imprensa destaca seu uso em implantes cirúrgicos.

Implantes de silicone são usados há muito tempo. O silicone é usado para próteses de orelha, articulações para os dedos e, é claro, implante nos seios. Os implantes são preenchidos com óleo de silicone, ocasionalmente uma prótese vaza e o óleo do silicone escapa para dentro do corpo. Em 1992 algumas evidências demonstraram que o óleo de silicone pode provocar uma resposta auto-imune. Os estudos não estabeleceram uma relação de causa e efeito, mas muitos implantes foram removidos e o óleo de silicone não é mais usado nos Estados Unidos.

Os polímeros reformaram nossa sociedade e nossa aparência. Sua utilidade é muito variada, são relativamente baratos e duráveis. Como são muito duráveis, desfazer-se deles é um problema.

Reduzir, Reusar, Reciclar — Plásticos

Os plásticos são praticamente infinitos. Nada na natureza consegue processá-los. Se você enterrar o prato de plástico, a fralda descartável em um aterro de lixo e desenterrar 10 anos depois, não haverá nenhuma mudança. Você poderá até desenterrar 100 anos depois e encontrará o mesmo produto.

Alguns tipos de plástico podem ser usados como combustível. Eles possuem um alto teor de calor, mas produzem gases que são tóxicos ou corrosivos. A sociedade pode reduzir a dependência do plástico até certo grau. Usar papelão em caixas de sanduíche pode ajudar, mas nossa melhor resposta até agora é a reciclagem.

Polímeros termoplásticos podem ser derretidos e remodelados. Mas para que isso possa acontecer os tipos de plástico devem estar separados. Muitos recipientes para plástico possuem um símbolo que indica para qual tipo de plástico são usados. Os plásticos são então separados em várias categorias para tornar a reciclagem mais fácil. A figura 16-10 mostra os símbolos de reciclagem para plásticos e indica que tipo de plástico cada símbolo representa.

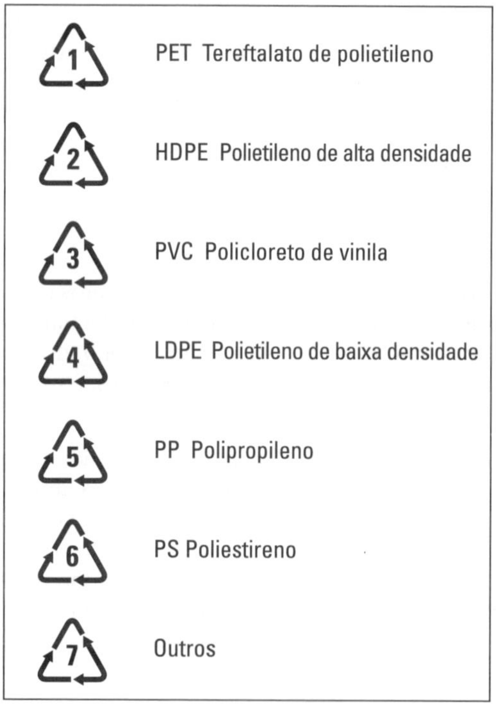

1. PET Tereftalato de polietileno
2. HDPE Polietileno de alta densidade
3. PVC Policloreto de vinila
4. LDPE Polietileno de baixa densidade
5. PP Polipropileno
6. PS Poliestireno
7. Outros

Figura 16-10: Códigos de reciclagem de plásticos.

Garrafas PET e caixas de leite PEAD são provavelmente os plásticos mais reciclados. Mas o maior problema não é a química envolvida na reciclagem. O maior problema é encorajar os indivíduos, famílias e empresas a reciclar e desenvolver maneiras de coletar e separar os plásticos para reciclagem. Esses polímeros são muito valiosos para simplesmente serem depositados em um lixão.

Capítulo 17
Química em Casa

Neste capítulo
- Descobrindo a química por trás dos detergentes
- Descobrindo a química dos cosméticos
- Olhando a química das drogas e medicamentos

*V*ocê provavelmente entrará em contato com mais substâncias químicas em sua casa do que em qualquer outro lugar. A cozinha está cheia de sabões, detergentes e materiais de limpeza em geral, a maioria em garrafas de plástico. O banheiro está cheio de medicamentos, sabões, pastas de dente e cosméticos. Minha mulher adora manter uma bolsa pessoal com substâncias químicas para limpeza de joias ou para remover um adesivo. E tudo isso nem chega perto da quantidade de reações químicas que acontecem quando se cozinha. Por isso, a química de consumo é às vezes chamada de química de cozinha.

Neste capítulo, mostrarei alguns tópicos sobre a química dos produtos de consumo. Mostrarei a química por trás dos sabões, detergentes e materiais de limpeza em geral. Falarei um pouco sobre medicamentos e mostrarei algumas coisas sobre produtos pessoais, permanentes, bronzeadores e perfumes. Eu espero que você comece a apreciar a química e o que ela tem feito para tornar sua vida melhor e mais fácil. (Repare que muitas substâncias químicas na casa são ácidos e bases. O Capítulo 12 é sobre ácidos e bases, o que o torna uma boa leitura complementar).

Química na Lavanderia

Você alguma vez se distraiu e esqueceu de colocar o sabão em pó na lavadora de roupas? Ou alguma vez foi convencido a usar um daqueles discos sólidos de detergente? Eu duvido que as roupas saiam limpas. Você pode conseguir limpar alguma sujeira superficial, mas a graxa e o óleo permanecem onde estavam. A graxa e o óleo ficam nas roupas porque "semelhante dissolve semelhante". Graxas e óleos são materiais não polares e a água é uma substância polar, então a água não dissolverá a graxa e o óleo. (Sobre polares e não polares veja detalhes no Capítulo 7). Eu acho que você poderia colocar um pouco de gasolina na lavadora, mas não acredito que seria uma boa solução para o problema. Não seria maravilhoso se existisse alguma coisa que servisse de ponte entre a graxa e óleo não polares e a água polar? Existe. É chamado de surfactante.

Os surfactantes, também chamados de agentes ativos de superfície, reduzem a tensão superficial da água, permitindo que "molhe" substâncias não polares como a graxa e o óleo. Os surfactantes fazem isto porque possuem moléculas com partes polares e não polares.

A parte não polar é chamada de parte *hidrofóbica* (medo de água). Essa parte é normalmente composta por uma longa cadeia de hidrocarbonetos. (Se você está curioso o Capítulo 14 mostra provavelmente mais do que você precisa saber sobre hidrocarbonetos). A parte não polar se dissolve na graxa e no óleo não polares.

A outra parte da molécula surfactante, a polar, é chamada de *hidrófila* (amante de água). Essa parte é normalmente uma parte iônica com carga negativa (aniônica), uma carga positiva (catiônica), ou ambas (anfotérica).

Também existem surfactantes que não possuem carga. (Íons, cátions e ânions - Capítulo 6 explica tudo).

A grande maioria dos surfactantes no mercado são surfactantes aniônicos, porque a produção é mais barata. A figura 17-1 mostra um surfactante aniônico típico.

Figura 17-1: Um surfactante aniônico típico.

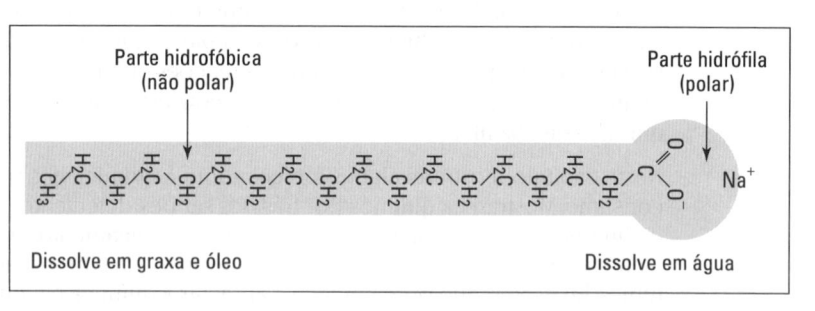

Quando um surfactante é acrescentado à água, a parte hidrofóbica se dissolve no óleo e na graxa, enquanto a parte hidrófila é atraída pelas moléculas polares da água. A graxa e o óleo são quebrados em pequenas gotinhas chamadas *micelas*, com a parte hidrofóbica (hidrocarboneto) do surfactante aderindo na gota e a parte hidrófila na água. Isso dá à gota uma carga (uma carga negativa, no caso do surfactante aniônico). Essas gotas carregadas se repelem, impedindo que as gotas de óleo e graxa se unam. Essas micelas permanecem dispersas e são eliminadas pela água usada na lavagem.

Os dois tipos de surfactantes que são usados na limpeza de roupas são sabões e detergentes.

Mantenha limpo: Sabão

Os sabões certamente são os mais antigos e mais conhecidos surfactantes para limpeza. O sabão é usado há quase 5.000 anos. O tipo específico de reação orgânica envolvido na produção do sabão é a hidrólise das gorduras ou óleos em uma solução básica. Essa reação é comumente chamada de *saponificação*. Os produtos dessa reação são a glicerina e o sal do ácido graxo. A figura 17-2 mostra a hidrólise da tristearina em estearato de sódio, um sabão. (Esse é o mesmo sabão, ou surfactante, mostrado na figura 17-1).

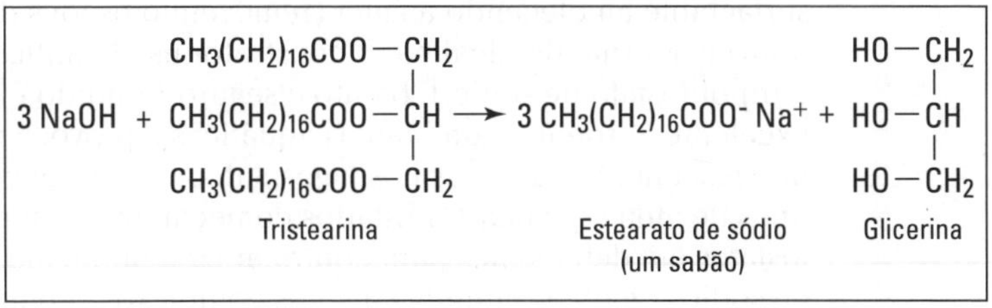

Figura 17-2: Produção de um sabão por saponificação.

$$3\ NaOH + \begin{array}{c} CH_3(CH_2)_{16}COO-CH_2 \\ | \\ CH_3(CH_2)_{16}COO-CH \\ | \\ CH_3(CH_2)_{16}COO-CH_2 \end{array} \longrightarrow 3\ CH_3(CH_2)_{16}COO^-\ Na^+ + \begin{array}{c} HO-CH_2 \\ | \\ HO-CH \\ | \\ HO-CH_2 \end{array}$$

Tristearina — Estearato de sódio (um sabão) — Glicerina

A vovó fazia seu sabão fervendo, em um grande caldeirão de ferro, água com gordura animal e soda cáustica (NaOH). A soda cáustica vem das cinzas da madeira. Depois de cozinhar por horas, o sabão subirá ao topo. Depois ele é apertado em barras. Mas a vovó não conhecia muito sobre reação estequiométrica. Ela possuía muita soda cáustica, então seu sabão era muito alcalino.

Hoje, o sabão é produzido diferentemente. A hidrólise é geralmente completada sem o uso da soda cáustica. O óleo de coco, óleo de palma e o óleo de caroço de algodão são usados com o sebo animal. No sabão em barras, um abrasivo como a pedra-pomes é ocasionalmente acrescentado para ajudar na remoção de graxas e óleos resistentes de sua pele. Perfumes também são acrescentados e o ar é misturado com o sabão para que ele flutue.

O sabão possui algumas desvantagens. Se o sabão é usado com água ácida converte-se em ácido graxo e perde a propriedade de limpeza. E se o sabão for usado com água dura (água que contenha íons de cálcio, magnésio ou ferro), um precipitado gorduroso insolúvel (sólido) é formado. Esse depósito gorduroso é chamado de anel de banheira. Esse depósito não aparece somente em sua banheira, também aparece em suas roupas, pratos e assim por diante. Existem algumas maneiras disponíveis para evitar esse depósito. Você pode usar um adstringente (veja "Torne macio: Amolecedor de água" neste capítulo), ou pode comprar um sabão sintético que não precipita com os íons da água dura. Os sabões sintéticos são chamados de *detergentes*.

Fique livre daquele anel de banheira: Detergentes

Os detergentes possuem a mesma estrutura básica do sabão mostrado na figura 17-1. Suas partes hidrofóbicas - compostas de uma longa cadeia não polar que dissolve na graxa e no óleo - são as mesmas, mas a parte hidrófila (iônica) é diferente. Ao invés de um carboxilato (-COO⁻), a parte hidrófila pode ter um sulfato (-O-SO$_3^-$), uma hidroxila (OH-) ou algum outro grupo polar que não precipite.

O sabão em pó possui outros compostos além do detergente surfactante. Os compostos do sabão em pó são:

- **Alcalinizantes:** Esses compostos aumentam a eficiência do surfactante amolecendo a água (removendo os íons da água dura) e a tornando alcalina. O construtor usado antigamente era o tripolifosfato de sódio. É barato e seguro. Contudo é também um excelente nutriente para plantas aquáticas e provoca um aumento no crescimento das algas nos lagos, sufocando os peixes e outros tipos de vida aquática. Os Estados começaram a banir o uso de fosfatos em detergentes para controlar esse problema. Carbonato de sódio e zeólita (aluminosilicatos complexos - compostos de alumínio, oxigênio e silicone) têm sido usados como substitutos dos polifosfatos, mas não são ideais. Ainda não existe um efetivo, barato e atóxico substituto para os polifosfatos. Essa é uma área ativa de pesquisa.

- **Material de enchimento:**

- **Enzimas:** Esses catalisadores biológicos são adicionados para ajudar a remover manchas como as de sangue e grama.

- **Perborato de sódio:** NaBO$_3$ é algumas vezes acrescentado como um alvejante sólido para ajudar a remover manchas. Ele age gerando peróxido de hidrogênio na água. Ele é muito mais suave em tecidos que o alvejante de cloro. Contudo é mais efetivo em água quente, o que pode ser um problema para aqueles que gostam de lavar roupas em água fria.

- **Agentes de dispersão:** Esses compostos são acrescentados para manter a sujeira em solução na água, impedindo que a sujeira se deposite em outra parte da roupa.

- **Inibidores de corrosão:** Esses compostos cobrem partes da lavadora ajudando a prevenir a ferrugem.

- **Branqueador ótico:** Esses compostos são usados para que as roupas brancas pareçam extraordinariamente limpas e brilhantes. Esses compostos orgânicos complexos formam uma camada fina sobre as roupas. Absorvem a luz ultravioleta e refletem uma luz azul na parte visível do espectro. Esse processo é mostrado na Figura 17-3.

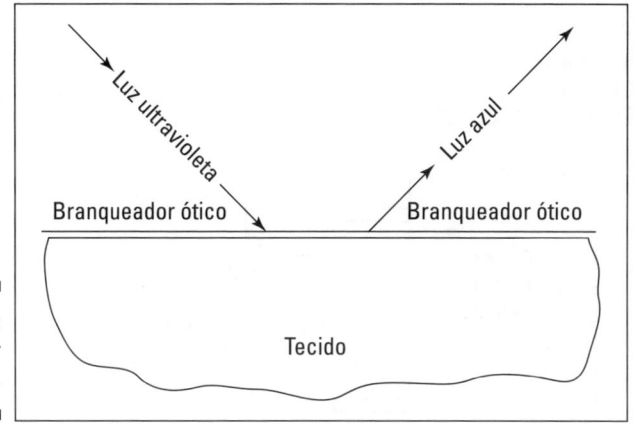

Figura 17-3: Branqueador ótico.

[Diagrama: Luz ultravioleta incidindo sobre Branqueador ótico no Tecido, refletindo como Luz azul.]

Agentes corantes e perfumes também são acrescentados no sabão em pó. Eu aposto que você não sabia que lavar roupa era tão complexo.

Torne macio: Amaciante de água

Usar detergentes sintéticos é uma maneira de combater o problema da água dura e do anel de banheira. Outra maneira é simplesmente remover os cátions responsáveis pela água dura antes que cheguem em casa. Você pode realizar este feito através de um amaciante de água caseiro (veja figura 17-4).

Um amaciante de água é feito de um grande tanque contendo uma resina permutadora de íons. A resina é carregada quando uma solução concentrada de cloreto de sódio passa através dela. Os íons de sódio são mantidos no polímero da resina. A água dura passa através do polímero e os íons de cálcio, magnésio e ferro são trocados pelos íons de sódio da resina. A água amolecida contém íons de sódio, mas os íons da água dura permanecem na resina. Depois de um tempo a resina precisará ser recarregada com o cloreto de sódio do reservatório. A água suja que contém Ca^{2+}, Mg^{2+} e Fe^{2+}, é escoada do tanque de resina.

O que é aquela espuma no lago?

Os detergentes sintéticos originais não podiam ser quebrados por bactérias ou outras forças naturais. Em outras palavras, não eram *biodegradáveis*. Esses detergentes se acumulavam nos lagos provocando uma camada grossa de espuma. Eles foram rapidamente reformulados para resolver o problema.

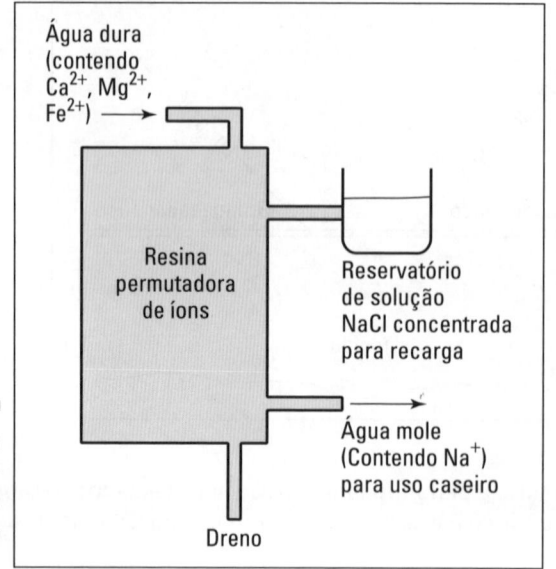

Figura 17-4: Um amolecedor de água

[Diagrama: Água dura (contendo Ca^{2+}, Mg^{2+}, Fe^{2+}) entrando em uma Resina permutadora de íons, com Reservatório de solução NaCl concentrada para recarga, saída de Água mole (Contendo Na^+) para uso caseiro, e Dreno.]

Se você limita o consumo de sódio por causa da pressão alta deve evitar beber água amolecida porque ela possui uma alta concentração de íons de sódio.

Embranqueça: Alvejante

Os alvejantes usam uma reação de redução para remover a cor de um material (veja reações de redução no Capítulo 9). A maioria dos alvejantes são agentes oxidantes. O alvejante mais comum usado em casas é uma solução de hipoclorito de sódio. Esse tipo de alvejante é produzido borbulhando gás de cloro em uma solução de hidróxido de sódio:

$$2\,NaOH(aq) + Cl_2(g) \rightarrow NaOCl(aq) + NaCl(aq) + H_2O(l)$$

O cloro liberado por alvejantes de hipoclorito pode danificar os tecidos. Esses alvejantes também não funcionam bem em tecidos de poliéster.

Alvejantes contendo perborato de sódio foram introduzidos no mercado e são muito suaves nos tecidos. Esse tipo de alvejante gera peróxido de hidrogênio, que se decompõe com o gás oxigênio como um dos produtos:

$$2\,H_2O_2 \rightarrow 2\,H_2O(l) + O_2(g)$$

Química na Cozinha

Você pode dar uma olhada embaixo da pia da cozinha e verá incontáveis produtos químicos (armazenados em garrafas de plástico que são feitas através da química).

Limpe tudo: Limpadores multiuso

A maioria dos limpadores polivalentes é composta com algum surfactante e desinfetante. A amônia é comumente usada pela capacidade de reagir com a graxa e por não deixar resíduo. O óleo de pinho, uma solução de compostos chamados terpenos, é usado pelo seu cheiro agradável, sua habilidade para dissolver a graxa e por sua natureza bactericida.

Tome cuidado quando misturar produtos de limpeza - especialmente alvejante e amônia ou ácido muriático (HCl). Essa solução gera gases tóxicos que podem ser bem perigosos.

Lave essas panelas: Produtos para lavar louças

Detergente para pratos é muito mais simples do que detergente (sabão em pó) para roupas. Contudo, detergentes para máquinas de lavar louça são altamente alcalinos e contém só um pouco de surfactante. Eles usam o alto pH para saponificar as gorduras (como o processo usado para fazer sabão) e a alta temperatura da água como agitação para limpar os pratos. São compostos principalmente de metasilicato de sódio (Na_2SiO_3), por sua alcalinidade; tripolifosfato de sódio ($Na_5P_3O_{10}$), que age como detergente; e um pouco de alvejante de cloro.

Química no Banheiro

Muita química vai para o banheiro. Existem todos aqueles produtos para pele e cabelo, assim como produtos para fazer você parecer bem, cheirar bem e até ter um gosto bom.

Detergente para a boca: Pasta de dentes

Verifique qualquer galeria de pastas de dente e encontrará uma grande variedade, com diferentes cores, sabores, assim por diante. Apesar de parecerem diferentes, todas contêm os mesmos ingredientes. Os dois ingredientes principais são surfactante e abrasivo. O abrasivo é para raspar o filme do dente sem danificar os próprios dentes. Abrasivos comuns são o giz ($CaCO_3$), dióxido de titânio (TiO_2), e hidrogênio fosfato de cálcio ($CaHPO_4$). Outros ingredientes são acrescentados para dar à pasta de dentes, cor, sabor e assim por diante. A tabela 17-1 mostra a fórmula geral da pasta de dentes. A percentagem e os compostos químicos podem variar.

Tabela 17-1	Fórmula típica para a pasta de dentes	
Função	*Ingredientes possíveis*	*Percentagem*
Solvente e material de enchimento	água	30-40%
Detergente	Dodecil sulfato de sódio	4%
Abrasivo	Carbonato de sódio, hidrogênio fosfato de cálcio, dióxido de titânio, metafosfato de cálcio	30-40%
Adoçante	Sorbitol, glicerina, sacarina	15-20%
Espessante	Carragena	1%
Fluoreto	Fluoreto estanoso ou de sódio	1%
Agentes de sabor	Menta, lima, morango, óleo de gaultéria	1%

A adição de fluoreto de estanho ou de sódio é eficaz na prevenção de cáries dentais, pois o íon do fluoreto passa a fazer parte do esmalte dos dentes, fazendo com que ele fique mais forte e mais resistente ao ataque dos ácidos.

Ufa! Desodorantes e antitranspirantes

Suar ajuda seu corpo a regular a temperatura interna. O suor contém aminas, ácidos graxos de pequena massa molecular e proteínas, além de cloreto de sódio e outros compostos inorgânicos. Alguns desses compostos orgânicos possuem um cheiro desagradável. A ação bacteriana certamente pode fazer o cheiro piorar. Desodorantes e antitranspirantes podem ser usados para controlar o cheiro socialmente indesejável. (Uma maneira bem profissional de examinar o fedor, hã?).

Os *desodorantes* contêm fragrâncias para cobrir o odor e um agente antibacteriano para destruir as bactérias causadoras do odor. Eles também podem conter substâncias como o peróxido de zinco que oxida as aminas e ácidos graxos em compostos menos mal cheirosos.

Os *antitranspirantes* inibem ou paralisam a transpiração. Eles agem como um *adstringente* comprimindo as glândulas sudoríparas. O antitranspirante mais usado é formado por compostos de alumínio - cloridrato de alumínio ($Al_2(OH)_5Cl$, $Al_2(OH)_4Cl_2$, e assim por diante), cloreto de alumínio hidratado e outros.

Química para o trato da pele: Mantendo macia e bonita

Cera de abelha. Gordura de baleia. Bórax. Você pode se surpreender com o que é colocado naquilo que você põe na pele.

Cremes e loções

A pele é um órgão complexo composto principalmente de proteína e macromoléculas de ocorrência natural (polímeros - veja no Capítulo 16). As peles saudáveis contêm entorno de 10 por cento de umidade. Os cremes e loções agem amolecendo e umectando a pele.

Os *emolientes* são suavizantes para a pele. Geleia de petróleo (vaselina-mistura de alcanos, com mais de 20 carbonos isolados do óleo cru), lanolina (mistura de ésteres isoladas da gordura de lã de ovelha) e a manteiga de cacau (mistura de ésteres isolados da semente de cacau) são excelentes suavizantes para pele.

Cremes para a pele são normalmente feitos de emulsões de óleo em água ou de água em óleo. Uma *emulsão* é uma dispersão coloidal de um líquido em outro (veja colóides no Capítulo 11). Ele age amaciando e umectando a pele ao mesmo tempo. Os cremes protetores são usados na remoção de maquiagens e como hidratantes, enquanto os cremes faciais fazem com que a pele pareça mais jovem preenchendo as rugas. A formulação típica de cremes protetores e faciais é:

Cremes protetores	*Cremes faciais*
20-50% água	70% água
30-60% óleo mineral	10% glicerina
12-15% cera de abelha	20% ácido esteárico/Estearato de sódio
	5-15% lanolina ou gordura de baleia
	1% bórax
	Perfume

Pós para o corpo e o rosto

Os pós para o corpo e o rosto são usados para secar e alisar a pele. O principal ingrediente em ambos os tipos de pó é o talco ($Mg_3(Si_2O_5)_2(OH)_2$), um mineral que absorve o óleo e a água. Adstringentes são acrescentados para reduzir a transpiração e aderentes para ajudar o pó a grudar na pele. Os pós faciais normalmente possuem corantes para colorir a pele. A tabela 17-2 mostra uma formulação típica para pós para o corpo e a tabela 17-3 mostra uma formulação típica para pós faciais.

Tabela 17-2	Formulação típica do pó para o corpo	
Ingrediente	*Função*	*Porcentagem*
Talco	Absorvente	50-60%
Carbonato de Cálcio (CaCO3)	Absorvente	10-15%
Óxido de zinco (ZnO)	Adstringente	15-25%
Estearato de zinco	Fixador	5-10%
Perfume, tintura	Cheiro, cor	traços

Tabela 17-3	Formulação típica do pó facial	
Ingrediente	*Função*	*Porcentagem*
Talco	Absorvente	60-70%
Óxido de zinco (ZnO)	Adstringente	10-15%
Caulim (Al2SiO5)	Absorvente	10-15%
Estearatos de magnésio e zinco	Textura	5-25%
Álcool cetílico	Fixador	1%
Óleo mineral	Emoliente	2%
Lanolina, perfume, tintura	Amolecer, cheiro, cor	2%

Compondo esses olhos

Sombras para os olhos e rímel são compostos principalmente de emolientes, lanolina, cera de abelha e corantes. O rímel escurece os cílios, fazendo com que pareçam longos. A formulação típica para a sombra e o rímel é:

Sombra

55-60% vaselina

5-15% gorduras e ceras

5-25% lanolina

15-25% óxido de zinco

1-5% corante

Rímel

45-50% sabão

35-40% cera e parafina

5-10% lanolina

1-5% corante

Lábios: batom

Os batons mantêm os lábios macios, protegem da secura e acrescentam uma cor desejável. Eles são compostos basicamente de cera e óleo. Esses ingredientes devem ser cuidadosamente balanceados para que o batom possa permanecer nos lábios sem se apagar e para que possa ser retirado facilmente, mas não muito facilmente. A cor normalmente é obtida de um precipitado (sólido) de algum íon metálico com uma tintura orgânica. O íon metálico tende a intensificar a cor da tintura. Uma formulação típica do batom é mostrada na tabela 17-4.

Tabela 17-4   Uma formulação típica do batom

Ingrediente	Função	Porcentagem
Óleo de rícino, óleos minerais, gorduras	Solvente de tintura	40-50%
Lanolina	Emoliente	20-30%
Cera de carnaúba ou cera de abelha	Enrijecedor	15-25%
Tintura	Cor	-10%
Perfume e tempero	Cheiro e sabor	5

Unhas bonitas: Polimento de unhas

O polidor de unhas é uma laca, que deve sua flexibilidade a um polímero e a um plastificador (uma mistura líquida de plástico, feita para amolecer). O polímero normalmente é a celoidina. Os solventes usados no polimento são a acetona e o acetato etílico, as mesmas substâncias usadas como removedores de esmalte das unhas.

Cheirando bem! Perfume, colônia e loção pós-barba

A maior diferença entre o perfume, a colônia e a loção pós-barba é a quantidade de fragrância usada. O perfume é comumente composto de 10 a 15 por cento de fragrância, enquanto a colônia usa de 1 a 3 por cento e a loção pós-barba usa menos de 1 por cento. Essas fragrâncias são normalmente ésteres orgânicos, álcoois, cetonas e aldeídos. Os perfumes também contêm *fixadores*, compostos que ajudam a impedir a rápida evaporação da fragrância.

O interessante é que muitos fixadores possuem um cheiro desagradável: A civetona vem de uma glândula de um gato parecido com o gambá, o âmbar cinza é vômito de baleia e o indol é isolado das fezes. Eu acho que não farei nenhum comentário.

Perfumes usualmente são misturas de *notas*, fragrâncias com aroma similar, mas diferentes volatilidades (a facilidade com que uma substância é convertida em gás). A substância mais volátil é chamada de *nota de topo*. É a que você percebe primeiro. A *nota do meio* é o cheiro mais percebido, enquanto a nota final é responsável pelo prolongamento do cheiro do perfume. A figura 17-5 mostra a estrutura química de muitas fragrâncias comumente usadas em perfumes.

Você não acha perfeito ser capaz de ver um odor?

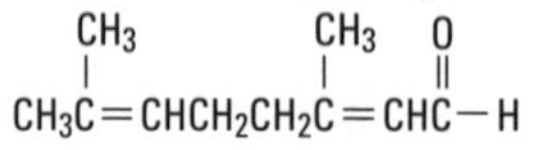

Citral
(Limão)

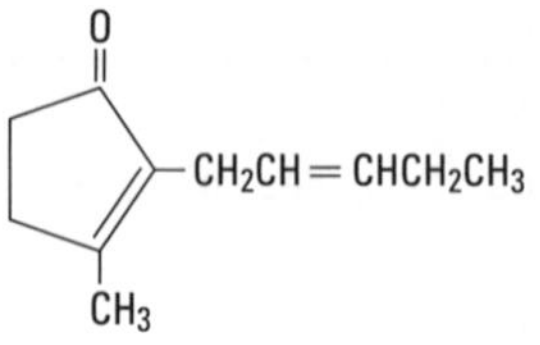

Jasmona
(Jasmim)

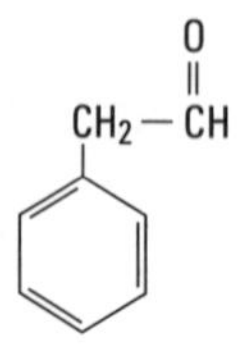

Fenilacetaldeído
(Jacinto, Lilás)

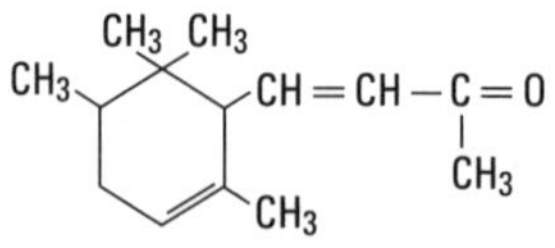

Irone
(Violeta)

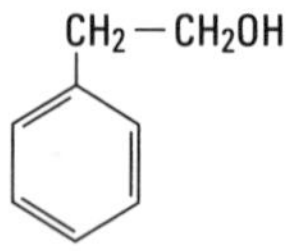

2-feniletanol
(Rosas)

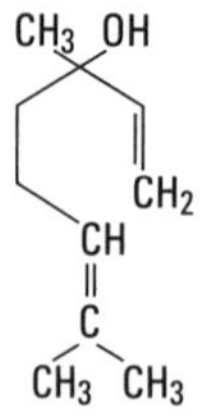

Linalol
(Lavanda)

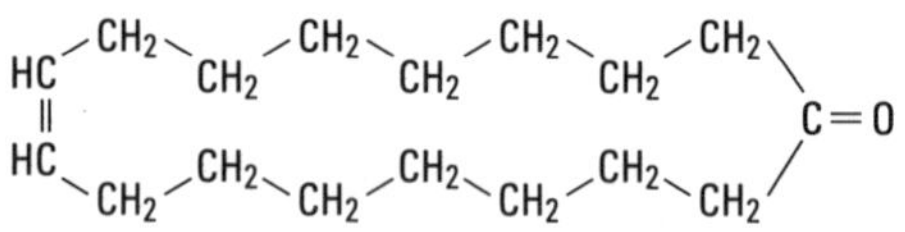

Civetone
(Almíscar)

Figura 17-5: Fragrâncias de perfume

Bronzeador e protetor solar: Marrom é lindo

O espectro UV é composto de duas regiões: a região UV-A e a UV-B. A região UV-A possui ondas ligeiramente mais longas e tende a produzir um bronzeamento ao invés de queimadura. A radiação UV-B é a responsável pela queimadura de sol que a maioria de nós conhece. Exposição repetida a esses raios nocivos UV, especialmente raios UV-B, está relacionada ao aumento da ocorrência do câncer de pele, como o melanoma.

Loções bronzeadoras e protetores solares protegem a pele bloqueando parcial ou totalmente as radiações UV, permitindo que você fique no sol por longos períodos sem se queimar. Alguns bronzeadores e protetores solares bloqueiam os raios UV-A e UV-B. Outros bloqueiam os raios UV-B, permitindo os raios UV-A, o que dá ao corpo uma chance para produzir *melanina*, um pigmento escuro que age como um escudo natural contra os raios UV e aquele tom marrom desejável.

Esses produtos recebem a classificação do Fator de Proteção Solar (FPS). O *valor* FPS é uma proporção da quantidade de tempo necessário para bronzear (ou queimar) com e sem o produto. Um valor FPS de 10, por exemplo, indica que quando se usa o produto pode-se ficar ao sol 10 vezes mais tempo do que sem o produto.

Existe alguma discussão sobre se os valores FPS acima de 15 são mais efetivos que 15, porque poucos bronzeadores conseguem bloquear a radiação UV-A.

Um número de substâncias químicas são bons bloqueadores da radiação UV. Um creme opaco de óxido de zinco e dióxido de titânio é o tipo mais eficiente de protetor solar. O ácido para-aminobenzóico (PABA), benzofenona e cinamatos são comumente usados para bloquear a radiação UV. Recentemente, o uso de PABA diminuiu bastante. Ele é tóxico e provoca alergia em muitas pessoas.

A figura 17-6 mostra a estrutura de vários compostos usados em bronzeadores e protetores solares. A diidroxiacetona mostrada na figura produz um bronzeado sem a exposição ao sol. Reage com a pele produzindo um pigmento marrom.

Limpe, pinte, enrole: Química capilar

O cabelo é composto de uma proteína chamada queratina. As cadeias de proteína no fio do cabelo são ligadas pelo que é chamado de *ligação dissulfureto*, uma ligação enxofre-enxofre da cistina (um aminoácido presente no cabelo), em uma cadeia de proteína, em outra cadeia de proteína, em outra cistina.

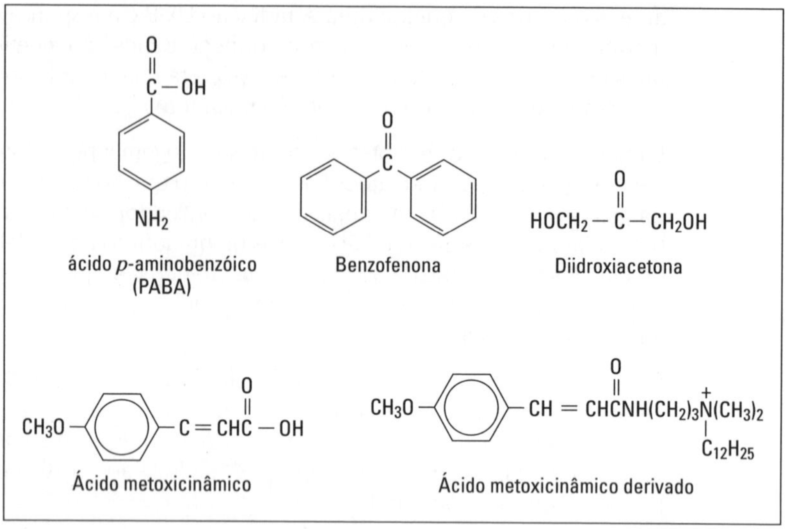

Figura 17-6: Bronzeadores e protetores solares.

ácido *p*-aminobenzóico (PABA)

Benzofenona

Diidroxiacetona

Ácido metoxicinâmico

Ácido metoxicinâmico derivado

A figura 17-7 mostra um pedaço do cabelo e uma ligação cruzada dissulfureto unindo duas cadeias de proteínas. Essas ligações cruzadas dão ao cabelo sua força. (Eu falo mais sobre a ligação dissulfureto em "Permanentes - que não são", neste capítulo).

Shampoo: Detergente para o cabelo

Os shampoos modernos são surfactantes simples, como o dodecil sulfato de sódio. O shampoo possui outros ingredientes que reagem com os íons metálicos na água dura para ajudar a impedir o sabão a precipitar com esses íons metálicos (em outras palavras, para ajudar a prevenir que precipitados insolúveis - sólidos, depósitos - se formem em seu cabelo).

Outros ingredientes conferem um cheiro agradável, repõe alguns lubrificantes naturais (condicionadores) e ajustam o pH do cabelo. (O cabelo e a pele são ligeiramente ácidos. Um shampoo muito alcalino, ou básico, danificaria o cabelo, então o pH é comumente ajustado entre o pH 5 e 8. Um pH mais alto pode levantar as escamas na cutícula do cabelo, fazendo com que reflita mal a luz e tenha um aspecto embaçado). Uma proteína é algumas vezes acrescentada no shampoo para ajudar a unir as pontas duplas do cabelo. Corantes e preservativos também são comumente acrescentados.

Pinte aquele cabelo!

O cabelo possui dois pigmentos - melanina e feomelanina. A melanina possui uma cor marrom escura e a feomelanina uma cor marrom avermelhada. A cor natural do cabelo é determinada pela quantidade relativa desses pigmentos. Ruivos possuem muito menos melanina, morenos possuem muito mais. Loiros possuem menos que os dois.

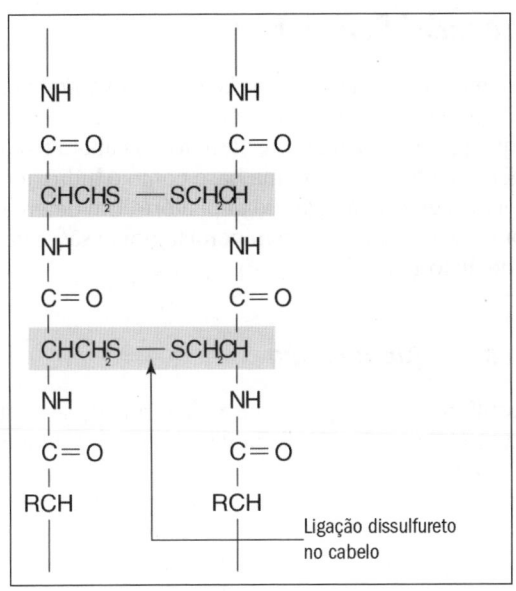

Figura 17-7: Ligação dissulfureto no cabelo.

Você pode *alvejar* o cabelo usando peróxido de hidrogênio para oxidar esses pigmentos coloridos e tirar sua cor. No entanto, cabelos branqueados se tornam fracos e quebradiços, porque a proteína do cabelo foi quebrada em compostos com menor massa molecular. Perboratos, que tendem a ser mais caros que alvejantes, e alvejantes a base de cloro também são usados para branquear o cabelo.

Você pode mudar temporariamente a cor do seu cabelo usando tinturas que simplesmente cobrem os fios do cabelo. Esses compostos são feito de complexas moléculas orgânicas. Elas são muito grandes para penetrar no fio do cabelo, então simplesmente se acumulam na superfície. Você pode acrescentar uma cor quase permanente usando tinturas com moléculas menores que possam penetrar nos fios do cabelo. Essas tinturas frequentemente contêm complexos de cromo ou cobalto. Essas tinturas resistem às repetidas lavagens, mas como as moléculas contidas na tintura são pequenas o suficiente para penetrar inicialmente no cabelo, podem consequentemente sair.

Tinturas permanentes são depositadas dentro do cabelo. Pequenas moléculas são inseridas dentro do cabelo e em seguida oxidadas, normalmente pelo peróxido de hidrogênio, em complexos que são muito grandes para sair do cabelo. A cor se torna permanente na porção tratada do cabelo. Para manter a cor o processo deve ser repetido, quando novos fios nascerem. O programa de manutenção mantém os cabeleireiros na ativa.

Outra forma de pintura do cabelo é feita para mudar a cor gradualmente, em um período de semanas, para que a mudança não seja percebida (grande chance!). Uma solução de acetato de chumbo é aplicada no cabelo. Os íons do chumbo reagem com os átomos de enxofre na proteína do cabelo, formando sulfeto de chumbo (II) – (PbS), que é preto e muito insolúvel. Ao invés de perder a cor na luz do sol como outras tinturas, o cabelo tratado com PbS na verdade escurece.

Tire isso, tire tudo! Depilatórios

Os depilatórios removem o cabelo através de reação química. Eles possuem uma substância, geralmente sulfeto de sódio, sulfeto de cálcio, ou tioglicolato de sódio, que separa a ligação dissulfureto no cabelo e o dissolve. As formulações geralmente possuem uma base como o hidróxido de cálcio para elevar o pH e melhorar a ação do depilatório. Um detergente e um condicionador de pele como o óleo mineral também são geralmente acrescentados nos depilatórios.

Permanentes — que não são

As ligações dissulfureto são responsáveis pela forma de seu cabelo, liso ou cacheado. Para modificar a forma do cabelo as ligações dissulfureto devem ser quebradas e reconstruídas com nova orientação. Suponhamos que você queira transformar seu cabelo liso em um cabelo cacheado, então você vai ao salão de beleza fazer um permanente. O cabeleireiro trata seu cabelo inicialmente com algum agente de redução, que quebra as ligações dissulfureto; geralmente é utilizado o ácido tioglicólico (HS-CH$_2$-COOH). Depois, o cabeleireiro muda a orientação da cadeia de proteínas com um rolinho. Finalmente, o cabeleireiro trata seu cabelo com um agente oxidante como o peróxido de hidrogênio para reconstruir as ligações dissulfureto na nova posição. Polímeros solúveis em água são usados para engrossar a solução, a amônia é usada para manter o pH básico e um condicionador é usado para completar a formulação. A figura 17-8 mostra esse processo.

O cabelo é alisado exatamente da mesma maneira. É claro que quando novos fios de cabelo crescerem o processo deverá ser repetido.

Eu acho que *permanente*, nesse caso, serão suas visitas ao cabeleireiro.

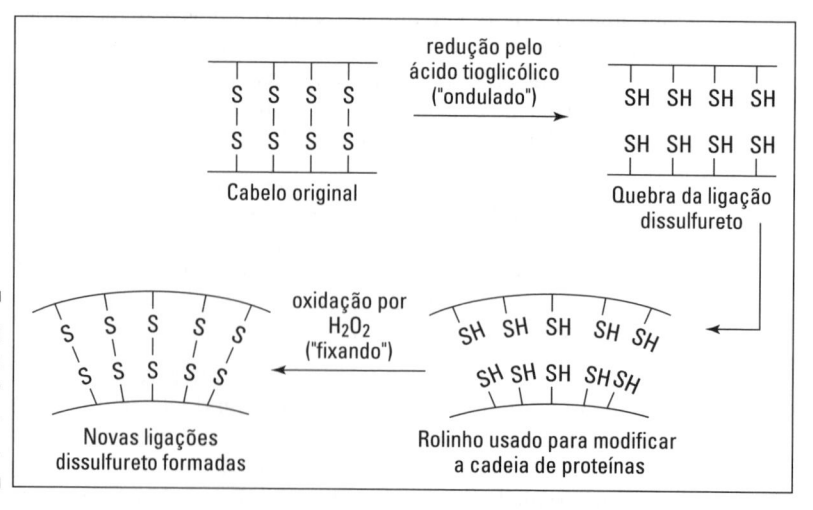

Figura 17-8: O processo para adquirir uma permanente.

Química no Armário de Remédios

Tudo bem, dê uma olhada no armário de remédios. Existem muitas drogas e remédios nele. Eu poderia escrever várias páginas sobre a química de suas reações e interações, mas só escreverei algumas palavras, sobre alguns deles.

A história da aspirina

Desde o quinto século d.C. era sabido que mastigar casca de salgueiro aliviava a dor. Mas o ácido salicílico, o composto químico responsável pelo efeito analgésico, só foi isolado em 1860. Ele era muito azedo e provocava irritação no estômago. Em 1874, os químicos criaram o salicilato de sódio. Ele causava irritação no estômago, mas era menos amargo que o ácido salicílico. Finalmente, em 1899, a companhia alemã Bayer iniciou a comercialização do ácido acetilsalisílico com o nome comercial de *aspirina*, produzido pela reação do ácido salicílico com o anidrido acético. A figura 17-9 mostra a história da aspirina.

A aspirina é a droga mais usada no mundo. Mais de 55 bilhões de comprimidos de aspirina são vendidos anualmente nos Estados Unidos.

Minoxidil e Viagra

A ciência evolui pelo trabalho pesado, treinamento, intuição e sorte. Essa sorte é algumas vezes chamada de *serendipidade*, que é outro nome para descoberta acidental. Ou, como eu gosto de dizer, "encontrando uma coisa que você não sabia que procurava". O capítulo 20 conta a história de dez descobertas acidentais. Mas como eu estou no armário de remédios, posso mencionar duas descobertas acidentais.

O padrão masculino de calvície afeta muitos milhões de homens e mulheres no mundo. O minoxidil, o atual remédio de venda livre para o tratamento da calvície, foi descoberto por acidente. Era usado como tratamento oral para pressão alta, quando os pacientes informaram sobre o nascimento de cabelos. Agora ele é de uso tópico ao invés de oral.

As propriedades famosas do viagra foram descobertas da mesma maneira. Também era usado no tratamento da pressão alta, assim como para angina (dor no coração), quando seu efeito colateral foi descoberto. Os homens se recusavam a devolver o remédio não usado no tratamento.

As duas descobertas acidentais geraram indústrias multimilionárias e tornaram homens e mulheres muito felizes. São indústrias em crescimento, sem dúvida.

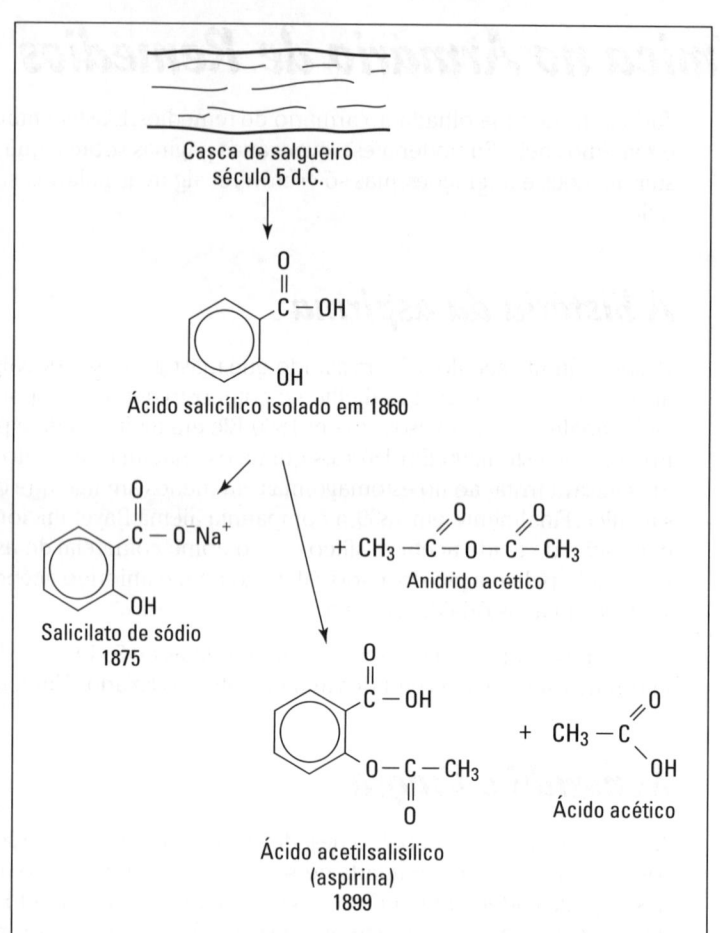

Figura 17-9: A história da aspirina.

Casca de salgueiro
século 5 d.C.

Ácido salicílico isolado em 1860

Salicilato de sódio
1875

+ $CH_3-\underset{\underset{O}{\|}}{C}-O-\underset{\underset{O}{\|}}{C}-CH_3$
Anidrido acético

Ácido acetilsalisílico
(aspirina)
1899

+ $CH_3-\underset{OH}{\overset{O}{\|}}{C}$
Ácido acético

Capítulo 18

Cof! Cof!
A Poluição do Ar

Neste Capítulo
▶ Descobrindo as partes da atmosfera envolvidas na poluição do ar
▶ Acompanhando a redução de ozônio e o efeito estufa
▶ Examinando as causa do nevoeiro fotoquímico e da chuva ácida

*E*ste capítulo mostra o problema global com a poluição do ar. (Eu considero o setor de perfumes de uma grande loja de departamentos, durante o Natal, o pior da poluição do ar, mas não discutirei isto aqui.) Eu lhes mostrarei os problemas químicos envolvidos com a poluição do ar e explicarei como esta poluição está diretamente ligada à sociedade moderna e sua demanda por energia e transporte.

Efeitos da Civilização na Atmosfera (ou Quando esta Bagunça Começou)

O ar que rodeia a Terra — nossa atmosfera — é absolutamente necessário para a vida. A atmosfera fornece oxigênio (O_2) para respiração e dióxido de carbono para *fotossíntese*. Este é o processo pelo qual muitos organismos (em maioria plantas) convertem energia solar em energia química; ela modera a temperatura da Terra e tem participação ativa em muitos ciclos que sustentam a vida. A atmosfera é afetada por muitas reações químicas que ocorrem ou que existem na Terra.

Quando poucos humanos estavam na Terra, os efeitos da humanidade sobre a atmosfera eram insignificantes. Mas, com crescimento populacional, os efeitos das civilizações se tornaram muito significantes. A Revolução Industrial impulsionou as construções concentradas de grandes sítios industriais, agregando efeitos que influenciam na atmosfera. Assim que os homens começaram a queimar mais *combustíveis fósseis* — substâncias orgânicas, como o carvão, que é encontrado em depósitos subterrâneos e usado como energia — a quantidade de dióxido de carbono (CO_2) e *partículas* (partes pequenas e sólidas suspensas no ar) aumentou significativamente na atmosfera. Durante a Revolução Industrial, os humanos também começaram a usar mais itens que liberavam poluentes químicos na atmosfera, incluindo pulverizadores ou spray de cabelo e refrigeradores de ar.

O aumento de CO_2 e partículas, combinado com o aumento de poluentes, interrompem o equilíbrio delicado da atmosfera. As altas concentrações destes poluentes atmosféricos levaram a uma multiplicidade de problemas como: *depósito ácido* e chuva ácida que prejudicam seres vivos, edifícios, estátuas, e *nevoeiro fotoquímico*, névoa irritante que, com frequência, se assenta sobre Los Angeles e outras cidades.

Respirar ou não Respirar: Nossa Atmosfera

A atmosfera da Terra é dividida em diversas camadas: a troposfera, a estratosfera, a mesosfera e termosfera. Eu quero dar foco às duas camadas que estão mais próximas da Terra — a troposfera e estratosfera — porque são estas as mais afetadas pelos humanos. Elas são também as camadas que diretamente mais afetam a vida humana.

- ✔ A *troposfera* está mais próxima da Terra e contém os gases que respiramos e dependemos para sobreviver.

- ✔ A *estratosfera* contém a camada de ozônio, que nos protege da radiação ultravioleta.

A Troposfera: a mais afetada pelos humanos

A troposfera é composta por aproximadamente 78,1% de nitrogênio (N_2), 20,9% de oxigênio (O_2), 0,9% de argônio (Ar), 0,03% de dióxido de carbono (CO_2) e quantidades pequenas de diversos outros gases. A atmosfera também contém quantidades variadas de vapor de água. Esses gases estão presos próximos da Terra pela força da gravidade. Se um balonista subisse para dentro da troposfera, encontraria uma atmosfera gasosa muito mais fina, devido à diminuição da gravidade sobre os gases. Esse efeito nos diz que a camada densa dos gases, que está próxima à Terra, está mais suscetível aos riscos dos efeitos da poluição.

A troposfera é a camada onde ocorrem as mudanças climaticas. E é também a camada que suporta a fúria da poluição natural e do homem, devido à sua proximidade da Terra.

A natureza polui a atmosfera até certa extensão — com sulfato de hidrogênio nocivo e partículas vindas de vulcões e a liberação de componentes orgânicos de plantas como eucaliptos. Mas esses poluentes têm um efeito mínimo sobre a troposfera. A humanidade, por outro lado, polui a troposfera com uma grande quantidade de componentes químicos de automóveis, plantas de produção e indústrias. A chuva ácida e o nevoeiro fotoquímico são uns dos resultados da poluição causada pelo homem.

A estratosfera: protegendo os humanos com a camada de ozônio

Acima da troposfera está a estratosfera, para onde jatos e balões de alta altitude voam. A atmosfera é ainda mais fina nesta camada, por causa da diminuição da gravidade. Pouco dos poluentes pesados conseguem chegar à estratosfera, porque a gravidade os mantém próximo a Terra. A protetora *camada de ozônio* encontra-se na estratosfera; a barreira protetora absorve uma grande quantidade de prejudicial radiação UV do sol e previne que ela alcance a Terra.

Mesmo que os poluentes pesados não cheguem até a estratosfera, esta camada não está imune dos efeitos humanos. Alguns gases leves emitidos pelo homem alcançam a estratosfera, onde atacam a camada protetora de ozônio e a destroem. Essa destruição pode causar um efeito duradouro sobre os humanos, pois a radiação UV é a maior causa de câncer de pele.

Uma substância química pode ser tanto boa quanto ruim. A única diferença é aonde e em qual concentração é encontrada. Por exemplo, uma pessoa pode ter uma overdose de água dependendo da quantidade que ele ou ela ingerir. O mesmo ocorre com o ozônio na estratosfera. Por um lado, ele nos protege da radiação UV prejudicial; por outro lado, pode ser irritante e destruir produtos emborrachados. (Veja, "Ar Marrom?" (Nevoeiro Fotoquímico) para detalhes).

Deixe meu Ozônio em paz: Spray de Cabelos, CFCs e Redução de Ozônio

A camada de ozônio absorve aproximadamente 99% da radiação ultravioleta enviada pelo sol que alcança a Terra. Ela nos protege dos efeitos de alta radiação ultravioleta, incluindo queimaduras de sol, câncer de pele, cataratas e envelhecimento precoce da pele. É por causa da camada de ozônio que podemos aproveitar raios solares sem proteção excessiva.

Como o ozônio (O_3) é formado? Bem, o oxigênio na *mesosfera* — a parte atmosférica da Terra entre a estratosfera e a termosfera, (a camada que se estende espaço a fora) — é dividido pela radiação ultravioleta em átomos de oxigênio altamente reativos. Esses átomos de oxigênio, combinados com moléculas de oxigênio na estratosfera formam o ozônio.

$$O_2(g) + \text{radiação ultravioleta} \rightarrow 2\ O(g)$$
$$O_2(g) + O(g) \rightarrow O_3(g)$$

Como uma sociedade, os humanos liberam muitos gases químicos na atmosfera, muitos destes gases químicos rapidamente se decompõem através de reações entre eles ou através de reações com vapor d'água na atmosfera, para formar componentes como ácidos que caem sobre a Terra através da chuva (veja "'Eu estou Derretennnnndo!' — chuva ácida", a seguir neste capítulo). Além de formar chuva ácida, alguns desses químicos também formam nevoeiro fotoquímico (veja "Ar marrom? (Nevoeiro fotoquímico)," a seguir neste capítulo).

Mas essas reações ocorrem um tanto rápidas e podemos lidar com elas de diferentes maneiras, muitas destas estão relacionadas ao impedimento de uma série de reações que produzem os poluentes, desta forma, impedindo a liberação de químicos no ar.

Algumas classes de componentes de gases químicos são *inertes* (inativos e não reativos) podendo permanecer em contato conosco por pouco tempo. Como estes componentes inertes ficam a solta, eles têm um efeito negativo sobre a atmosfera. Uma incômoda classe de componentes são os cloro-flúor-carbono, componentes gasosos compostos de cloro, flúor e carbono. Estes componentes são comumente chamados de CFCs.

Pelo fato dos CFCs serem relativamente não reativos, eles foram extensivamente usados no passado como refrigerantes, em refrigeradores e ar condicionados de automóveis (Freon-12), agente espumante para plásticos como Styrofoam, e propulsores para latas de aerosol, para bens de consumo como pulverizadores de cabelo e desodorantes. Como resultado, eles foram liberados na atmosfera em grande quantidade. Com o passar dos anos, os CFCs se difundiram na estratosfera e agora a estão estragando.

Como os CFCs agridem a camada de Ozônio?

Embora os CFCs não reajam muito quando estão próximos à Terra — são inertes — a maioria dos cientistas acredita que eles reagem com o ozônio na atmosfera e causam dano na camada de ozônio na estratosfera.

As reações ocorrem da seguinte maneira:

1. Um típico cloro-flúor-carbono, CF_2Cl_2, reage com a radiação ultravioleta e um átomo altamente reativo do cloro é formado.

    $CF_2Cl_2(g) + UV\ light \rightarrow CF_2Cl(g) + Cl(g)$

2. O átomo do cloro reativo reage com o ozônio na estratosfera para produzir moléculas de gás de oxigênio e óxido de cloro (ClO).

    $Cl(g) + O_3(g) \rightarrow O_2(g) + ClO(g)$

    Esta é a reação que destrói a camada de ozônio. Se as coisas parassem por aqui, o problema poderia ser mínimo.

3. O óxido de cloro (ClO) pode então reagir com outro átomo de oxigênio na estratosfera para produzir uma molécula de oxigênio e um átomo de cloro; a nova molécula de oxigênio e átomo de cloro estão agora preparados para iniciar um processo de destruição do ozônio novamente.

$$ClO(g) + O(g) \rightarrow O_2(g) + Cl(g)$$

Então, uma molécula de CFC pode iniciar um processo capaz de destruir várias moléculas de ozônio.

Mesmo prejudiciais, os CFCs ainda são produzidos?

O problema de redução da camada de ozônio foi identificado na década de 1970. Como resultado, os governos de muitos países industriais começaram a requerer a redução da quantidade de CFCs e *halogênio* liberados na atmosfera. (Halogênio, que contém bromo, além do flúor e do cloro, era comumente utilizado nos agentes extintores de fogo, especialmente nos extintores de incêndio usados próximos a computadores.)

O uso do CFCs foi banido como propulsores de latas de aerosol em muitos países e o CFCs usados na produção de plásticos e espumas foram recolhidos ao invés de lançados no ar. Leis foram promulgadas para garantir que os CFCs e halogênios usados como refrigerantes fossem recuperados durante as manutenções e reparos das unidades. Em 1991, Du Pont começou a produzir refrigerantes que não fossem prejudiciais à camada de ozônio. E em 1996, os Estados Unidos, com mais 140 países pararam de produzir clorofluorcarbono (CFC).

Infelizmente, estes componentes são extremamente estáveis. Eles permanecem em nossa atmosfera por muitos anos. Se o dano que o homem causou na camada de ozônio não fosse tão grande, ela poderia se recompor (como a pele nova que nasce para repor a queimada pelo sol). Mas isto poderia levar muitos anos até que a camada de ozônio retornasse a sua composição anterior.

Está quente Aqui para Você? (O efeito Estufa)

Quando a maioria das pessoas pensa sobre a poluição do ar, eles lembram de químicos como o monóxido de carbono, clorofluorcarbono ou hidrocarbonos. Sim, dióxido de carbono, um produto da respiração animal e um componente usado pelas plantas no processo de fotossíntese, pode também ser considerado poluente se apresentado em quantidades anormais.

No final da década de 1970 e inicio da década de 1980, os cientistas perceberam que a média de temperatura da Terra estava subindo. Eles detectaram que o aumento do dióxido de carbono (CO_2), e alguns outros gases, como o clorofluorcarbono (CFCs), metano (CH_4, um hidrocarbono) e vapor d'água (H_2O), eram responsáveis pelo pequeno aumento da temperatura através de um processo chamado *efeito estufa* (chamado assim porque o efeito gerado era muito parecido com o efeito das *paredes e telhados de vidros* nas estufas — os gases isolados são chamados de gases da estufa).

Aqui, mostramos como trabalha o efeito estufa: a radiação solar penetra na atmosfera da Terra, atingindo a Terra e a água. Parte desta energia solar é devolvida (refletida) para a atmosfera em forma de calor (raio infravermelho), que então é absorvido por alguns gases (CO_2, CH_4, H_2O e CFCs) na atmosfera. Estes gases, por sua vez, aquecem a atmosfera. Este processo ajuda a manter a temperatura da Terra e da atmosfera relativamente moderada e constante, que como resultado, não experimentamos alterações drásticas de temperatura no dia a dia. Então, no geral, o efeito estufa é uma coisa boa, e não ruim.

Mas se existir um excesso de dióxido de carbono e outros gases estufa, muito calor permanece preso na atmosfera. A atmosfera superaquece levando ao rompimento de muitos ciclos delicados da Terra. Este processo também é conhecido como *aquecimento global* e está ocorrendo com muita frequência na atmosfera terrestre.

Nós dependemos da queima de combustíveis fósseis (carvão, gás natural, ou petróleo) para ter energia. Nós queimamos carvão e gás natural para produzir eletricidade, nós queimamos gasolina nos motores de combustão, e queimamos gás natural, óleo, madeira e carvão para aquecer casas. Além do mais, processos industriais queimam combustíveis para gerar calor. Como resultado da queima de todos esses combustíveis fósseis, o nível de dióxido de carbono na atmosfera cresceu de 318 partes por milhão (ppm) em 1960 para 362 partes por milhão (ppm) em 1998. (Para discussão da unidade de concentração *ppm*, veja capítulo 11.) O excesso de dióxido de carbono levou a um aumento aproximado de meio grau na média da temperatura da atmosfera.

Meio grau de acréscimo na média da temperatura da atmosfera pode soar pouco, mas esta tendência de aquecimento global pode causar sérios efeitos em vários sistemas ecológicos do mundo:

- Esta elevação da temperatura da atmosfera pode derreter massas de gelo e causar aumento do nível do mar. O aumento do nível do mar pode resultar na diminuição da costa marítima (Houston pode transformar-se uma cidade litorânea) e tornar mais pessoas vulneráveis a *grandes ressacas* (aquelas extremamente destruidoras de água do mar que ocorrem durante grandes tempestades).
- a elevação da temperatura pode afetar o crescimento das plantas.
- pode aumentar a disseminação de doenças tropicais nas regiões tropicais do planeta.

Ar Marrom? (Nevoeiro Fotoquímico)

O Nevoeiro é uma palavra genérica usada para descrever a combinação de fumaça e neblina que, com frequência, atrapalha a respiração. Existem dois principais tipos de nevoeiros:

- Nevoeiro de Londres
- Nevoeiro fotoquímico

Nevoeiro de Londres

O Nevoeiro de Londres é uma mistura de gases atmosféricos como: nevoeiro, fuligem, cinza, ácido sulfúrico (H_2SO_4 — bateria ácida) e dióxido de enxofre (SO_2). O nome vem da poluição do ar que castigou Londres no início do século XX. A queima de carvão para aquecer a população da cidade causou esta fumaça. A mistura perigosa de gases e fuligem dos fogões e fornos de carvão matou mais de 8.000 pessoas na capital inglesa, em 1952.

Precipitações eletrostáticas e purificadores (Veja, "Carregue-os e descarregue-os: Precipitações Eletrostáticas" e "Água Lavável: pulverizadores," a seguir neste capítulo), combinados com filtros, têm sido eficientes na redução da liberação de fuligem, cinza e dióxido de enxofre na atmosfera e reduziu a ocorrência de nevoeiro em Londres.

Nevoeiro Fotoquímico

O Nevoeiro Fotoquímico é produzido depois que a luz do sol inicia certa reação química envolvendo hidrocarbonos e óxido de nitrogênios ainda não queimados (normalmente apresentados como NO_X — que é uma mistura do NO e do NO_2). O motor comum de automóveis produz ambos os componentes quando em funcionamento.

O Nevoeiro Fotoquímico é uma nevoa escura que se torna difícil enxergar em algumas cidades como Los Angeles, Salt Lake City, Denver e Phoenix. (Este nevoeiro é às vezes chamado de *Nevoeiro de Los Angeles* — algumas vezes nem a ensolarada Los Angeles escapa.) Estas cidades estão especialmente vulneráveis ao nevoeiro fotoquímico; elas têm um grande número de automóveis, que emitem o produto químico que reage para produzir o nevoeiro e são cercadas por montanhas. As montanhas e os ventos em direção ao ocidente criam uma condição ideal para inversões térmicas, que captura os poluentes próximos à cidade. (Numa *inversão térmica*, uma camada de ar quente movimenta-se sobre uma camada de ar frio. O ar quente captura o ar frio e seus poluentes próximos ao chão. Os gases poluentes são presos e não podem se mover para a atmosfera. Eles permanecem próximos a nós, humanos, causando todos os tipos de problemas.)

A química do Nevoeiro Fotoquímico ainda não é muito clara (fazendo um trocadilho), mas cientistas sabem o motivo do nevoeiro. O nitrogênio da atmosfera é oxidado com o óxido de nitrogênio decorrente da combustão interna nos motores e então liberados para atmosfera através dos sistemas de exaustão dos motores:

$$N_2(g) + O_2(g) \rightarrow 2\,NO(g)$$

O óxido de nitrogênio é oxidado para dióxido de nitrogênio pelo oxigênio da atmosfera:

$$2\,NO(g) + O_2(g) \rightarrow 2\,NO_2(g)$$

O dióxido de nitrogênio é um gás marrom. É irritante para os olhos e pulmões. Ele absorve a luz do sol e então produz óxido de nitrogênio e átomos de oxigênio altamente reativos:

$$NO_2(g) + \text{luz do sol} \rightarrow NO(g) + O(g)$$

Estes átomos de oxigênio reativos reagem rapidamente com moléculas de oxigênio diatômicas (dois átomos) no ar para produzir ozônio (O_3):

$$O(g) + O_2(g) \rightarrow O_3(g)$$

Este é o mesmo ozônio que age como um campo contra a radiação ultravioleta na estratosfera. Mas quando está muito baixo na Terra, age como um poderoso irritante para olhos e pulmões. Ele ataca a borracha, endurecendo-a, diminuindo a vida dos pneus dos automóveis e fechando o tempo. Também afeta plantações como as de tomate e tabaco.

Os hidrocarbonos não queimados pela exaustão dos automóveis, também reage com os átomos de oxigênio e ozônio para produzir uma variedade de aldeídos orgânicos que também são irritantes. Estes hidrocarbonos podem reagir com o diátomo de oxigênio e dióxido de nitrogênio para produzir peroxiaciacetilnitratos (PANs):

$$\text{Hidrocarbonos}(g) + O(g) + NO_2(g) \rightarrow PANs$$

Estes PANs também são irritantes de olhos e pulmões; eles tendem a ser muito reativos, causando danos aos organismos vivos.

A combinação do dióxido de nitrogênio marrom com o ozônio e os PANs é que formam o Nevoeiro Fotoquímico. E, infelizmente, seu controle tem sido difícil.

As emissões de automóveis têm sido monitoradas e controles rígidos estão sendo utilizados para minimizar a quantidade de hidrocarbonos não queimados liberados na atmosfera. O Ato do Ar Limpo de 1990 foi criado para ajudar a reduzir as emissões de hidrocarbonos provenientes de automóveis. O catalisador foi desenvolvido para ajudar a reagir o hidrocarbono não queimado e produzir uma emissão de dióxido de carbono e água menos perigosa. (Como um benefício, ele teve que ser eliminado da gasolina porque ela "envenenava" o catalisador tornando-o inútil. Uma grande campanha "mantenha o chumbo fora" removeu a maior fonte de metal pesado mortal do ambiente.)

Embora medidas como as dos conversores catalíticos e das latas de carbono ativado, usados para ajudar a reduzir os gases da gasolina, tenham sido um tanto eficazes, o nevoeiro fotoquímico ainda é um problema. Até que a humanidade descubra um substituto aceitável para a combustão interna dos motores ou um transporte em massa, o nevoeiro fotoquímico permanecerá por muitos anos.

"Eu estou Derretennnnndo!" — *Chuva Ácida*

A bruxa má no do Mágico de Oz foi dissolvida em água. Algumas vezes, ocorre o mesmo com edifícios por causa da ação da chuva ácida no concreto e mármore.

A água da chuva é naturalmente ácida (com pH inferior a 7) como resultado da dissolução do dióxido de carbono na umidade da atmosfera e da formação do ácido carbônico. (Veja o capítulo 12 para mais informações sobre o ácido carbônico e a escala de pH). Esta interação resulta em água de chuva com um pH aproximadamente 5.6. O termo *chuva ácida*, é usado para descrever a situação em que a chuva tem pH muito mais baixo (mais ácido) que pode ser explicado pela simples dissolução do dióxido de carbono. Especificamente, a chuva ácida é formada quando certo poluente na atmosfera, primeiramente o óxido do nitrogênio e do enxofre, dissolvem na umidade da atmosfera e cai sobre a Terra com um valor de pH baixo.

O óxido de nitrogênio (NO, NO_2, e assim por diante) é produzido naturalmente durante descargas de luz na atmosfera. Esta é uma forma que a natureza "fixa" o nitrogênio ou o coloca em uma forma que pode ser utilizado pelas plantas. De qualquer forma, o homem acrescenta muito óxido de nitrogênio na atmosfera local pelo uso de automóveis. A combustão interna dos motores promove reação entre os hidrocarbonos da gasolina com o oxigênio no ar, produzindo dióxido de carbono (e monóxido de carbono) e água. Mas o nitrogênio que está presente no ar (próximo de 78% do ar é nitrogênio) pode reagir com o oxigênio nas altas temperaturas do motor. Isto pode produzir óxido nítrico (NO), que então é liberado na atmosfera:

$$N_2(g) + O_2 \rightarrow 2\ NO(g)$$

Assim que o NO entra na atmosfera, ele reage com mais gases de oxigênio para produzir dióxido de nitrogênio (NO_2):

$$2\ NO(g) + O_2(g) \rightarrow 2\ NO_2\ (g)$$

O dióxido de nitrogênio pode então reagir com o vapor d'água na atmosfera para formar ácidos nítricos e nitrosos:

$$2\ NO_2(g) + H_2O\ (g) \rightarrow HNO_3(aq) + HNO_2\ (aq)$$

Esta solução de ácido diluída cai sobre a Terra na forma de chuva com um pH baixo — geralmente na escala de 4.0 para 4.5 (embora chuva com pH de 1.5 já tenha sido constatada).

Uma quantidade significativa de chuva ácida que cai no leste dos Estados Unidos é causada por óxido de nitrogênio, mas a chuva ácida no centro-oeste e oeste é causada principalmente por óxido de enxofre, que são gerados principalmente pelas estações de força e queima de carvão e óleo. Os componentes contidos no enxofre são considerados impurezas no carvão e no óleo, chegando algumas vezes a até 4% do peso. Estes componentes, quando queimados, produzem o gás de dióxido de enxofre (SO_2). Milhões de toneladas de SO_2 são liberados na atmosfera todos os anos pelas estações geradoras de força. O SO_2 reage com o vapor d'água na atmosfera para produzir ácido sulfuroso (H_2SO_3), e com o oxigênio na atmosfera para produzir o trióxido de enxofre (SO_3):

$$SO_2(g) + H_2O(g) \rightarrow H_2SO_3(aq)$$
$$2\ SO_2(g) + O_2(g) \rightarrow 2\ SO_3(g)$$

O trióxido de enxofre então reage com a mistura na atmosfera para produzir ácido sulfúrico (H_2SO_4), que é o mesmo ácido encontrado nas baterias de automóveis:

$$SO_3(g) + H_2O(g) \rightarrow H_2SO_4(aq)$$

Então o enxofre e o ácido sulfúrico que são dissolvidos na água da chuva formam a chuva ácida que cai sobre a Terra. Alguém quer um banho em ácido de bateria?

Os ácidos formados na atmosfera podem viajar por centenas de milhas antes de cair na Terra na forma de chuva ácida deixando sua marca em objetos e organismos com vida. O ácido da chuva reage com o ferro dos prédios e automóveis, causando a corrosão. O ácido também destrói os detalhes de trabalhos finos de arte quando em contato com estátuas de mármore e edifícios de concreto formando um componente solúvel que se desfaz. (Quer ver isto em ação? Coloque um pouco de vinagre, um ácido, em um pedaço de mármore e então veja as bolhas se formarem enquanto o ácido dissolve o mármore. Porém, cuidado. Não tente isto em algo valioso — tente talvez com aquele prato para queijo que a Tia Gertrude deu no Natal passado.)

Não é surpresa que a chuva ácida tenha efeito negativo na vegetação. A chuva ácida é a maior causa da morte de diversas árvores e até mesmo florestas. Mesmo que as árvores não morram imediatamente com a chuva ácida, o crescimento das florestas pode ser afetado. Este crescimento pode ser retardado pelos resíduos de alumínio que ficam no solo, que interferem na absorção dos nutrientes ou também pode ser retardado por uma bactéria encontrada no solo.

Além do mais, a chuva ácida tem alterado muitos ecossistemas de lagos no Canadá e nos Estados Unidos. Foram reportadas mortes de peixes e até a extinção de espécies de peixes em determinados lagos. De fato, ecossistemas de lagos inteiros foram destruídos pela chuva ácida.

Algumas medidas foram tomadas para reduzir a chuva ácida e seus efeitos. O aumento da eficiência dos combustíveis e as políticas de controle de poluição nos automóveis estão ajudando a reduzir a quantidade de óxido de nitrogênio liberada na atmosfera. Mas, combustíveis fósseis em estações de força produzem a maior quantidade de ácidos poluentes. Um número de controle foi adotado para diminuir a quantidade de gases contendo enxofre liberados na atmosfera, incluindo precipitadores eletrostáticos e purificadores, que serão discutidos a seguir. Porém, foram eficientes na redução da quantidade de material ácido liberado na atmosfera, mas muito tem que ser feito ainda para que o problema da chuva ácida seja reduzido a um nível viável.

Carregar e Descarregar: Precipitadores Eletrostáticos

Quando você era criança, já passou um pente pelo cabelo em uma manhã de um dia de inverno e então usou o pente para pegar pedaços de papel? Um precipitador eletrostático faz a mesma coisa.

O *Precipitador Eletrostático* dá uma carga elétrica negativa na partícula poluente. As laterais do precipitador têm carga positiva, de forma que as partículas negativas são puxadas para as paredes com carga positiva. Eles se prendem nas paredes e se acumulam lá. Então podem ser removidas (é como varrer a poeira para debaixo da cama).

Em um tipo de sistema de precipitadores eletrostáticos, o SO_2 produzido pela queima de combustíveis fósseis, reage com a cal (CaO) para produzir sulfito de cálcio ($CaSO_3$):

$$SO_2(g) + Cão(s) \rightarrow CaSO_3(s)$$

O então finalmente dividido sulfito de cálcio está eletrostaticamente precipitado e coletado. Pode, então, ser eliminado de forma adequada em um aterro químico.

Água Limpa: Purificadores

Os purificadores servem para remover as impurezas de gases poluentes através de um fino *spray* de água que prende os gases como uma solução gasosa ou os força a reagir com a mistura. O processo é semelhante a usar um *spray* da água para eliminar a poeira em regiões áridas.

Parte IV: Química no Cotidiano: Benefícios e Problemas

Você pode usar o purificador como um sistema eficiente para remover dióxido de enxofre forçando o SO_2 através de uma suspensão aquosa de hidróxido de magnésio, e convertendo-o para sulfato de magnésio, que pode facilmente ser coletado:

$$SO_2(g) + Mg(OH)_2(aq) \rightarrow MgSO_3(s) + H_2O(l)$$

A qualidade do ar está ficando melhor?

A qualidade do ar em cidades como Los Angeles tem melhorado nos últimos 15 anos. O controle de poluição reduziu o óxido de nitrogênio e os hidrocarbonos não queimados liberados pelos automóveis, e o nível de nevoeiro fotoquímico reduziu significativamente.

O controle de poluição também reduziu os níveis de dióxido de enxofre liberados pelas indústrias de energias, o que ajudou a baixar o índice de chuvas ácidas. Além do mais, a proibição dos CFCs liberados na atmosfera pode ter gerado um efeito na redução da camada de ozônio. Então, em muitos aspectos, a qualidade do ar está melhorando.

Porém, os humanos ainda estão liberando uma quantidade enorme de dióxido de carbono na atmosfera e usando uma grande quantidade de material vegetal e animal disponível na terra (biomassa). É esta biomassa que realmente tende a usar este dióxido de carbono em excesso.

O efeito sobre o meio ambiente é debatido diariamente. Todos concordam que os efeitos são negativos. É uma simples questão de redução. Se a humanidade fosse capaz de reduzir sua dependência em combustíveis fósseis para produção de eletricidade e calor pela utilização de luz solar, nuclear ou até fusão, então talvez seríamos capazes de avançar na redução das quantidades de dióxido de carbono eliminadas na atmosfera. Esta estratégia, combinada com a diminuição da destruição de florestas, pode controlar os problemas de aquecimento global.

Capítulo 19

Água Espessa Marrom? Poluição da Água

Neste Capítulo
▶ Entendendo de onde vem a nossa fonte de água
▶ Esclarecendo como a estrutura da água se torna vulnerável à poluição
▶ Verificando os diversos tipos de poluentes da água
▶ Descobrindo sobre o tratamento da água

A água é absolutamente necessária para nossa sobrevivência. Afinal de contas, o corpo humano é composto por aproximadamente 70 por cento de água. A maioria da água na Terra, no entanto, é encontrada como água do mar. Somente aproximadamente 2 por cento de água na Terra é potável e um pouco mais de três quartos desta quantia está em forma de gelo e geleiras. Mas é com esta pequena quantia de água fresca apropriada para beber (*água potável*), que a maioria das pessoas está preocupada.

Eu tenho certeza de que você está informado sobre a água que você bebe, sobre a água que você usa para tomar banho, cozinhar e aguar o seu gramado. A não ser que você more em uma zona rural, eu duvido que você se preocupe com a água utilizada para o desenvolvimento das plantas e animais que dependemos para alimentação.

Além disso, a água é usada para carregar produtos residuais de nossos lares e gerar energia. É também usada em reações químicas e em torres de refrigeração. E há a recreação — velejar, nadar e pescar. Tudo isso depende de uma fonte adequada de água pura.

Mas de onde vem a água? Como pode ser contaminada e como pode ser tratada? Estas são algumas das questões que eu cito neste capítulo. Então se acomode, pegue seu copo de água e mergulhe fundo.

De onde Vem a Nossa Água e para Onde Ela Está Indo?

A atual quantidade de água na Terra é relativamente constante, mas a sua localização e pureza podem variar. A água movimenta-se pelo ambiente pelo que pode ser chamado de *ciclo da água* ou ciclo hidrológico. A figura 19-1 demonstra o ciclo.

Evapore, Condense, Repita

A água evapora (passa do estado líquido ao gasoso quando aquecida) de lagos, córregos, oceanos, árvores e até humanos. Quando a água evapora, deixa para trás qualquer contaminação que possa ter acumulado. (É daí que vem o sal do nosso boné e bandana.) Este processo de evaporação é uma maneira da natureza de purificar a água.

O vapor d`água pode então viajar por muitas milhas ou pode permanecer relativamente localizado, dependendo dos ventos que prevaleçam. Mais cedo ou mais tarde, o vapor *condensa* (passa do estado gasoso para o líquido quando resfriado) e retorna para a terra em forma de chuva, neve ou chuva com neve.

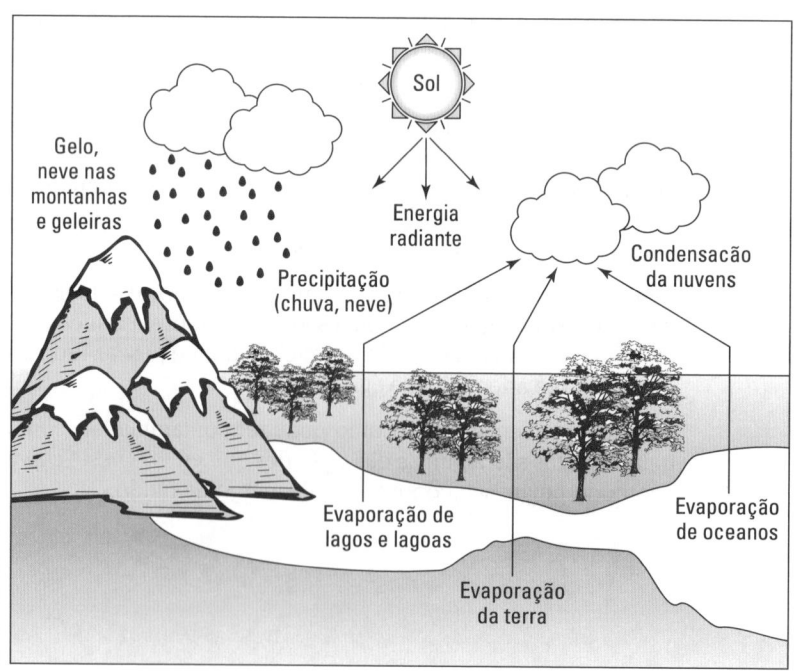

Figura 19-1: A água (ciclo hidrológico).

Para onde vai a água

A água pode cair e juntar-se a um lago ou córrego. Se isso ocorrer pode eventualmente encontrar seu caminho de volta ao mar. Se cair na terra, pode formar uma enxurrada e eventualmente encontrar um lago ou córrego, ou pode acumular dentro da terra e formar uma reserva de água. A camada porosa de terra e pedras que segura a reserva de água forma uma zona chamada de aquífero. Esta zona nos fornece uma boa fonte de reserva de água. Nós exploramos estes aquíferos usando poços.

As atividades humanas podem afetar este ciclo da água. Eliminando as vegetações, o número de enxurradas pode aumentar, causando a menor absorção de água pelo solo. As represas e os reservatórios feitos pelo homem aumentam a área superficial para evaporação da água. Explorar mais reservas de água do que reabastecê-las pode levar ao esgotamento dos aquíferos e conduzir a escassez de água. A sociedade pode contaminar a água de diversas formas, que passo a discutir neste capítulo.

Água: Uma Substância Muito Incomum

A água é uma molécula polar. O capítulo 7 aborda as moléculas polares em detalhes, mas aqui há uma rápida versão relacionada à água. O oxigênio na água (H_2O) possui uma maior *eletronegatividade* (atração pelo par de elétrons conectados) do que os átomos de hidrogênio, então os elétrons da ligação são puxados para mais próximos do oxigênio. A extremidade do oxigênio da molécula de água adquire então uma carga parcialmente negativa e o átomo de hidrogênio adquire uma carga parcialmente positiva. Quando o hidrogênio parcialmente carregado positivamente de uma molécula de água é atraído pelo oxigênio parcialmente carregado negativamente de uma outra molécula de água, é possível que haja uma melhor e mais forte interação entre estas moléculas de água. Esta interação é chamada de ligação de hidrogênio (H-ligação). Isto não deve ser confundido com uma *bomba* de hidrogênio. São duas coisas completamente diferentes. A figura 19-2 mostra a ligação de hidrogênio que ocorre na água.

A ligação de hidrogênio, causada pela ligação covalente polar das moléculas de água, dá a água algumas propriedades bastante incomuns:

- **A água possui uma alta tensão em sua superfície.** As moléculas de água na superfície da água são atraídas somente para baixo no corpo do líquido. As moléculas no corpo do líquido, por outro lado, são atraídas em diferentes direções. Insetos e pequenos lagartos podem andar sobre a água, pois eles não exercem força suficiente para quebrar a tensão da superfície. A alta tensão na superfície da água também significa que as taxas de evaporação são bem menores do que as esperadas.

- **A água permanece líquida a temperaturas comumente encontradas na Terra.** O ponto de fervura de um líquido está normalmente relacionado ao seu peso molecular. Substâncias que possuem peso molecular aproximado ao peso molecular da água (18 g/mol) fervem à temperaturas bem menores; estas substâncias tornam-se gases à temperatura ambiente.

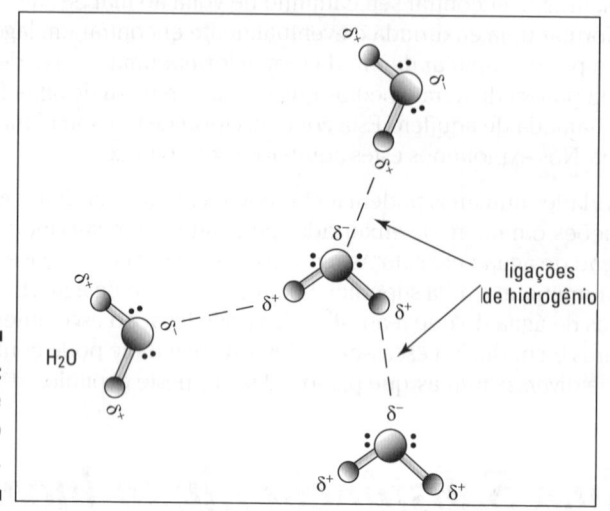

Figura 19-2: Ligação de hidrogênio na água.

- ✔ **O gelo, estado sólido da água, flutua ao ser colocado na água.** Normalmente, você deve pensar que um elemento sólido possui uma densidade maior do que o seu correspondente em líquido, pois as partículas estão mais próximas umas das outras no estado sólido. Quando a água congela, no entanto, há um maior número de ligações de hidrogênio que faz com que as moléculas se organizem gerando espaços largos no cristal de gelo, aumentando o seu volume. Então a densidade do gelo é menor do que a da água (veja a Figura 19-3). Esta propriedade de flutuação do gelo é uma das razões pela qual é possível existir vida na Terra, em toda sua diversidade e magnitude. Se o gelo fosse mais denso que a água, no inverno, a água da superfície dos lagos congelaria e afundaria. E mais água congelaria e afundaria e assim por diante. Logo, o lago estaria completamente congelado, destruindo a maioria dos seres vivos — como plantas e peixes. Ao contrário, o gelo flutua e forma uma camada isolante sobre a água, que permite a sobrevivência dos seres mesmo no inverno.

- ✔ **A água possui uma capacidade térmica relativamente alta.** A *capacidade térmica* de uma substância é a quantidade de calor que uma substância pode absorver ou liberar para alterar sua temperatura em 1 grau Celsius. A capacidade térmica da água é aproximadamente 10 vezes maior do que a do ferro e 5 vezes maior do que a do alumínio. Isso significa que os lagos e os oceanos podem absorver e liberar grandes quantidades de calor sem que haja uma mudança drástica na temperatura, equilibrando a temperatura na Terra. Os lagos absorvem o calor durante o dia e o libera a noite. Sem a alta capacidade térmica da água, a Terra passaria por drásticas oscilações na temperatura durante o ciclo dia/noite.

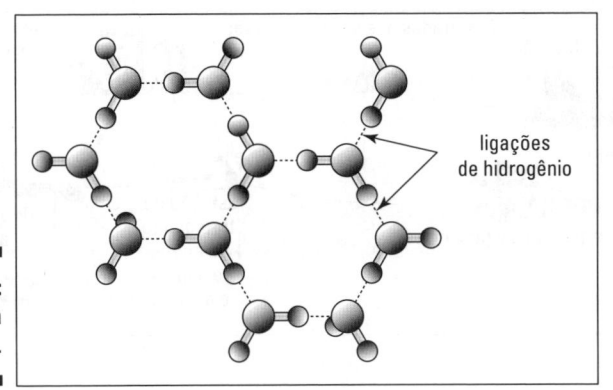

Figura 19-3: A estrutura do gelo.

ligações de hidrogênio

✔ **A água possui um alto calor latente de vaporização.** O calor latente de vaporização de um líquido é a quantidade de energia necessária para converter um grama de um líquido em gás. A água possui um calor latente de vaporização de 54 calorias por grama (veja o Capítulo 2 para mais informações sobre calorias e unidade métrica de calor). O alto calor latente de vaporização nos permite livrar-nos do calor corporal através da evaporação do suor da pele. Esta propriedade também ajuda a manter o clima na Terra relativamente moderado, sem variações extremas da temperatura.

✔ **A água é um excelente solvente para um grande número de substâncias.** De fato, a água é algumas vezes chamada de solvente universal, pois ela dissolve muitas substâncias. A água é uma molécula polar, então ela age como um solvente em soluções polares. Ela dissolve substâncias iônicas facilmente; as extremidades negativas das moléculas de água cercam os cátions (íons positivamente carregados), enquanto as extremidades positivas das moléculas de água cercam os ânions (íons negativamente carregados). (Vá ao Capítulo 6 para especificações sobre íons, cátions e ânions.) Com o mesmo processo, a água pode dissolver muitas substâncias covalentes polares, como álcoois e açúcares (veja o Capítulo 7 para mais destes tipos de substâncias). Esta é uma propriedade desejável, mas também significa que a água dissolve tantas outras substâncias que não são desejáveis por nós ou que tornam a água inútil. Nós agrupamos todas estas substâncias sob os termos de poluentes e contaminantes.

Eca! Alguns Poluentes Comuns da Água

Pelo fato da água ser um excelente solvente, ela facilmente adere substâncias indesejáveis de uma variedade de fontes. A figura 19-4 mostra algumas fontes de contaminação da água.

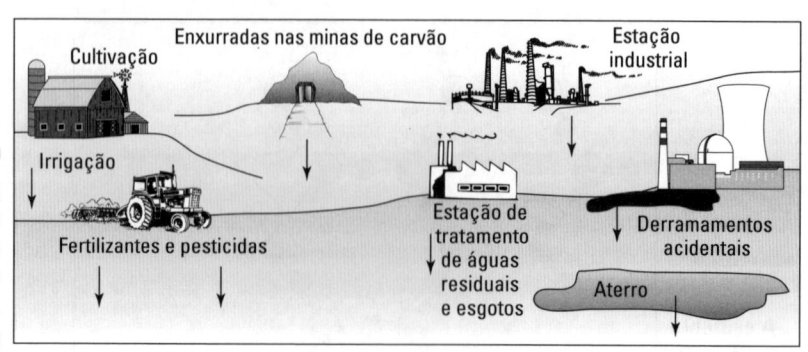

Figura 19-4: Algumas fontes poluidoras da água.

Eu chamo a Figura 19-4 de Local de Poluição, pois mostra diversas fontes poluidoras em um mesmo local. Naturalmente, você não encontrará esta quantidade de pontos poluentes tão próximos uns dos outros nos Estados Unidos.

As fontes poluentes são normalmente classificadas como pontos de fontes poluidoras e pontos de fontes não poluidoras:

- Os *pontos de fontes poluidoras* são pontos poluentes que possuem fontes identificáveis definidas. Descargas de uma indústria química ou o efluente de esgoto de uma estação de tratamento de águas residuais são exemplos comuns de pontos de fontes poluidoras. Os pontos de fontes poluidoras são fáceis de identificar, controlar e regular. A Agência de Proteção Ambiental (EPA) é a agência governamental que regulamenta os pontos de fontes poluidoras.

- Os *pontos de fontes não poluidoras* são fontes poluidoras difusas na natureza. Bons exemplos desse tipo de poluição são a contaminação da água causada pela enxurrada agrícola ou chuva ácida. Controlar e regulamentar este tipo de poluição é muito mais difícil, pois não há como identificar uma companhia em particular, ou indivíduo, como sendo o poluidor. Nos últimos anos, as agências do estado e federais tentam endereçar os pontos de fontes não poluidoras. O Plano de Ação de Purificação da Água de 1998 foi uma iniciativa focada nas bacias hidrográficas e enxurradas.

Nós ainda nem começamos: A contaminação por metais pesados

As fontes de água são severamente monitoradas em busca de metais pesados, pois estes tendem a ser muito tóxicos. As mais importantes fontes de contaminação por metais pesados incluem aterros, indústrias, agricultura, mineração e sistemas antigos de distribuição de água.

O chumbo é um tipo de metal pesado poluente que vem recebendo bastante atenção da imprensa nos últimos anos. Uma grande quantidade de chumbo entrou no ambiente pelo uso da gasolina: O tetraetil-chumbo, usado para elevar a octanagem da gasolina, foi oxidado no processo de combustão e uma grande quantidade de chumbo foi emitida pelo sistema de exaustão. As enxurradas, decorrentes das chuvas, levaram o chumbo para os córregos onde ficaram depositados. Outra fonte de chumbo foi decorrente da existência de tubulações antigas de edifícios municipais e residências. Essa tubulação era comumente unida por uma solda de chumbo, que era lavada com uma solução concentrada, que contaminava a água potável.

O mercúrio é liberado no ambiente aquático através de compostos de mercúrio utilizados no tratamento das folhas contra fungos e apodrecimento. As enxurradas nos campos levam os componentes de mercúrio para dentro das águas superficiais e algumas vezes para o fornecimento das reservas de água.

O automóvel é também uma fonte indireta de outro metal pesado contaminador, o cromo. Os compostos de crómio (como o CrO_4^{2-}) são usados nos chapeamentos de cromo de amortecedores e grades. Este chapeamento também requer o uso de cianeto iônico (CN^-), outro importante poluente. Estes contaminadores eram diretamente descarregados em córregos, mas agora eles passam por um pré-tratamento para que sejam reduzidos a uma forma menos tóxica ou precipitados (em forma sólida) e depositados nos aterros.

A mineração também agrava os problemas de poluição com metais pesados. Como há a extração da terra, depósitos de minerais, que contém metais, ficam expostos. Se as químicas usadas na extração de minérios ou depósitos de carvão são ácidas, então os metais dos minerais são dissolvidos e eles podem chegar às águas superficiais e algumas vezes até às reservas de água. Este problema, às vezes, é controlado por um processo que isola as minas de drenagem e então são tratadas para a retirada dos íons de metais.

Concentração biológica é um problema que ocorre quando as indústrias liberam íons de metais pesados nos canais de água. Como os íons de metais deslocam-se pelo ecossistema, eles tornam-se ainda mais concentrados. (O mesmo ocorre com os radioisótopos — veja o Capítulo 5 para detalhes.) Os íons podem ser liberados em um nível de concentração muito baixo, mas com o passar do tempo, eles movem-se na cadeia alimentar e sua concentração aumenta para um nível tóxico. Esta situação ocorreu em Minamata Bay, no Japão. Uma indústria estava despejando o metal mercúrio dentro da baía. Enquanto o metal se deslocava pelo ecossistema, estava se convertendo no mais tóxico composto de metilmercúrio. Pessoas morreram como resultado das toxinas e outras foram permanentemente afetadas.

Chuva Ácida

Óxidos de nitrogênio e enxofre podem combinar com a umidade da atmosfera para formar uma chuva extremamente ácida — chuva ácida.

Esta chuva pode afetar o pH de lagos e córregos e está relacionada a sérios danos de seres aquáticos. De fato, ela fez com que alguns lagos ficassem totalmente desprovidos de vida.

A chuva ácida é um bom exemplo de pontos de fontes não poluidoras. É difícil apontar uma única entidade responsável por sua causa. Os controles da poluição do ar diminuíram a quantidade de chuva ácida produzida, mas esta continua sendo sua principal causa. (Se você deseja obter mais informações sobre a chuva ácida, vá ao Capítulo 18.)

Agentes Infecciosos

Esta categoria de contaminação inclui bactérias de coliformes fecais e dejetos de aves e outros animais. A bactéria de coliformes fecais já causou grave problema nos Estados Unidos e na maior parte do mundo. Epidemia de tifóide, cólera e disenteria eram comuns. O tratamento do esgoto tem minimizado este problema nos países industrializados, mas ainda é considerado um sério problema nos países subdesenvolvidos.

Muitos estudiosos acham que mais de três quartos das doenças do mundo estão relacionadas à contaminação da água. E mesmo nos dias atuais, nos Estados Unidos, praias e lagos permanecem fechados em algumas circunstâncias devido à contaminação biológica.

O controle mais severo no tratamento municipal da água, tanques sépticos, e bueiros ajudarão a diminuir a contaminação biológica de nossa água.

Aterros e Esgotos

Aterros — tanto os públicos quanto os de alta periculosidade química — são a principal fonte de contaminação da reserva de água. Os aterros que são construídos hoje requerem um programa de ação especial para prevenir que materiais perigosos se introduzam nas reservas de água. Os equipamentos de monitoramento também são necessários para confirmar que materiais perigosos não vazem dos aterros. De qualquer forma, poucos aterros, nos Estados Unidos, possuem um programa de monitoramento.

Muitos aterros contêm compostos orgânicos voláteis. Este grupo químico inclui benzenos e toluenos (ambos cancerígenos), hidrocarbonetos clorados, como os tetracloretos de carbono, e o tricloroetileno, usado como solvente de lavagem a seco. Apesar destes componentes não serem tão solúveis na água, eles acumulam-se ao nível de partes por milhão. O seu efeito a longo prazo nos homens ainda é desconhecido.

A maioria das pessoas pensa em lixo tóxico devido aos dejetos industriais, mas o aterro municipal está tornando-se local de depósito de lixo doméstico. Todos os anos, toneladas dos seguintes materiais tóxicos são depositados em aterros comerciais:

- Baterias contendo materiais pesados como o mercúrio
- Tintas à base de óleo contendo solventes orgânicos
- Gasolina contendo solventes orgânicos
- Baterias de automóveis contendo ácido sulfúrico e chumbo
- Aquecedores contendo solventes orgânicos
- Inseticidas domésticos contendo solventes orgânicos e pesticidas
- Detectores de incêndio e fumaça contendo isótopos radioativos
- Removedor de esmaltes para unha contendo solventes orgânicos

Algumas cidades e estados estão tentando reduzir a quantidade de substâncias tóxicas liberadas no ambiente através da implantação de pontos especiais de coleta para materiais como motores usados. Mas muito ainda precisa ser feito.

Tanques subterrâneos de armazenagem são outra fonte de contaminação. O principal culpado? Os velhos tanques enferrujados para armazenar gasolina — especialmente de estações de abastecimento desativadas por muito tempo. É necessário que vaze menos de um galão de gasolina para que contamine o fornecimento de água de uma cidade de médio porte. Uma regulação federal recente tem exigido a identificação e substituição de tanques com vazamento, mas postos abandonados tornaram-se o principal problema. Estima-se que 200.000 tanques ainda precisem ser substituídos.

O problema de materiais perigosos em aterros e a contaminação do fornecimento de água levaram o Congresso norte-americano à instalação de um programa de financiamento. Este programa foi designado a identificar e limpar aterros e trincheiras potencialmente prejudiciais. Houve progresso, mas pode haver, ainda, mil trincheiras que precisam ser limpas custando caro para quem paga impostos.

As alternativas para os aterros são a reciclagem e a incineração. Alguns materiais que, com frequência, são depositados nos aterros podem ser reciclados — papel, vidro, alumínio e alguns plásticos, por exemplo — mas ainda é preciso fazer muita coisa. A incineração de alguns materiais pode contribuir para o processo de geração de energia. Os processos de incinerações modernos causam pouca poluição do ar.

A poluição da água pela agricultura

Muitos tipos de poluição da água estão associados à indústria de agricultura. Por exemplo, o uso excessivo de fertilizantes, que contém compostos de nitrato e fosfato, tem causado um aumento considerável no desenvolvimento de algas e plantas nos lagos e córregos. Este aumento pode interferir na normalidade dos ciclos que ocorrem nestes sistemas aquáticos, fazendo com que os mesmos desenvolvam-se precocemente — um processo conhecido como *eutroficação*.

Ainda, pesticidas usados no tratamento das colheitas podem entrar nas correntes de água. Estes pesticidas, especialmente os organofosforados, podem passar por acréscimo de concentrações biológicas (veja "Nós ainda não começamos: A contaminação por metais pesados," anteriormente neste mesmo capítulo). Muitos se lembram da notícia do impacto de DDT nos peixes e pássaros. Por causa dos efeitos do DDT, os Estados Unidos baniu o seu uso, mas ele ainda é manufaturado e vendido em diversos lugares no mundo.

O lançamento de resíduos de solo e de lama nos canais de água é outra forma de poluição que está associada à indústria agrícola. A Terra contaminada acumula-se na água e interfere nos ciclos naturais dos lagos e córregos. Ele também carrega substâncias químicas para dentro dos canais.

Poluindo com o calor: Poluição termal

As pessoas geralmente pensam que coisas como chumbo, mercúrio, componentes orgânicos tóxicos, são os principais poluentes. No entanto, o calor também pode ser um importante poluente. A solubilidade de um gás em um líquido diminui à medida que a temperatura aumenta (veja o Capítulo 13 para mais informações sobre a solubilidade dos gases). Isto significa que a água quando aquecida não possui tantos oxigênios dissolvidos quanto numa água resfriada. Como isto está relacionado à poluição? A quantidade de oxigênio na água afeta diretamente a vida aquática. A redução do conteúdo de oxigênios dissolvidos na água, causada pelo aquecimento, é chamada de *poluição termal*.

As indústrias, principalmente, as que geram energia elétrica, utilizam uma quantidade enorme de água para resfriar vapor e condensá-lo de volta à água. Essa água é geralmente recolhida de um córrego ou lago, usada no processo de resfriamento, e então retorna à sua origem. Se a água aquecida retornar diretamente para o lago ou córrego, o aumento da temperatura pode causar a diminuição dos níveis de oxigênio para abaixo dos exigidos para a sobrevivência de certas espécies de peixes. O aumento da temperatura pode também estagnar ou reprimir os ciclos naturais da vida aquática, como a desova dos peixes.

As regulamentações federais proíbem o retorno de águas aquecidas para os lagos e córregos. As indústrias resfriam a água através de seu armazenamento ou fazem com que percorram as torres de resfriamento, para liberar seu calor na atmosfera. Ambos os processos, no entanto, promovem a evaporação de uma grande quantidade de água. (E acredite em mim, há alguns lugares nos Estados Unidos que certamente não precisam aumentar sua umidade).

Usando o oxigênio

Se o material orgânico (como esgoto bruto, compostos orgânicos ou uma vaca morta) for parar na água, o mesmo deteriora-se. O processo de deterioração é basicamente a oxidação dos compostos orgânicos pela *bactéria aeróbica*, ou bactéria que consome o oxigênio, em moléculas mais simples como dióxido de carbono e água.

O processo requer oxigênio dissolvido (OD) da água. A quantia necessária para oxidar o material orgânico é chamada de *demanda biológica de oxigênio* (DBO) e é geralmente medida em partes por milhão (ppm) do oxigênio necessário. Se a DBO for muito alta, muito oxigênio dissolvido será usado e não sobrará oxigênio suficiente para os peixes. A morte de peixes ocorre, o que acaba aumentando ainda mais a DBO.

Em casos extremos, não há oxigênio suficiente para que a bactéria aeróbica sobreviva, então outro grupo de bactéria, bactéria anaeróbica, assume o papel de decompor o material orgânico. A bactéria anaeróbica, não utiliza o oxigênio da água; ela utiliza o oxigênio encontrado nos compostos orgânicos. A bactéria orgânica reduz os resíduos ao invés de oxidá-lo. (Veja o Capítulo 9 para uma análise sobre oxidação e redução). O ponto negativo é que a bactéria anaeróbica decompõe o material orgânico em compostos fedorentos, como sulfato de hidrogênio (H_2S), amônia e aminas.

Na tentativa de impedir a sobrecarga de DBO nos canais de água, a maioria das indústrias químicas pré-tratam seu lixo químico (normalmente com a oxidação) antes de liberá-los para a água. As cidades e centros urbanos fazem o mesmo nas suas estações de tratamento de efluentes e esgoto.

O Tratamento de Efluentes e Esgoto

Já foi o tempo em que as cidades e centros urbanos dos Estados Unidos podiam descarregar seu esgoto bruto nas vias públicas de água. Raramente, uma estação de tratamento passava por um mau funcionamento ou sobrecarga de dejetos chegando ao estado de calamidade e então precisavam descarregar seu esgoto bruto nas vias de água, mas estas situações ocorreram em um passado remoto.

Mas não é bem assim que acontece no restante do mundo. No sul da Ásia e grande parte da África, por exemplo, pouco esgoto é tratado. Mas nos Estados Unidos, o esgoto recebe pelo menos um tratamento primário, geralmente ele recebe ainda um segundo e terceiro tratamento. A Figura 19-5 mostra os tratamentos primário e secundário do esgoto.

Tratamento primário do esgoto

No tratamento primário do esgoto, o esgoto bruto é submetido à soluções e filtragem. O esgoto passa primeiramente através de uma grelha e por um sistema de tela para remover os ítens maiores. (Eu nem quero falar sobre isto.) Ele então passa por uma câmara de areia onde mais materiais são filtrados. Finalmente, ele vai para um tanque de decantação primário, onde o dejeto é tratado com soluções de sulfato de alumínio e hidróxido de cálcio. Estas duas soluções formam o hidróxido de alumínio, um precipitado gelatinoso (sólido) que acumula sujeiras e bactérias em seu processamento.

Este tratamento primário remove aproximadamente de 50 a 75 por cento dos sólidos, mas reduz em apenas 30 por cento a demanda biológica de oxigênio (DBO).

Se o esgoto for passar somente pelo tratamento primário, algumas vezes é acrescentado cloro para eliminar a maioria das bactérias, antes que a água residual volte aos canais. Mesmo assim ainda terá uma alta DBO. Se o canal de água for um lago ou um calmo córrego, então a alta DBO causará problemas — especialmente se várias cidades estiverem utilizando da mesma estação de tratamento. Os problemas podem ser evitados com o tratamento secundário do esgoto.

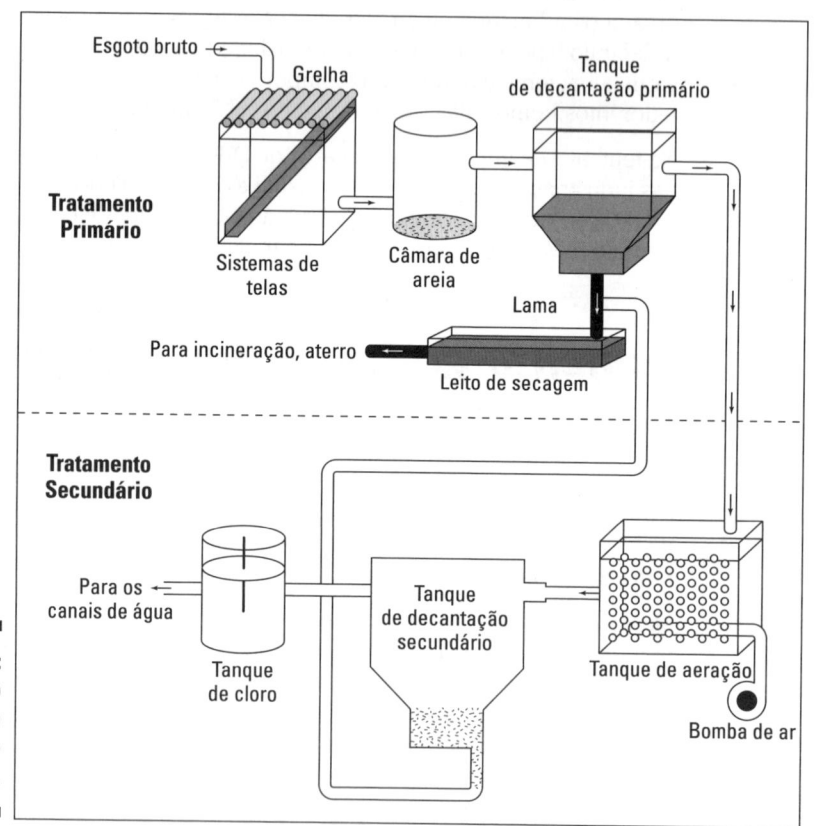

Figura 19-5: Tratamento primário e secundário do esgoto.

Tratamento secundário do esgoto

No tratamento secundário do esgoto, é dada a oportunidade às bactérias e microorganismos de decomporem os compostos orgânicos da água residual. Porque a bactéria aeróbica (bactéria que consome o oxigênio) produz produtos que são menos nocivos do que os produzidos pela bactéria anaeróbica (bactéria que usa o oxigênio dos compostos orgânicos ao invés do oxigênio da água), o esgoto é comumente aerado para que produza o oxigênio necessário.

Tanto o tratamento primário quanto o secundário produzem um material chamado lama, que é uma mistura de microorganismos vivos e mortos. A lama é seca e eliminada pela incineração ou depositada em um aterro. Pode ainda ser espalhado em certos tipos de plantações, onde age como fertilizante.

Mas mesmo o tratamento secundário não remove algumas substâncias que são potencialmente prejudiciais ao ambiente. Estas substâncias incluem alguns componentes orgânicos, alguns metais como alumínio e fertilizantes como fosfatos e nitratos. O tratamento terciário do esgoto pode remover estas substâncias.

Tratamento terciário do esgoto

O tratamento terciário do esgoto é essencialmente um tratamento químico que remove as finas partículas, nitratos e fosfatos, da água. O procedimento é ajustado de acordo com a substância específica a ser removida. A filtragem por carvão ativado, por exemplo, é usada para remover a maioria dos compostos orgânicos dissolvidos. E o alume ($Al_2(SO_4)_3$) é usado para precipitar íons de fosfato: dissolvendo e liberando o cátion alumínio.

$$Al^{3+} + PO_4^{3-} \rightarrow AlPO_4(s)$$

A mudança do íon (Capítulo 9) inverte a osmose e a destilação (Capítulo 15) é também usada ocasionalmente neste tipo de tratamento. Todos estes procedimentos são relativamente caros, então, o tratamento terciário só é feito se for realmente necessário.

Mesmo depois de terminado o tratamento terciário, a água residual ainda precisa ser desinfetada antes de ser liberada para os canais de água. Ela é comumente desinfetada borbulhando gás de cloro (Cl_2).

O cloro possui um agente oxidante extremamente poderoso. E é muito eficiente na eliminação de organismos responsáveis pela cólera, disenteria e tifóide. Mas o uso de cloro vem sendo questionado ultimamente. Se compostos orgânicos residuais estão na água residual, eles podem ser convertidos em hidrocarbonetos de cloro. Muitos destes componentes podem ser cancerígenos. Os níveis destes componentes estão sendo severamente monitorados durante os testes nas águas residuais.

O ozônio (O_3) também pode ser utilizado para desinfetar a água. Ele é eficiente na eliminação de vírus que o cloro não realiza. No entanto, possui alto custo e não promove a proteção residual contra as bactérias.

Bebendo a Água Tratada

Um dos privilégios que devemos aproveitar é a possibilidade de podermos tomar uma boa água. Muitas pessoas do mundo não são tão afortunadas como nós.

A água é retirada de um lago, córrego ou reservatório e é inicialmente filtrada para remover galhos, folhas, peixes mortos e outros. O aspecto turvo (nebuloso) comumente presente em um rio ou lago é eliminado através do tratamento com uma mistura de sulfato de alumínio e hidróxido de cálcio, que forma um hidróxido de alumínio gelatinoso que captura os sólidos suspensos. Este é basicamente o mesmo tratamento usado nas estações de tratamento (veja "Tratamento primário do esgoto").

Depois a água é filtrada novamente para remover a massa sólida das finas partículas (chamadas de flocos) que sobraram do tratamento de filtragem inicial. O cloro é adicionado para matar qualquer bactéria existente na água. Então, ela percorre um filtro de carvão ativado que absorve (retém na superfície) e elimina substâncias responsáveis pelo sabor, odor e coloração. O flúor pode ser acrescentado neste momento para prevenir problemas dentários. Finalmente, a água purificada é coletada em um tanque, pronta para o uso.

Parte V
A Parte dos Dez

A 5ª Onda — de Rich Tennant

>...isso me lembra a história de um matemático disléxico...

>Ah, não! De novo aquela piada sobre a teoria das perturbações transitórias independentes do tempo!

QUANTUM FEST

Nesta parte...

A química prospera nas descobertas. E algumas vezes, as descobertas são acidentais. O primeiro capítulo desta parte mostra as minhas dez favoritas descobertas acidentais. Eu também apresento dez grandes gênios da química e dez sites úteis de química que você pode acessar para expandir seu conhecimento.

Capítulo 20

Dez Descobertas Feitas por Acaso na Química

Neste Capítulo
▶ Descobrindo como algumas descobertas foram feitas
▶ Olhando para algumas pessoas famosas da ciência

*E*ste capítulo apresenta dez histórias de bons cientistas — indivíduos que descobriram algo que não sabiam que estavam procurando.

Archimedes: Peladão

Archimedes foi um matemático grego que viveu no terceiro século A.C. Eu sei que, supostamente, isto deveria ser sobre cientistas e não matemáticos, mas lá atrás, Archimedes estava mais próximo de ser um cientista do que se pode imaginar.

Hero, o rei de Siracusa, deu para Archimedes a tarefa de determinar se a sua nova coroa de ouro era composta de ouro puro, o que deveria ser, ou se o joalheiro substituiu a liga e embolsou o ouro restante. Agora, Archimedes sabia sobre densidade e sabia a densidade do ouro puro. Ele descobriu que se pudesse medir a densidade da coroa e comparasse a de ouro puro, ele saberia se o joalheiro foi desonesto. Embora ele soubesse como calcular o peso da coroa, ele não poderia descobrir como calcular seu volume para descobrir sua densidade.

Necessitando de um descanso, ele decidiu tomar banho numa banheira. Assim que pisou na banheira cheia e viu a água transbordar, ele notou que o volume do seu corpo que estava submerso era igual ao volume de água que transbordou. Ele teve a resposta para calcular o volume da coroa. Ele ficou tão entusiasmado que correu para casa despido pelas ruas e gritando "Eureka, eureka!" (eu encontrei!). E este método para determinar o volume de um sólido irregular é utilizado até hoje. (Desta forma, a coroa era uma liga e o joalheiro desonesto recebeu sua punição).

Vulcanização da Borracha

A borracha, na forma de látex, foi descoberta no início do século XVI, na América do Sul, mas ganhou pouca aceitação porque se tornava pegajosa e perdia sua forma com o calor.

Charles Goodyear estava tentando encontrar uma forma de tornar a borracha estável, quando acidentalmente derramou uma fornada de borracha misturada com enxofre em um fogareiro quente. Ele notou que o composto resultante não perdeu sua forma com o calor. Goodyear patenteou o *processo de vulcanização*, que é o processo químico usado para tratar petróleo, borracha sintética ou plástico, dando-lhes propriedades úteis como elasticidade, força e estabilidade.

Moléculas Canhotas e Destras

Em 1884, a indústria de vinhos francesa contratou Louis Pasteur para estudar um componente que permanece nos barris de vinho durante a fermentação — ácido racêmico. Pasteur sabia que o ácido racêmico era idêntico ao ácido tartárico, que era conhecido por ser *ativo ótico* — isto é, gira a luz polarizada em uma direção e outra.

Quando Pasteur examinou o sal do ácido racêmico em um microscópio, ele notou que dois tipos de cristais estavam presentes e que eram imagens idênticas um do outro. Usando um par de pinças, Pasteur cuidadosamente separou os dois tipos de cristais e determinou que ambos eram ativos óticos, girando a luz polarizada na mesma quantidade, porém, em direções diferentes. Esta descoberta abriu uma nova área da química e mostrou como a geometria molecular é importante para as propriedades da molécula.

William Perkin e uma Tintura Malva

Em 1856, William Perkin, um estudante da Faculdade Royal de Química, em Londres, decidiu ficar em casa durante um feriado de Páscoa e trabalhar no seu laboratório na síntese de quinina. (Garanto que trabalhar no laboratório não é o que meus estudantes fazem durante o feriado de Páscoa!)

Durante o curso de suas experiências, Perkin criou uma sujeira preta. Enquanto limpava o frasco de reação com álcool, ele notou que a sujeira dissolveu e deixou o álcool roxo — malva, de fato. Esta foi a síntese da primeira tintura artificial. Para sua sorte, malva era a cor daquele ano, e esta tintura rapidamente teve uma grande demanda. Então, Perkin deixou a escola e com a ajuda de parentes ricos, construiu uma fábrica de produção de tintura.

Agora, se isto fosse a história completa, teria pouco efeito na história. De qualquer maneira, os alemães viram o potencial nesta indústria química e investiram tempo e recursos neste negócio. Eles começaram construindo e investigando grandes fontes de componentes químicos e logo a Alemanha liderou o mundo na pesquisa e fabricação química.

Kekule: O Belo Sonhador

Friedrish Kekule, um químico alemão, estava trabalhando na fórmula estrutural do benzeno, C_6H_6, em meados da década de 1860. Numa noite, ele estava sentado em seu apartamento na frente do fogo. Ao começar a cochilar viu grupos de átomos dançando nas chamas como cobras. Então, repentinamente, uma das cobras caiu em torno dele fazendo um circulo ou um anel. Esta visão iniciou Kekule a uma plena consciência de que o benzeno tinha uma estrutura de anel. Ele passou toda a noite estudando as consequências de sua descoberta. O modelo de Kekule para o benzeno abriu o caminho para os estudos modernos de componentes aromáticos.

Descobrindo Radioatividade

Em 1856, Henri Becquerel estava estudando a *fosforescência* (ardente) de certos minerais quando expostos à luz. Em suas experiências, pegou uma amostra de mineral, colocou sobre uma placa fotográfica e a expôs à luz do sol.

Ele estava se preparando para conduzir um destes experimentos quando uma nuvem pesada atingiu Paris. Becquerel colocou uma amostra do mineral sobre a placa e guardou em uma gaveta para manter seguro. Dias depois, ao retomar seu experimento, para sua surpresa, encontrou a imagem brilhante do cristal, mesmo que não tenha sido exposta à luz do sol. A amostra de mineral continha urânio. Becquerel descobriu a radioatividade.

Encontrando Material realmente liso: Teflon

Roy Plunkett, um químico Du Pont, descobriu o Teflon em 1938. Ele estava trabalhando na síntese de novos refrigerantes. Ele tinha um tanque cheio de gás tetra-fluoroetileno no seu laboratório, mas quando abriu a válvula, nada saiu. Ele ficou pensando o que poderia ter ocorrido. Então, ele cortou a tampa do tanque e encontrou uma substância branca que era muito lisa e não reativa. O gás polimerizou dentro da substância que agora é chamada Teflon. Foi usada durante a segunda Guerra Mundial para fazer guarnições e válvulas para o processo da bomba atômica. Depois da guerra, Teflon encontrou sua utilidade na cozinha como revestimento antiaderente das panelas.

Lembretes e Adesivos

Em meados da década de 1970, um químico de nome Art Frey estava trabalhando para a 3M na divisão de adesivos. Frey, que cantou num coro, usava pequenos pedaços de papel para marcar quando fosse cantar no livro do coro, mas eles sempre caíam. Em algum momento, ele se lembrou de um adesivo que tinha sido desenvolvido, porém, foi rejeitado alguns anos antes por não prender muito bem as coisas. Em seguida, ele esfregou alguns destes "péssimos" adesivos em um pedaço de papel e descobriu que funcionava muito bem como marcador de livro — e se desprendia sem deixar resíduos. Com isso, surgiram estes pequenos adesivos amarelos para anotações que encontramos fixados em vários lugares.

Crescimento de Cabelo

No final da década de 1970, Minoxidil, patenteado por Upjohn, era usado para controlar pressão sanguínea alta. Em 1980, Dr. Anthony Zappacosta mencionou em uma carta publicada no *The New Englang Journal of Medicine* (Jornal de Medicina da Nova Inglaterra) que começou a nascer cabelo em um de seus pacientes quase calvo, que utilizava o Minoxidil para controle da pressão sanguínea.

Os dermatologistas tomaram nota, em especial a Dra. Virginia Fiedler-Weiss, que amassou alguns tabletes e fez uma solução receitando uso tópico para alguns pacientes. Funcionou em tantos casos que hoje o Minoxidil é um excelente tratamento para calvície.

Mais Doce do que Açúcar

Em 1879, um químico chamado Fahlberg estava trabalhando em uma síntese no laboratório. Acidentalmente, ele derramou em sua mão um de seus novos compostos e notou que era doce. (A Administração Ocupacional de Segurança e Saúde do Governo (OSHA) não teria amado isto!) Ele chamou esta nova substância de *sacarose*.

James Schlatter descobriu o mais doce aspartame enquanto trabalhava num composto usado na pesquisa da úlcera. Acidentalmente, ele derramou um pouco do éster que fez no seu dedo. Ele notou seu sabor adocicado enquanto lambia os dedos para pegar um pedaço de papel.

Capítulo 21

Os Dez Maiores Nerds da Química

Neste Capítulo
▶ Descobrindo como alguns cientistas influenciaram o campo da química
▶ Descobrindo alguns grandes inventos
▶ Aceitando o papel dos indivíduos na ciência

A ciência é uma iniciativa humana. Os cientistas contam com seu conhecimento, treinamento, intuição e premonições. (E como mostrei no capítulo 20, descobertas por acaso contam também com a sorte). Neste capítulo, introduzirei vocês aos dez cientistas que fizeram descobertas e que avançaram o campo da química. Existem, literalmente, centenas de escolhas, mas estas são as minhas para as dez melhores.

Amedeo Avogrado

Em 1811, Avogrado, um advogado italiano que se tornou cientista, estava investigando as propriedades dos gases quando derivou sua famosa lei: volumes iguais de quaisquer dois gases na mesma temperatura e pressão contêm o mesmo número de partículas. Através desta lei, o número de partículas em uma molécula de qualquer substância estava determinado. Foi nomeado constante de Avogrado. Qualquer estudante de química ou químico tem que saber a constante de Avogrado. Você sabe? Veja o capítulo 10 se não souber.

Niels Bohr

Niels Bohr, um cientista dinamarquês, observou que elementos, se aquecidos, emitem energia em um conjunto de linhas distintas chamadas espectro de linha, para desenvolver a ideia de que os elétrons podem existir apenas com certa distinção, em níveis discretos de energia no átomo. Bohr ponderou que as linhas espectrais resultaram da transição entre estes níveis de energia.

O modelo de átomo de Bohr foi o primeiro a incorporar a ideia de níveis de energia, um conceito que agora é aceito universalmente. Para este trabalho, Bohr recebeu o prêmio Nobel em 1922.

Marie (Madame) Curie

Madame Curie nasceu na Polônia, mas executou a maior parte do seu trabalho na França. Seu marido, Pierre, era um físico e ambos estavam envolvidos nos estudos iniciais de radioatividade. Marie descobriu que o minério pitchblende continha dois elementos mais radioativos que o urânio. Estes elementos são o polônio e o rádio. Madame Curie adotou o termo radioatividade. Ela e seu marido dividiram o prêmio Nobel com Henri Becquerel em 1903.

John Dalton

Em 1803, John Dalton introduziu a primeira teoria atômica moderna. Ele desenvolveu a relação entre elementos e átomos e estabeleceu que componentes eram combinações de elementos. Ele também introduziu o conceito de massa atômica.

Diferente de muitos cientistas que tiveram que esperar muitos anos para verem suas ideias aceitas, Dalton assistiu a comunidade cientifica abraçar suas teorias. As suas ideias explicaram muitas leis que já tinham sido observadas e lançou as bases para aspectos quantitativos da química. Nada mal para uma pessoa que começou a lecionar aos 12 anos de idade!

Michael Faraday

Michael Faraday fez uma tremenda contribuição para a área da eletroquímica. Ele adotou os termos: eletrolítico, ânion, cátion e eletrodo. Ele estabeleceu as leis que regem a eletrólise, descobriu que a matéria tem propriedades magnéticas e descobriu vários compostos orgânicos, incluindo o benzeno. Ele também descobriu o efeito da indução magnética. Lançou bases para o motor elétrico e o transformador. Sem as descobertas de Faraday, eu talvez tivesse escrito este livro com caneta de pena, à luz de velas.

Antoine Lavoisier

Antoine Lavoisier foi um cuidadoso cientista que fez observações detalhadas e planejou seus experimentos. Estas características permitiram que ele relacionasse o processo de respiração com o processo de combustão. Ele adotou o termo oxigênio para o gás que foi isolado por Priestly. Seus estudos o levaram à lei de conservação da matéria, que estabelece que a matéria não pode ser criada e nem destruída. Esta lei foi um instrumento para ajudar Dalton a descobrir sua teoria atômica. Lavoisier é algumas vezes chamado de o Pai da Química.

Dmitri Mendeleev

Mendeleev é considerado o criador da tabela periódica, uma ferramenta indispensável na química. Ele descobriu as similaridades nos elementos ao preparar um manual em 1869. Ele descobriu que se organizasse os elementos, então conhecidos, em ordem decrescente de peso atômico, um padrão de propriedades surgiria. Ele usou este conceito de *periodicidade* ou propriedades repetidas para desenvolver a primeira tabela periódica.

Mendeleev também reconheceu que existiam furos em sua tabela periódica, onde elementos desconhecidos deveriam ser encontrados. Baseado nas propriedades de periodicidade, Mendeleev previu as propriedades destes elementos. Mais tarde, quando o gálio e o germânio foram descobertos, cientistas descobriram que estes elementos continham propriedades muito próximas às supostas por Mendeleev.

Linus Pauling

Se o Lavoisier é o pai da química, então o Linus Pauling é o pai da Ligação Química. Suas investigações sobre a natureza exata de como a ligação dos elementos ocorriam, foram determinantes no desenvolvimento da compreensão moderna das ligações. O seu livro, *The Nature of the Chemical Bond* (A Natureza da Ligação Química), é um clássico no campo da química.

Pauling recebeu o prêmio Nobel em 1954 pelo seu trabalho com a química. Ele recebeu outro prêmio Nobel pela paz, em 1963, pelo seu trabalho na limitação dos testes com armas nucleares. Ele foi o único homem a receber dois prêmios Nobel. (Ele também é conhecido pela defesa do uso de grandes doses de vitamina C na cura de resfriados.)

Ernest Rutherford

Embora Rutherford seja melhor classificado como um físico, seu trabalho no desenvolvimento do modelo de átomo moderno permite-lhe ser classificado como químico.

Ele foi pioneiro no campo da radioatividade, onde descobriu e caracterizou as partículas alfa e beta — e por isto, recebeu um prêmio Nobel por este trabalho na química. Mas talvez ele seja mais conhecido por seus diversos experimentos, onde percebeu que os átomos são na maioria espaços vazios e que tinham que ter um centro denso e positivo, que hoje é conhecido por núcleo. Inspirados no Rutherford, muitos de seus ex-alunos receberam seus próprios prêmios Nobel.

Gleen Seaborg

Glenn Seaborg, enquanto trabalhava no projeto de Manhattan (que é o projeto da Bomba Atômica), ficou envolvido nas diversas descobertas dos elementos *transuranianos* — elementos onde o número atômico é maior que 92. Seaborg veio com a ideia de que os elementos Th, PA, e U estavam deslocados na tabela periódica e deveriam ser os três primeiros membros de uma série rara no âmbito dos lantanídeos.

Depois da segunda guerra mundial, ele publicou esta ideia que foi recebida com forte oposição. Ele foi alertado que poderia arruinar sua reputação como cientista se continuasse a expressar sua teoria. Mas, como ele disse, ele não tinha mais reputação científica naquele momento. Ele perseverou e provou que estava correto. Então recebeu o prêmio Nobel em 1951.

Aquela Garota no Primário Fazendo Experiências com Vinagre e Bicabornato de Sódio

Esta garota do primário representa todas as crianças, que todos os dias estão descobrindo grandes coisas. Elas exploram o mundo ao seu redor com lupa. Elas intervieram no ciclo da coruja para descobrir que animal ela comeu. Elas testaram ímãs. Elas observaram o nascimento de animais. Elas construíram vulcões com vinagre e fermento químico. Elas descobriram como a ciência é divertida.

Elas escutaram quando disseram que cientistas precisavam continuar tentando e que não poderiam desistir. Seus pais e professores as encorajaram. Elas não foram informadas de que não poderiam fazer ciência. Se fossem, não acreditariam.

Elas fazem perguntas, muitas perguntas. Elas amam a diversidade da ciência, e apreciam a sua beleza. Elas podem não se tornar cientistas profissionais, mas poderão sentar-se na mesa de jantar com seus filhos dando risadas sobre como construíram um vulcão de vinagre e fermento químico.

Capítulo 22
Dez Sites Úteis de Química

Neste capítulo
- Buscando sites relacionados à química
- Navegando nos sites pelas informações que você quer
- Navegando por links adicionais que encontrar

A internet é uma mina de ouro de informações úteis, mas também oferece muitas informações que podem ser descartadas. Neste capítulo, eu forneço alguns locais para você começar a busca por informações químicas interessantes. Como os sites vão e vêm, não estou prometendo que todos, ou mesmo um, estejam lá quando começar a procurar por eles, mas procurei escolher alguns que têm boas chances de estarem lá. (Embora eu conheça pessoas que desejem que o EPA saia da internet, é bem provável que ele ainda esteja lá.) Utilize os links adicionais que encontrar para diversificar e preencher seu interesse pela química.

Sociedade Americana de Química

www.acs.org/portal/chemistry

A sociedade Americana de Química (ACS) é a maior organização científica do mundo dedicada a uma única disciplina científica. Seu site oferece informações úteis e links para outros sites. Uma pesquisa sobre combustão química está disponível, junto com a molécula da semana. Existem links para novas histórias relacionadas com química e loja online (Se você desejar usar um béquer como copo de café — Eu tenho dois!), e links para várias divisões da Sociedade Americana de Química. Você até pode participar da ACS online.

Listas de Dados sobre Segurança dos Materiais (MSDS)

http://siri.uvm.edu/msds/

Material Safety Data Sheets (MSDS) proporcionam uma grande quantidade de informações sobre manuseios de segurança, controle de descarte, perigos para saúde e tudo mais para um químico. A maioria dos locais é obrigada por lei a manter um MSDS para cada produto químico em estoque. Neste site, você pode procurar por nome, produto ou número de registro CAS (Chemical Abstracts Service) para um MSDS de determinado compostos e então imprimir. Este site também oferece muitas informações sobre químicos, assim como outros links para outros sites MSDS e sites de referência de produtos químicos perigosos.

Agência de Proteção Ambiental dos EUA.

www.epa.gov/

Este é o site oficial da EPA. Possui links com muitas informações sobre Meio Ambiente, perigos químicos e mais. Você pode buscar por leis ambientais e regulamentações, ler os mais recentes artigos sobre leis ambientais e verificar o status das substâncias tóxicas que lideram. O site também possui uma seção para crianças, que explica as leis de forma apropriada para a idade. Você pode pedir as publicações da EPA online e obter material educativo também. Isto faz parte dos impostos que você paga — aproveite o máximo.

Chemistry.about.com

www.chemisty.about.com/

Este é um site comercial para várias idades. Tem uma seção sobre deveres de casa para os que estão no colegial e faculdade, uma descrição de brinquedos químicos, links para empresas que vendem equipamentos científicos: orgânico, físico, analítico e mais. Um dos links mais úteis é o chemistry clip art. Cuidado, este site pode ser frustrante devido à janela de propaganda que fica abrindo. Se você conseguir lidar com isto, ele será um site útil.

Webelements.com

www.webelements.com/

Este maravilhoso site inglês é organizado como a tabela periódica. Quer saber algo sobre o elemento Tântalo? E sobre o ósmio? Precisa do ponto de fusão do zinco? Basta clicar no elemento e você terá todas as propriedades físicas e componentes comuns — e na maioria dos casos, você tem uma fotografia disto. Este site também o mantém informado sobre a descoberta de novos elementos. Você pode até imprimir uma cópia da tabela periódica. Este site realmente deve pertencer a sua lista de favoritos.

Plastics.com

www.plastics.com/

Plastics.com é principalmente para aqueles que desejam aprender um pouco mais sobre plásticos ou estão na indústria do plástico. Este site possui inúmeros artigos sobre os novos acontecimentos da indústria e você pode ter informações sobre diversos tipos de plásticos. Este site é ótimo para quem está se preparando para uma entrevista em uma empresa relacionada ao assunto.

Webbook

http:webbook.nist.gov/

Este site do Instituto Nacional de Padrões e Tecnologias é uma ótima fonte de milhares de componentes químicos. Você pode acessar os dados das Termoquímicas (informações sobre a relação de calor nas reações químicas) em mais de 6.000 compostos orgânicos e inorgânicos, informações sobre infravermelho, espectro de massa (o espectro de uma corrente de íons gasosos separados de acordo com sua massa e carga — é uma forma de identificar a constituição química de uma substância), ultravioleta e espectros visíveis (UV/Vis) (outra forma para determinar a estrutura da molécula usando energia) para numerosos compostos. Você pode buscar as informações por nome, fórmula, peso da molécula ou inúmeras outras propriedades.

Chemclub.com

www.chemclub.com/

ChemClub é um site comercial que promove acesso em larga escala a informações sobre química em geral. Existem inúmeros links para encontrar programas de busca, eventos atuais relacionados à química e mais. Este site bem desenvolvido é muito útil para químicos profissionais e membros do público que querem uma visão geral da indústria química.

Instituto de Educação Química

```
http:ice.chem.wisc.edu/
```

O Instituto de Educação Química (ICE) é associado à Universidade de Wisconsin. Sua ênfase principal está em treinar professores em atividade. O site do instituto tem links para outros sites de educação em química. Informações sobre oficinas e outras apresentações estão disponíveis também.

O Exploratório

```
www.exploratorium.edu/
```

O exploratório, "Museu da ciência, arte e percepção humana", em São Francisco, Califórnia, é um dos principais museus de ciência dos EUA. Este site é voltado para crianças e famílias. É atualizado diariamente com novos artigos e eventos. Você poderá descobrir a ciência por trás do baseball, hockey e outros esportes! Características da ciência. O site tem muitas atividades para crianças e adultos em todas as áreas da ciência. As publicações do Exploratório têm sido as minhas favoritas durante anos.

Apêndice A
Unidades Científicas: o Sistema Métrico

A maioria dos trabalhos químicos envolve medição — coisas como massa, volume ou comprimento de uma substância.

Como os químicos têm que estar aptos a comunicar suas medidas para outros cientistas e para todo o mundo, eles precisam falar numa mesma linguagem de medidas. Esta linguagem é o sistema de medidas SI (do Sistema Internacional Francês), normalmente chamado de sistema métrico. Existem realmente pequenas diferenças entre o SI e o sistema Métrico, mas, para a maioria, eles são permutáveis.

O sistema SI é um sistema decimal. Há unidades básicas para massa, comprimento, volume e assim por diante e há os prefixos que modificam as unidades de base. Por exemplo, *Quilo(Kg)* significa 1.000; um quilograma são 1.000 gramas e um quilômetro significa 1.000 metros.

Este apêndice lista os prefixos do SI, unidades básicas para quantidades físicas no sistema SI e algumas conversões úteis em inglês.

Prefixos SI

Use a tabela A-1 como referência para as abreviações e significados de vários prefixos SI.

Tabela A-1	Prefixos SI (Métrico)	
Prefixo	*Abreviação*	*Significado*
Tera-	T	1.000.000.000.000 ou 10^{12}
Giga-	G	1.000.000.000 ou 10^{9}
Mega-	M	1.000.000 ou 10^{6}
Quilo-	K	1.000 ou 10^{3}
Hecto-	H	100 ou 10^{2}
Deca-	Da	10 ou 10^{1}

(continuação)

Tabela A-1 *(continuação)*

Prefixo	Abreviação	Significado
Deci-	D	0,1 ou 10^{-1}
Centi-	C	0,01 10^{-2}
Mili-	M	0,001 ou 10^{-3}
Micro-	µ	0,000001 ou 10^{-6}
Nano-	N	0,000000001 ou 10^{-9}
Pico-	P	0,000000000001 ou 10^{-12}

Comprimento

A unidade base para comprimento no sistema SI é o metro. A definição exata de metro tem mudado ao longo dos anos, mas agora é definida como a distância que a luz percorre num vácuo em 1/299.792.458 de um segundo. Aqui estão algumas unidades SI para comprimento.

1 milímetro (mm) = 1.000 micrômetros (µm)

1 centímetro (cm) = 10 milímetros (mm)

1 metro (m) = 100 centímetros (cm)

1 quilômetro (km) = 1.000 metros (m)

Algumas conversões de comprimento do sistema SI em inglês são:

1 miles - milhas (mi) = 1,61 quilômetros (km)

1 yard - jarda (yd) = 0,914 metros (m)

1 inch - polegada (in) = 2,54 centímetros (cm)

Massa

A unidade base para massa no sistema SI é o *quilograma*. É o peso de uma barra padrão de irídio e platina encontrada na Agência Internacional de Pesos e Medidas. Aqui estão algumas unidades SI para massa:

1 miligrama (mg) = 1.000 micro gramas (µg)

1 grama (g) = 1.000 miligramas (mg)

1 quilograma (kg) = 1.000 gramas (g)

Algumas conversões de massa do sistema SI em inglês são:

1 pound - libra (lb) = 454 gramas (g)

1 ounce - onça (oz) = 28,4 gramas (g)

1 pound - libra (lb) = 0,454 quilogramas (kg)

1 grain - grão (Gr) = 0,0648 gramas (g)

1 carat - quilate (car) = 200 miligramas (mg)

Volume

A unidade base para volume no sistema SI é o *metro cúbico*. Mas normalmente os cientistas usam o litro. Um litro é 0,001 m^3. Aqui estão algumas unidades SI para volume:

1 mililitro (mL) = 1 centímetro cúbico (cm^3)

1 mililitro (mL) = 1.000 micro litros (μL)

1 litro (L) = 1.000 mililitros (mL)

Algumas conversões de volume do sistema SI em inglês são:

1 quart – quarto (qt) = 0,946 litros (L)

1 pint – quartilho (pt) = 0,473 litros (L)

1 fluid ounce – onça fluída (fl oz) = 29,6 mililitros (mL)

1 gallon – galão (gal) = 3,78 litros (L)

Temperatura

A unidade base para temperatura no sistema SI é o *Kelvin*. Aqui estão as três maiores fórmulas de conversão da temperatura:

Celsius para Fahrenheit: °F = (9/5) °C + 32

Fahrenheit para Celsius: °C = (5/9) (°F-32)

Celsius para Kelvin: °K = °C + 273

Pressão

A unidade base para pressão no sistema SI é o *pascal*, onde 1 pascal equivale a 1 Newton por metro quadrado. Mas pressão também pode ser expressa por um número de diversas formas, então aqui estão algumas conversões para pressão:

1 milímetro de mercúrio (mm Hg) = 1 torr

1 atmosfera (atm) = 760 milímetros de mercúrio (mm Hg) = 760 torr

1 atmosfera (atm) = 29,9 polegadas de mercúrio (in Hg)

1 atmosfera (atm) = 14,7 libras por polegada quadrada (psi)

1 atmosfera (atm) = 101 quilopascals (kPa)

Energia

A unidade base para energia (sendo uma forma de calor) no SI é o *joule*, mas a maioria continua utilizando a unidade métrica do calor, *a caloria*. Aqui estão algumas conversões da energia:

1 caloria (cal) = 4,184 joules (J)

1 caloria-alimento (Cal) = 1 quilocaloria (kcal) = 4.184 joules (J)

1 British Thermal Unit (BTU) = 252 calorias (cal) = 1.053 joules (J)

Apêndice B
Como Lidar com Números Realmente Grandes ou Realmente Pequenos

Aqueles que trabalham com química ficam à vontade trabalhando com números muito grandes ou muito pequenos. Por exemplo, quando químicos falam sobre o número de moléculas da sacarose, em um grama de açúcar em tablete, eles falam sobre um número muito grande. Mas quando falam o quanto pesa em gramas uma única molécula de sacarose, eles falam de números muito pequenos. Os químicos poderiam usar expressões regulares na escrita usual, mas se tornariam muito volumosos. É muito mais fácil e rápido usar o exponencial ou notação científica.

Notação Exponencial

Na notação exponencial, um número é representado como um valor elevado a dez. O ponto decimal pode ser localizado em qualquer lugar com o número, contanto que o número elevado a dez esteja correto. Na *notação científica*, o ponto decimal é sempre localizado entre o primeiro e o segundo dígito — e o primeiro dígito tem que ser um número diferente de zero.

Suponhamos, por exemplo, que você tenha um objeto cujo comprimento em metros é 0,00125. Você pode expressar este número em uma variedade de formas exponenciais:

0,00125 m = 0,0125 × 10^{-1} m, ou 0,125 × 10^{-2} m, ou 1.25 × 10^{-3} m, ou 12,5 × 10^{-4} m, e assim por diante.

Todas estas formas estão matematicamente corretas como números expressados em notação exponencial. Na notação científica, o ponto decimal é colocado de forma que exista um dígito diferente de zero à esquerda do ponto decimal. No exemplo anterior, o número expressado em notação científica é 1,25 × 10^{-3} m. A maioria dos cientistas automaticamente expressam seus números em notação científica.

Aqui estão algumas potências de dez positivas e negativas e seus números que representam:

$1 \times 10^0 = 1$

$1 \times 10^1 = 10$

$1 \times 10^2 = 1 \times 10 \times 10 = 100$

$1 \times 10^3 = 1 \times 10 \times 10 \times 10 = 1.000$

$1 \times 10^4 = 1 \times 10 \times 10 \times 10 \times 10 = 10.000$

$1 \times 10^5 = 1 \times 10 \times 10 \times 10 \times 10 \times 10 = 100.000$

$1 \times 10^{10} = 1 \times 10 \times 10 \times 10 \times 10 \times 10 \times 10 \times 10 \times 10 \times 10 = 10.000.000.000$

$1 \times 10^{-1} = 1/10 = 0,1$

$1 \times 10^{-2} = 1/100 = 0,01$

$1 \times 10^{-3} = 1/1000 = 0,001$

$1 \times 10^{-10} = 1/10.000.000.000 = 0,0000000001$

Adição e Subtração

Para somar ou subtrair números no exponencial ou notação científica, ambos os números têm que ter a mesma potência em dez. Se não, você deve converter para a mesma potência. Aqui está um exemplo de adição:

$(1,5 \times 10^3 \text{ g}) + (2,3 \times 10^2 \text{ g}) = (15 \times 10^2 \text{ g}) = (2,3 \times 10^2 \text{ g}) =$
$17,3 \times 10^2$ g (notação exponencial) = $1,73 \times 10^3$ g (notação científica)

A subtração é feita exatamente da mesma forma.

Multiplicação e Divisão

Para multiplicar números expressados em notação exponencial, multiplicam-se os coeficientes (os números) e somam-se os expoentes (potência de dez):

$(9,25 \times 10^{-2} \text{ m}) \times (1,37 \times 10^5 \text{ m}) = (9,25 \times 1,37) \times 10^{(-2+-5)} = 12,7 \times 10^{-7} = 1,27 \times 10^{-6}$

Para dividir números expressados em notação exponencial, dividem-se os coeficientes pela potência e então multiplica-se o expoente pela potência:

$(8,27 \times 10^5 \text{ g}) \div (3,25 \times 10^3 \text{ mL}) = (8,27 \div 3,25) \times 10^{5-3}$ g/mL $= 2,54 \times 10^2$ g/mL

Apêndice B: Como Lidar com Números Realmente Grandes ou Pequenos

Elevando um Número a uma Potência

Para elevar um número em notação exponencial a uma certa potência, eleve o coeficiente para a potência e então multiplique o expoente pela potência:

$$(4{,}33 \times 10^{-5} \text{ cm})^3 = (4{,}33)^3 \times 10^{-5 \times 3} \text{ cm}^3 = 81{,}2 \times 10^{-15} \text{ cm}^3 = 8{,}12 \times 10^{-14} \text{ cm}^3$$

Usando a Calculadora

A calculadora científica simplifica o trabalho na hora dos cálculos. Elas permitem que você tenha mais tempo para pensar no problema em si.

Você pode usar a calculadora para somar ou subtrair números em notação exponencial sem ter que, primeiramente, convertê-los para a mesma potência de dez. O único cuidado que deve ser tomado é aplicar o número exponencial corretamente. Eu vou mostrar a você como fazer isso agora mesmo:

Eu presumo que a sua calculadora tenha uma tecla *EXP*. O EXP representa × 10. Depois de pressionar a tecla EXP, você aplica a potência. Por exemplo, para o cálculo $6{,}25 \times 10^3$, você digita 6,25, pressiona a tecla EXP e então digita 3.

E no caso de um expoente negativo? Se você quiser calcular o número $6{,}05 \times 10^{-12}$, digite 6,05, pressione a tecla EXP, digite 12 e então pressione a tecla +/-.

LEMBRE-SE

Quando usar a sua calculadora científica, *não* digite × *10* para seu número exponencial. Pressione a tecla EXP para realizar o cálculo.

Apêndice C
Método de Conversão de Unidade

*V*ocê descobrirá como nem sempre é simples organizar um problema químico para conseguir resolvê-lo. A calculadora científica fará os cálculos, mas não dirá a você o que você deverá multiplicar ou dividir.

É por isso que você deve conhecer o *método de conversão de unidade*, que às vezes é chamado de método fator de rotulação. Ele irá ajudar você a organizar os problemas químicos e calculá-los corretamente. Duas regras básicas estão associadas ao método de conversão de unidade:

- **Regra 1:** Sempre escreva a unidade e o número associado a unidade. Raramente na química você terá um número sem a unidade. PI é a principal exceção que me vem à mente.
- **Regra 2:** Carregue a operação matemática *com* as unidades, cancelando as mesmas até que você termine com a unidade que você deseja na resposta final. Em cada passo, você deve ter uma conclusão matemática correta.

Que tal um exemplo para que você possa ver estas regras na prática? Suponha que você tenha um objeto viajando a 75 milhas por hora e você deseja calcular esta velocidade em quilômetros por segundo. O primeiro passo é anotar os valores iniciais:

$$\frac{75 \text{ mi}}{1 \text{ hr}}$$

Note que pela regra #1, a equação mostra a unidade e o número associado a mesma.

Agora converta as unidade de milhas (mi) para pés (ft), cancelando as unidades de milhas (mi) de acordo com a regra #2:

$$\frac{75 \text{ mi}}{1 \text{ hr}} \times \frac{5.280 \text{ ft}}{1 \text{ mi}}$$

Em seguida, converta pés (ft) em polegadas (in):

$$\frac{75 \text{ mi}}{1 \text{ hr}} \times \frac{5.280 \text{ ft}}{1 \text{ mi}} \times \frac{12 \text{ in}}{1 \text{ ft}}$$

Converta polegadas (in) em centímetros (cm):

$$\frac{75 \text{ mi}}{1 \text{ hr}} \times \frac{5.280 \text{ ft}}{1 \text{ mi}} \times \frac{12 \text{ in}}{1 \text{ ft}} \times \frac{2,54 \text{ cm}}{1 \text{ in}}$$

Converta centímetros (cm) em metros (m):

$$\frac{75 \text{ mi}}{1 \text{ hr}} \times \frac{5.280 \text{ ft}}{1 \text{ mi}} \times \frac{12 \text{ in}}{1 \text{ ft}} \times \frac{2,54 \text{ cm}}{1 \text{ in}} \times \frac{1 \text{ m}}{100 \text{ cm}}$$

E converta metros (m) em quilômetros (km):

$$\frac{75 \text{ mi}}{1 \text{ hr}} \times \frac{5.280 \text{ ft}}{1 \text{ mi}} \times \frac{12 \text{ in}}{1 \text{ ft}} \times \frac{2,54 \text{ cm}}{1 \text{ in}} \times \frac{1 \text{ m}}{100 \text{ cm}} \times \frac{1 \text{ km}}{1000 \text{ m}}$$

Pare e alongue-se. Agora você pode começar a trabalhar nos denominadores da fração original convertendo horas em minutos:

$$\frac{75 \text{ mi}}{1 \text{ hr}} \times \frac{5.280 \text{ ft}}{1 \text{ mi}} \times \frac{12 \text{ in}}{1 \text{ ft}} \times \frac{2,54 \text{ cm}}{1 \text{ in}} \times \frac{1 \text{ m}}{100 \text{ cm}} \times \frac{1 \text{ km}}{1000 \text{ m}} \times \frac{1 \text{ hr}}{60 \text{ min}}$$

Depois, converta minutos (min) em segundos (s):

$$\frac{75 \text{ mi}}{1 \text{ hr}} \times \frac{5.280 \text{ ft}}{1 \text{ mi}} \times \frac{12 \text{ in}}{1 \text{ ft}} \times \frac{2,54 \text{ cm}}{1 \text{ in}} \times \frac{1 \text{ m}}{100 \text{ cm}} \times \frac{1 \text{ km}}{1000 \text{ m}} \times \frac{1 \text{ hr}}{60 \text{ min}} \times \frac{1 \text{ min}}{60 \text{ s}}$$

Agora que você tem as unidades em quilômetros por segundo (km/s), você pode fazer o cálculo para obter a resposta:

0,033528 km/s

Note que você pode arredondar sua resposta para o número correto de algarismos significativos. O apêndice D lhe dá detalhes de como fazer isso, se você estiver interessado. O arredondamento da resposta deste problema é:

0,034 km/s ou $3,4 \times 10^{-2}$ km/s

Note que, apesar da estrutura do problema acima estar correta, certamente esta não é a única forma correta para resolvê-lo. Dependendo dos fatores de conversão que você conhece e usa, poderão haver várias formas corretas de estruturar o problema e conseguir a resposta correta.

Agora eu quero mostrar para você um outro exemplo para ilustrar um ponto adicional. Suponha que você tenha um objeto com uma área de 35

Apêndice C: Método de Conversão de Unidade

polegadas quadradas e você quer descobrir a medida desta área em metros quadrados. Novamente, o primeiro passo é anotar os valores iniciais:

$$\frac{35{,}0\ in^2}{1}$$

Agora converta polegadas em centímetros, mas lembre-se que você tem que cancelar as polegadas *quadradas*. Você deve elevar ao quadrado as polegadas na nova fração e se você elevar ao quadrado a unidade, você também deverá elevar ao quadrado o número. E se você elevar ao quadrado o denominador, você deverá elevar ao quadrado o numerador também:

$$\frac{35{,}0\ \cancel{in^2}}{1} \quad \frac{(2{,}54\ cm)^2}{(1\ \cancel{in})^2}$$

Agora faça a conversão de centímetros quadrados para metros quadrados na mesma forma:

$$\frac{35{,}0\ \cancel{in^2}}{1} \times \frac{(2{,}54\ \cancel{cm})^2}{(1\ \cancel{in})^2} \times \frac{(1\ m)^2}{(100\ \cancel{cm})^2}$$

Agora que você tem as unidades em metros quadrados (m^2), você pode fazer o cálculo para obter a sua resposta:

0,0225806 m^2

E se você quiser arredondar a sua resposta para o número correto de algarismos significativos (veja o apêndice D para detalhes), você terá:

0,023 m^2 ou 2,3 × 10^{-2} m^2

Com um pouco de prática, você irá realmente gostar e apreciar o método de conversão de unidades. Fui surpreendido durante o meu curso de introdução à física!

Apêndice D
Algarismos Significativos e Arredondamento

Algarismos Significativos são o número de dígitos que constam na resposta final do problema matemático que você está calculando. Se eu lhe dissesse que um estudante determinou que a densidade de um objeto é de 2,3 g/mL, e um outro estudante descobriu que a densidade do mesmo objeto é de 2,272589 g/mL, eu aposto que você naturalmente acreditaria que a segunda descoberta seria o resultado de uma experiência mais apurada. Você pode estar certo, mas pode estar errado. Você não tem como saber se a experiência do segundo estudante foi mais apurada, a não ser que ambos os estudantes tenham utilizado a mesma convenção de algarismos significativos. O número de dígitos que constam na resposta final de uma pessoa dará ao leitor alguma informação sobre a precisão das medições realizadas. Os números dos algarismos significativos são limitados pela exatidão da medida. Este apêndice mostra a você como determinar o número de algarismos significativos em um número, como determinar quantos algarismos significativos devem constar na sua resposta final, e como arredondar a sua resposta para o número correto de algarismos significativos.

Números: Exatos e Contados Versus Medidos

Se eu lhe pedir para contar o número de automóveis que você e sua família possuem, você pode me responder sem qualquer conjectura. Sua resposta pode ser 0, 1, 2, ou 10, mas você saberia exatamente quantos carros você possui. Estes são os chamados *números contados*. Se eu lhe perguntar quantas polegadas há em um pé (foot), sua resposta será 12. Este é um *número exato*. Outro número exato é o número de centímetros por polegada — 2,54. Este número é exato por definição. Em ambos os números contados e exatos, não há dúvidas sobre qual é a resposta. Quando você trabalha com este tipo de números, você não precisa se preocupar com algarismos significativos.

Agora suponha que eu peça a você e a seus amigos para, individualmente, medirem com exatidão o comprimento de um objeto utilizando uma fita métrica. Vocês, então, informam os resultados de suas medidas: 2,67 metros, 2,65 metros, 2,68 metros, 2,61 metros e 2,63 metros. Qual de vocês está certo? Todos estão dentro da margem do erro experimental. Essas medições são números medidos e valores medidos sempre têm erros associados a eles. Você determina o número de algarismos significativos na sua resposta através do menor número medido confiável.

Determinando o Número de Algarismos Significativos em um Número Contado

Aqui estão as regras que você precisa para determinar o número de algarismos significativos em um número medido.

- **Regra 1:** Todos os números diferentes de zero são significativos. Todos os números de um a nove são significativos, então, 676 contém três algarismos significativos; $5,3 \times 10^5$ contém dois; e, 0,2456 contém quatro. Os zeros são os únicos números com que você deve se preocupar.

- **Regra 2:** Todos os zeros que se encontram entre dígitos diferentes de zero são significativos. Por exemplo: 303 contém 3 algarismos significativos; 425003704 contém nove; e, $2,037 \times 10^{-6}$ contém quatro.

- **Regra 3:** Todos os zeros à esquerda do primeiro dígito diferente de zero *não* são significativos. Por exemplo: 2,0023 contém dois algarismos significativos; e, 0,0000050023 contém cinco (expresso na notificação científica seria $5,0023 \times 10^{-6}$).

- **Regra 4:** Zeros à direita do último dígito diferente de zero são significativos se houver um ponto decimal presente. Por exemplo: 3030,0 contém cinco algarismos significativos; 0,000230340 contém seis; e, $6,30300 \times 10^7$ contém seis algarismos significativos.

- **Regra 5:** Zeros à direita do último dígito diferente de zero *não* são significativos se não houver um ponto decimal presente. (Atualmente, um depoimento mais correto, é que eu realmente não sei sobre estes zeros se eles não tiverem um ponto decimal. Eu deveria saber alguma coisa sobre como o valor foi medido. Mas a maioria dos cientistas usa a convenção de que, se não há ponto decimal presente, os zeros à direita do último dígito diferente de zero não são significantes.) Por exemplo: 72000 conteriam dois algarismos significativos e 50500 conteriam três.

Apresentando o Número Correto de Algarismos Significativos

No geral, o número de algarismos significativos que você apresentará no seu cálculo será determinado pelo *último* valor preciso de medida. O fator que qualifica valores como sendo a última medida precisa, é a operação matemática envolvida.

Adição e Subtração

Na adição e subtração, sua resposta deverá apresentar o mesmo número de casas decimais usadas no número que possui menos casas decimais do problema. Por exemplo, suponha que você esteja somando os seguintes valores:

2,675 g + 3,25 g + 8,872 g + 4,5675 g

Sua calculadora mostrará 19,3645, mas você vai arredondar para centenas baseado no valor 3,25, porque este possui o menor número de casas decimais. Você então arredonda o resultado para 19,36.

Multiplicação e Divisão

Na multiplicação e divisão, você poderá apresentar a resposta com o mesmo número de algarismos significativos, assim como número que possui menos algarismos significativos. Lembre-se que números contados e exatos, não são considerados na contagem de números significativos. Por exemplo, suponha que você esteja calculando a densidade em gramas por litro de um objeto que pesa 25,3573 (6 algarismos significativos) gramas e possui um volume de 10,50 mililitros (4 algarismos significativos). A exposição seria esta:

(25,3573 gramas/10,50 mL) × 1000 mL/L

Sua calculadora apresentará 2414,981000. Você possui cinco algarismos significativos no primeiro número e quatro no segundo número (o 1000 mL/L não faz parte da contagem por ser de uma conversão exata). Você deve ter quatro algarismos significantes na sua resposta final, arredondando a resposta para 2415 g/L. Arredonde apenas a sua resposta final. Não arredonde nenhum valor intermediário.

Arredondando Números

Quando arredondar números, use as seguintes regras:

- **Regra 1:** Olhe para o primeiro número que será cortado; se for 5 ou maior, deverá ser cortado e todos que seguem a sua direita, e some 1 ao último número retido. Por exemplo, suponha que você queira arredondar 237,768 para quatro algarismos significativos. Você corta o 6 e o 8. O 6, primeiro número cortado, é maior do que 5, então você soma 1 ao 7 obtendo 8. Sua resposta final será 237,8.

- **Regra 2:** se o primeiro número a ser cortado for menor que 5, este deverá ser cortado e todos que seguem a sua direita, permanecendo o último número retido sem alterações. Se você estiver arredondando 2,35427 para três algarismos significativos, você corta o 4, o 2 e o 7. O primeiro número a ser cortado foi o 4, que é menor do que 5. O 5, último número retido, não sofre alterações. Então você apresenta sua resposta como 2,35.

Índice

• A •

A água (ciclo hidrológico) 294
Abrasivo 270
acaso na Química 309
Acetato 90
ácido acético 190
    acetilsalicílico 190
    bórico 190
    bromídrico 194
    butírico 237
    capróico 237
    carbônico 190
    de bateria automotiva 203
    hidroclorídrico 190,237
    nítrico 194
    perclórico 194
    carboxílicos 237
    e Bases 189, 191
    fortes 193
    fracos 194
    para corroer 193
    sulfúrico 190
    valérico 237
acrescentando elétrons 150
Actínio 33
a densidade 24
Adição e Subtração 326,335
Adicionar o padrão 104
Aditivos 248
Adoçante 270
A equação perfeita dos gases 219
A escala de pH 201,202
A estratosfera 283

A estrutura do cristal 87
A estrutura do gelo 114
A fórmula Lewis 106
    ponto-elétron 108
Agentes de dispersão 266
    de sabor 270
    Infecciosos 300
Água 112,280
    anfótera 197
    do mar 203
    no Texas 17
    pura 203
    tratada 306
A história
    da aspirina 279
    da gasolina 245
Alcalinizantes 266
Alcanos 226
    normais 227
Alcenos 232
alcinos 234
Álcoois 236
Álcool cetílico 272
Aldeídos e Cetonas 238
A Lei Combinada dos Gases 217
Algarismos Significativos 333
Algumas famílias químicas 59
Alterando a pressão 136
Alumínio 33
Alvejante 203
Amaciante de água 267
Amedeo Avogrado 313
Amerício 33
amigo do químico 4

Aminas e amidas 239
amolecedor de água 268
amônia 190
    caseira 203
Amônio 90
A natureza dos reagentes 137
Anéis nos cicloalcanos 232
Ânions Monoatômicos 88
Antiácidos 204
Antimônio 33
antitranspirantes 270
Antoine Lavoisier 314
A perda de Elétrons 144
    de Hidrogênio 145
A perda de oxigênio 146
A pilha de Daniel 152
aplicação do mol 180
A polimerização de adição
    do etileno 256
A poluição da água 301
    do Ar 281
Apresentando o número
    correto 335
A qualidade do ar 292
A química do carbono 225
Archimedes 309
áreas gerais da química 1
Argônio 33
Arredondamento 333
Arredondando Números 336
Arsenato 90
Arseneto 91
Arsênico 33
árvore da Química 2
As baterias de automóveis 154
Aspirina 203
As Séries de Atividades 125
Astato 33
As três maiores partículas 30
as valências dos elétrons 59
A tabela periódica 52
A teoria Arrhenius 191
    Bronsted-Lowery 192
    Cinética dos gases 207
    da Colisão 121

TRPEV 115
Aterros e Esgotos 300
átomo 29,64
    de hidrogênio 97
Átomos Atrativos 108
Atraindo elétrons 109
A Troposfera 282
Aumentando a concentração 134
    a temperatura 135
A unidade da poluição 180

• *B* •

Balanceamento das equações 148
Balanceando as cargas iônicas 150
    as Reações Químicas 128
    o átomo de hidrogênio 150
    perda de elétrons 151
balancear as reações 119
    equações redox 143
    o átomo de oxigênio 150
Bário 33
barômetro 210
bases fortes e fracos 189
    fracas 196
    orgânicas 239
Básico da Ligação 97
Bateria movida a chumbo 155
    de automóveis 154
batom 273
Bebendo a água tratada 306
benditas sejam as ligações 3
benefícios e problemas 4
Benzeno 235
Berílio 33
Berquélio 33
Bicarbonato de hidrogênio 90
    de sódio 190
Bicarbonatos 204
big bangs 74
Bioquímica 2
Biotecnologia 2
Bismuto 33
Bohr 36,197
Bóhrio 33
bomba calorimétrica 157

Bombas atômicas 74
Boro 33
Boyle 213
Branqueador ótico 266
brometo de magnésio 91
Bromo 33
Bronsted-Lowery 192
Bronzeador 274
    componentes 276
Butano 227

• C •

Cabelo
    Crescimento de 312
Cádmio 33
Café 203
Cálcio 33
Calculando o tempo 63
cálculos químicos 161
Califórnio 33
Captura de elétron 66
    de elétrons 68
Carbonato 90
    de cálcio 190
Carbonatos 204
Carbono 33
Carregar e Descarregar 291
catalisação heterogênea 140
    homogênea 141
Catalisadores 139
Cátions e Ânions 87
    e íons 83
    Monoatômicos 88
Caulim 272
Celsius 27
células eletroquímicas 143,151
Cério 33
Césio 33
CFCs agridem 284
Charles 214
Cheiro de amônia 129
Chemclub.com 319
Chemistry.about.com 318
Chumbo 34,124
chuva ácida 205,289

Cianeto 90,91
cicloalcanos 232
cinética 26
    Química 137
Classificação da matéria 19
Classificando monômeros 253
Clorato 90
cloreto de sódio 87
    de vinila 258
Clorito 90
Cloro 33,86
Cobalto 33
Cobre 33
Colisão 121
Combinação 124
Combustão 124
    de combustíveis 157
Como este livro é organizado 3
comparação das escalas 27
Comparando ligações 99
componentes iônicos 83
Composição percentual 175
Compostos aromáticos 234
    Covalentes 101
    e elementos 3
    Iônicos 93
organização da tabela periódica 54
Comprimento 322
conceito de mol 161
    básicos 3
Conceitos Fundamentais 7
concentração da solução 175
    de um reagente 134
    dos reagentes 138
condensação 18
condensadas para C2H4O 108
configurações eletrônicas 29,42
Contando calorias 28
    pelo Peso 161
Contenção 79
Controlando o pH 204
Controle de qualidade 5
Conversão de Unidade 329
Conversões SI/Inglês 22
conversor catalítico 248

corpo e o rosto 271
cosméticos 263
covalente na água 113
    polar 111
    Binárias 101
Cremes e loções 271
Criptônio 34
Cromato 90
Cromo 33
Culinária Química 119
Cúrio 33

• D •

Dados sobre Segurança 318
Dando e recebendo 192
Daniell 152
datação radioativa 69, 71
decaimento radioativo 66
Decano 227
Decomposição 124
Definindo a química 1
densidade 23
Densidade
    de sólidos 25
De olho nos íons 47
Depilatórios 278
descobertas por acaso 309
Descobrindo Radioatividade 311
Desintegração da meia-vida 71
    de um isótopo 70
deslocamento duplo 126
    duplo 124
    simples 125
Desodorantes 270
Destilação fracionada 242
destruir as células 79
Detergente 270
Determinando o número 334
    o volume 25
diagrama de nível 42, 43, 84
Dicromato 90
dimetil ciclohexano 232
Diminuição da pressão 182
dióxido de carbono 101
Disprósio 33

dissulfureto no cabelo 277
Dmitri Mendeleev, 51, 315
Do simples ao complexo 226
drogas e medicamentos 263
duas meias-reações 151
Dúbnio 33

• E •

ebulição 17
efeito estufa 281, 285
    da Civilização 281
    da radiação 79
Einstênio 33
Elementos 33
Eletrodeposição de prata 156
Eletrólitos 94
eletrólitos e não-eletrólitos 83
Eletronegatividade 109, 105
    dos elementos 110
Elétrons 30
    de valência 29, 46
    ganho 145
    indesejados 144
Eletroquímica 143
Elevação do ponto de ebulição 184
Elevando a uma potência 327
Emissão alfa 66
Emissão
    beta 67
    de pósitron 66, 68
    gama 68
    pósitron 68
em um átomo 29
Energia 25, 88
    cinética 26
    cinética dos reagentes 139
    do cloro 84
    do sódio 84
    no futuro 77
    potencial 26
Entendendo a periodicidade 51
    a reação 85
    ligações 100
    os componentes 84
Enxofre 35

Enzimas 266
equação perfeita dos gases 219
equações de oxirredução 148
equilíbrio químico 119
    Químico 131
Érbio 33
Ernest Rutherford 31
escala de octanagem 247
    de pH 189
    de temperatura 27
Escândio 35
esgoto 303
Espessante 270
espuma no lago 267
Estados da matéria 15
    fundamentais 37
Estanho 35
Estearato de zinco 272
Estequiometria 220
Ésteres 238
Estireno e poliestireno 257
estratosfera 283
Estrôncio 35
estrutura 253
    atômica 29
Etano 227
Eteno 233
Éter metil-terc-butílico 249
Etino (Acetileno) 234
Európio 33
Evapora,Condensa,Repete 294
exemplo do hidrogênio 98
    endotérmico 123
    exotérmico 122
    de nomes 230

• F •

Fácil e eficiente 45
Fahlberg 312
Fahrenheit 27
família IA 58
Famílias e períodos 54
    químicas 59
Fenolftaleína 199
fermento químico 316

Férmio 33
Ferro 34
Finalizando com uma ligação 86
Físico-química 3
fissão nuclear 63
Fissão (nuclear) partida 72
Flúor 33
Fluoreto 270
fontes poluidoras da água 298
forças atrativas 18
Formas do s, p 40
fórmula do óxido de alumínio 92
    Empírica 103
    estrutural 104
    Lewis 106,118
    molecular 103,227
    estrutural 227
    ponto-elétron do H_2O 106
Fórmulas estruturais do butano 228
    moleculares 117
Fortes e Fracos Ácidos e Bases 193
Fosfato de Hidrogênio 90
Fósforo 34
fragmentar as células 79
Fragrâncias de perfume 274
Frâncio 33
fusão 17
    nuclear 77

• G •

Gadolínio 33
Galhos da árvore 2
Gálio 33
galvanoplastia 143,155
ganho de elétrons 145,151
    de Hidrogênio 146
    de Oxigênio 145
Gases 17
    nobres 60
gasolina 241
Gay-Lussac 216
Gelo no Alaska 17
gelo – água – vapor 18
Germânio 33
Glem Seaborg 316

Goma e celulose 252
Gráfico de construção 44
Grupos funcionais 235

• H •

H2O (s) – H2O (l) – H2O (g) 18
Haber em equilíbrio 134
Háfnio 34
halogênios 60
Hássio 34
Hélio 34
Heptano 227
heterogêneas 21
Hexano 227
hidrocarbonetos 225
　　halogenados 232
　　simples 225
Hidrogênio 34, 98
　　na água 296
Hidróxido 91
　　de alumínio 190
　　de magnésio 190
　　de sódio 190
Hipoclorito 90
história da aspirina 279
história da gasolina 245
Hólmio 34
homogêneas 21

• I •

Ícones usados 5
indicadores 189
Indicadores ácido-base 198
Inibidores de corrosão 266
Instituto de Educação Química 320
Introdução 1
iodeto de hidrogênio 194
Iodo 34
ionizar as células 79
íons 83
　　espectadores 151
　　poliatômicos 83
　　Poliatômicos 89
　　Positivos e Negativos 87

Irídio 34
Island e Chernobyl 75
Isobutano 229
Isolando o Isótopo 46
isótopo radioativo 69
　　do hidrogênio 47
　　e íons 29, 46
Itérbio 35
Ítrio 35

• J •

James Schlatter 312
John Dalton 314
juntos você consegue 41

• K •

Kekule 311
Kelvin 27

• L •

Lançando misturas 20
Lanolina, perfume, tintura 272
Lantânio 34
Laurêncio 34
lavar louças 269
Le Chatelier 133
Lei
　　Combinada dos Gases 217
　　de Avogrado 218
　　de Boyle 213
　　de Charles 214
　　de Dalton 221
　　de Gay-Lussac 216
　　de Graham 222
　　de Dalton e Graham 221
　　dos gases 207
　　dos Gases 212
Leite de magnésia 203
Lembretes e Adesivos 312
Lewis para C2H4O 107
ligação covalente do Br2- 99
　　covalente polar 111
　　tripla no N2- 100

ligações covalentes 99
    de hidrogênio na água 114
    Iônicas 83
    múltiplas 100
Limpador de forno 203
Limpadores multiuso 269
Linus Pauling 315
Líquidos 16
    em g/ml 25
Lítio 34
loção pós-barba 273
Lutécio 34

• M •

Macroscópicos vs Microscópicos 4
Magnésio 34,88
    e bromo juntos 91
Magnético 38
maiores nerds 313
    partículas subatômicas 30
Manganês 34
Manipulação segura 71
manômetro 212
Mantendo as células 184
Marie (Senhora) Curie 314
Massa 322
    crítica 73
Matéria e energia 15
    mudança de estado 17
materiais nucleares 76
Material de enchimento 266
mecânica quântica 38
Mecanismo Alternativo 141
Medem as propriedades 5
Medição de energia 27
Medidos 333
Medindo a densidade 24
    a energia 15
    a matéria 21
Meia-vida 69
Meitnério 34
membros da IA 60
Mendelévio 34
Mercurio 34

Mercúrio (I) 90
Metais 54,56
    alcalinos 60
    alcalinos terrosos 60
metais pesados 298
metalóides 54
Metano 227
método científico 3
    de Conversão 329
Michael Faraday 314
milagre dos cubos 18
Minoxidil 279
Misturando a matéria 173
misturas 19
modelo de Bohr 36
modelos de periodicidade 51
mol 161,4,159
Molalidade 180
Molaridade 178
Moléculas Canhotas e Destras 310
    de sal 101
Molibdênio 34
mols 162
Momento angular 38
Monômeros naturais 252
MSDS 318
Mudando a concentração 134
    a temperatura 135
Muitos problemas 75
Multiplicação e Divisão 326,335
Mundo dos Gases 207

• N •

Não eletrólitos 94
Não-metais 57
natureza dos reagentes 137
Neodímio 34
Neônio 34
Neptúnio 34
nerds da química 313
neutralização 127
Nêutrons 30
Nevoeiro de Londres 287
    Fotoquímico 287,88

Niels Bohr 313
Nióbio 34
Níquel 34
Nitrato 90
Nitrito 90
Nitrogênio 34
níveis de energia 84
níveis eletrônicos 39
nível de energia do oxigênio 45
Nobélio 34
Nobre e gasoso 61
Nomeando alcenos 233
    as Ligações 101
    outro alcano 231
    problemas 228
    um alcano 230
Nonano 227
Nossa Atmosfera 282
Notação Exponencial 325
núcleos 31
Número de Avogrado 162
    quântico de momento angular 39
    quântico magnético 38, 41
    quântico principal 39
    quântico spin 41
Números de Oxidação 147
Números: Exatos e Contados 333
    quânticos 38
    realmente grandes 325
    realmente pequenos 325

• O •

O Básico da Ligação 97
Octanagem 246
Octano 227
O efeito Tyndall 187
O Exploratório 320
o Isótopo 46
Óleo mineral 272
Onde os Químicos Atuam 5
O que é
    Ciência 2
    Química 1
orbitais d 40

organização da tabela periódica 54
O sistema Haber 134
Ósmio 34
Ouro 34
ovalente polar no HF e NH3. 111
Oxalato 91
Oxidação 144
óxido de alumínio 92
    de zinco 272
Oxigênio 34
oxirredução não-balanceada 149
Ozônio 283

• P •

Paládio 34
papel do Cloro 86
    do sódio 85
    tornassol 199
Pares 162
Parte dos Dez 307
partícula alfa 66
    beta 66
Partículas subatômicas 29
Pasta de dentes 269
Pentano 227
Perborato de sódio 266
Perclorato 90
perda de Elétrons 144
    de Hidrogênio 145
    de oxigênio 146
Perdendo o chumbo 249
Perfume 273
Permanentes 278
Permanganato 90
Peróxido 91
pesquisa industrial 6
petróleo é refinado 241
Plasmólise e hemólise 186
Plastics.com 319
Platina 34
Plutônio 34
pó facial 272
Policloreto de vinila 257
Polietileno 255
    de unhas 273

polimerização 251
　de adição 254
　de condensação 254
Polímeros 251
　de adição 259
　sintéticos 253
Polipropileno 256
Politetrafluoretileno 258
Polônio 34
poluentes comuns 297
　da água 293
poluição da água 301
　da Água 293
　do Ar 281
　termal 302
ponto de congelamento 183
　de ebulição 182
　de ebulição 17
　de fusão 17
　de solidificação 18
ponto-elétron 104
ponto-elétron do C2H4O 108
Pontos de vista 4
pó para o corpo 272
Porcentagem peso/peso 176
　peso/volume 176
Porcentagem volume 177
Potássio 34
Potência em Movimento 151
potencial 26
　de Oxirredução (Redox) 124
Praseodímio 34
Prata 35
precipitação 126
Precipitadores Eletrostáticos 291
Prefixos SI 321
Preservação de trabalhos 6
Pressão 323
　Atmosférica 210
　de vapor 182
　dos reagentes gasosos 138
　osmótica 184
　padrão 219
pressão-temperatura dos gases 216
previsão das teorias 5

Primeiro postulado 208
　alcanos 227
Principal 38
Princípio de Arquimedes 25
　de Le Chatelier 133
processo
　do reator 77
　químico 254
Produtos 120
Produzindo solução de KCl 1M 179
Promécio 35
Propano 227
Propileno e polipro-pileno 257
Propriedades agradáveis 23
　coligativas 181
　das substâncias 15
　de ácidos 189
　físicas 5
　físicas 23
　químicas 23
Protactínio 35
protetores solares 274
　componentes 276
Prótons 30
puras 19
Purificadores 291

• Q •

qualidade do ar 292
Quantidade necessária 167
　produzida 167
Quarto postulado 209
Quebra catalítica 243
Questão de controle 78
Química analítica 2
　capilar 275
　como ciência 1
　do carbono 225
　em casa 263
　inorgânica 2
　na cozinha 268
　na lavanderia 263
　no armário de remédios 279
　no banheiro 269

Índice

no Cotidiano 223
nuclear 63
orgânica 3
Pura vs Aplicada 4
Químico ambiental 6
forense 6
Quinto postulado 209

• R •

Radiação emitida 71
gama 66
Rádio 35
Radioatividade 64,311
Radioisótopo 71
Radônio 35,80
Rastreando os efeitos 63
R-COOH 237
Reação de NH3 com HCl 192
em cadeia 73
endotérmica 123
estequiométrica 167
exotérmica 123,135
Reações de Combinação 124
de combustão 128
de Decomposição 124
de deslocamento duplo 126
de deslocamento simples 125
de neutralização 127
de oxirredução 144
de precipitação 126
Reações dos alcenos 233
Químicas 119
Químicas e mols 165
reações redox 143
Reagentes e Produtos 120
reagentes gasosos 138
limitantes 170
Produtos 65
Reagindo Devagar 137
Rápido 137
Realidade saturada 174
Reatores geradores 76
reator regenerador 77
reciclagem de plásticos 262

Redox 128
Redução 145
redução de ozônio 281,283
Reduzir, reusar, reciclar 262
Reforma catalítica 245
Refrigerante 203
regra de entrecruzar 92
Relação pressão 213
temperatura-volume 215
Removedor de cabelos 203
Rendimento percentual 169
Rênio 35
Repetindo modelos 51
Represen-tação de um isótopo 64
Representação do urânio 36
Representando um elemento 32
resíduos nucleares 76
Resmas 162
Restabelecendo o equilíbrio 135
Rímel 272
Ródio 35
R-OH 236
roteção Ambiental dos EUA 318
Rubídio 35
Rutherfórdio 35

• S •

Sabão 264
Sal de cozinha 83
Samário 35
Sangue humano 203
Seabórgio 35
Segundo postulado 208
Segurança dos Materiais 318
Selênio 35
Sentir o calor 28
Séries de Atividades 125
Sexto postulado 209
Shampoo 276
SI/Inglês 22,321
Silício 35
SIMPLIFICAR 104
Sinta o calor 253
Síntese de um éster 238
de um silicone 261

Índice **347**

    do Nylon 66 260
    do PET 260
    orgânica 225
sintetizam novas substâncias 5
sistema métrico 321
    SI 21
sites úteis de química 317
sobre dissolvente 174
Sociedade Americana de Química 317
Sódio 35
solidificação 18
sólido irregular 25
Sólidos 16
Solutos, solventes e soluções 173
Solvente 270
Sombra 272
Spin 38
subatômicas 29
Sublime isto 19
Substâncias puras 20
    químicas 241
Suco de limão 203
Sulfato 90
sulfato de hidrogênio 90
Superfície e orientação 140
surfactante aniônico 264

• T •

Tabela Periódica 51
Talco 272
Tálio 35
Tamanho da partícula 137
tampões e antí-ácidos 189
Tantálio 35
Tecnécio 35
Teflon 311
Telúrio 35
Temperatura 78, 323
    e escalas 27
Temperatura padrão 219
    sobre a energia 139
Tempo 78
Teoria
    ácido base 197, 189
    Arrhenius 191
    Bronsted-Lowery 192
    Cinética dos gases 207

    da Colisão 121
Teoria TRPEV 115
Térbio 35
Terceiro postulado 208
tetraetilchumbo 248
Tetrafluoretileno 258
Three Mile 75
Tintura 272
Tiocianato 91
Tipo de Ligação 111
    Reação 124
tipos de energia 15
    plásticos 251
    reações 119
Titânio 35
Titulação de um ácido 200
Todos são colóides 186
Tório 35
tratamento de efluentes 303
três maiores partículas 30
Trisulfato 91
Troposfera 282
Túlio 35
Tungstênio 35

• U •

Uma pilha seca 154
unidade da poluição 180
Unidades Científicas 321
Unidades de concentração 175
Urânio 35
Usado e abusado 254
Usando a calculadora 327
    o oxigênio 302
Usinas nucleares 74
Utilizando o mol 163

•V•

valências dos elétrons 59
Valores médios do pH 203
velocidades de reação 119
Viagra 279
Vinagre 203

vinagre e fermento químico 316
Visão macroscópica 189
Visão microscópica 191
vivendo no limite 46
Vulcanização da Borracha 310

•W•
Webbook 319
Webelements.com 319
William Perkin 310

•X•
Xenônio 35

•Z•
Zinco 35,88
Zircônio 35